农技站长杜立芝 百问百答

农作物种植

主编 杜立芝

山东科学技术出版社
·济南·

图书在版编目（CIP）数据

农作物种植 / 杜立芝主编 . -- 济南：山东科学技术出版社，2023.7
（农技站长杜立芝百问百答）
ISBN 978-7-5723-1474-2

Ⅰ.①农⋯ Ⅱ.①杜⋯ Ⅲ.①作物－栽培技术－问题解答 Ⅳ.①S31-44

中国版本图书馆 CIP 数据核字（2022）第 227936 号

农技站长杜立芝百问百答
农作物种植
NONGJI ZHANZHANG DU LIZHI BAIWEN BAIDA
NONGZUOWU ZHONGZHI

责任编辑：陈 昕 张 琳

主管单位：山东出版传媒股份有限公司
出 版 者：山东科学技术出版社
　　　　　地址：济南市市中区舜耕路 517 号
　　　　　邮编：250003　电话：（0531）82098088
　　　　　网址：www.lkj.com.cn
　　　　　电子邮件：sdkj@sdcbcm.com
发 行 者：山东科学技术出版社
　　　　　地址：济南市市中区舜耕路 517 号
　　　　　邮编：250003　电话：（0531）82098067
印 刷 者：山东彩峰印刷股份有限公司
　　　　　地址：潍坊市潍城区玉清西街 7887 号
　　　　　邮编：261031　电话：（0536）8311811

规格：16 开（170 mm × 240 mm）
印张：26.5　字数：295 千
版次：2023 年 7 月第 1 版　印次：2023 年 7 月第 1 次印刷
定价：79.00 元（全 2 册）

 编委会

主 任	杨新胜	杨曙光	崔行飞	任希恒
	吕兴忠	孙其福	王洪峰	
主 编	杜立芝			
副主编	李艳梅	刘士国	罗秀英	周 莉
	高 俊	韩临华	白兴勇	刘长花
	商思森	谢荣芳	苑学亮	魏 敏
编 委	刘春赋	董 赞	李宏伟	李振娥
	毕玉山	王子强	苏晓明	张 越
	李民厚	张彩云	陈文爱	马丽霞
	张方军	肖从忠	韩金文	韩秀丽
	隋华山	王月华	叶 庆	崔 峰
	贾冬冬	王以凯	康金娥	李玉玲
	于德兴	陈瑞忠	李仁贵	刘 鲁
	周桂云	任红莲	郭爱华	

前　言

党的二十大报告指出，加快建设农业强国，扎实推动乡村产业、人才、文化、生态、组织振兴。发展乡村特色产业，拓宽农民增收致富渠道，关键是强化农业科技支撑，而重点加强对农村党组织书记和新型农业经营带头人的科技培训，全面提升农民科学素养，育好乡土人才，则是当前和今后一个时期重中之重的工作。

山东省高唐县是一个农业大县，始终坚持人才助农、科技兴农为先导，成立了以党的十八大、十九大、二十大代表杜立芝为首席专家的农业科技服务团队，以党建为引领，培养了一大批懂农业、爱农村、爱农民的农业科技人才，常年扎根基层，帮助百姓解决农业生产中遇到的技术难题，积累了丰富的实践经验，培养了1000多名乡村科技带头人，扎实推动乡村振兴，成为推进现代农业高质量发展的红色主力军和先锋力量。

《农技站长杜立芝百问百答》是高唐县杜立芝党代表工作室经过十多年的探索积累，总结出的一套成熟的种植、养殖管理技术和经验，汇集的100多项技术成果是以农业专家杜立芝为首的农业科技服务团队成员扎根基层，服务百姓、指导农业生产的集体智慧结晶。

这套书分为农作物种植和畜牧水产养殖，是一套农业科普知识集锦，介绍了大田作物、蔬菜、林果等农作物种植技术，以及鸡、鸭、猪、牛、羊等畜牧业养殖和水产养殖技术，以实用技术为主，理论知识为辅，注重结合实例，重在解决常见的种植和养殖问题，图文并茂，通俗易懂，技术性、实用性较强。

相信这套书的出版可以帮助广大农民朋友更好地解决种植和养殖难题，也能够体现农业科技应用和创新赋能乡村振兴的引领作用，并对黄河流域下游的种植、养殖业提供可借鉴的经验。

凝心聚力、真抓实干，让我们互励共勉，走好新时代乡村振兴路！受编者水平、时间等所限，书中难免存在疏漏和谬误之处，敬请广大农民朋友和前辈、同仁批评指正。

编委会

2023 年 1 月

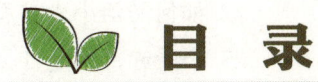

目 录

第一章 大田作物种植

第一节 小麦 ·· 2

1. 秋季小麦播种技术有哪些? ·············· 2
2. 如何选择小麦底肥? ························ 4
3. 如何提高整地质量? ························ 5
4. 小麦备播期病虫害的防治要点有哪些? ·········· 5
5. 晚播小麦最晚什么时候就不能种了? ·········· 7
6. 晚茬小麦如何科学播种? ·················· 8
7. 小麦越冬前管理技术要点有哪些? ·········· 10
8. 越冬前麦田杂草的防治事项有哪些? ········ 11
9. 如何预防小麦冻害? ······················ 12
10. 早春小麦追什么肥好? 追多少? ·········· 13
11. 小麦返青起身期的管理技术有哪些? ······ 15
12. 使用甲基二磺隆防治节节麦的注意事项有哪些? ···· 17
13. 小麦中后期的管理要点有哪些? ·········· 18
14. 什么是小麦"一喷早三防"技术? ········ 19

15. 小麦倒伏后如何处理? ………………………………………… 20
16. 小麦黄苗的原因及应对措施有哪些? …………………………… 21
17. 除草剂喷施过多导致小麦长势不好,如何补救? ……………… 22
18. 小麦条锈病如何防治? ………………………………………… 24
19. 小麦秆黑粉病的防治方法有哪些? …………………………… 26
20. 如何防治麦田里的蜗牛? ……………………………………… 27
21. 如何防治小麦红蜘蛛? ………………………………………… 29
22. 如何防治小麦根腐病? ………………………………………… 30
23. 小麦赤霉病是什么?如何防治? ……………………………… 32
24. 如何防治小麦吸浆虫? ………………………………………… 33
25. 如何防治小麦白粉病? ………………………………………… 34
26. 如何防治小麦纹枯病? ………………………………………… 35
27. 如何防治小麦茎基腐病? ……………………………………… 37
28. 如何防治小麦全蚀病? ………………………………………… 38
29. 如何预防小麦不结粒? ………………………………………… 39

第二节 玉米 ……………………………………………………… 40

1. 如何科学确定玉米的种植密度? ……………………………… 40
2. 玉米空秆和畸形的原因及预防措施有哪些? ………………… 41
3. 玉米化控应注意哪些问题? …………………………………… 42
4. 玉米花粒期如何管理? ………………………………………… 43
5. 玉米出现花粒的原因及预防措施有哪些? …………………… 44
6. 玉米田受到冰雹灾害怎么补救? ……………………………… 45
7. 玉米苗期出杈如何管理? ……………………………………… 46
8. 玉米中后期的管理技术要点有哪些? ………………………… 47
9. 玉米倒伏的原因及预防措施有哪些? ………………………… 49
10. 如何防治玉米褐斑病? ………………………………………… 51
11. 如何防治玉米瘤黑粉病? ……………………………………… 52
12. 如何防治玉米顶腐病? ………………………………………… 54
13. 如何防治玉米粗缩病? ………………………………………… 55
14. 什么是玉米白化苗?如何防治? ……………………………… 57

15. 如何防治玉米蓟马? …………………………………… 58
16. 如何防治二点委夜蛾? ………………………………… 59
17. 如何防治玉米田里的地老虎? ………………………… 60
18. 如何防治蝼蛄? ………………………………………… 61
19. 如何防治耕葵粉蚧? …………………………………… 62
20. 如何防治玉米红蜘蛛? ………………………………… 63
21. 如何防治玉米田里的黏虫? …………………………… 64
22. 如何防治玉米钻心虫(玉米螟)? …………………… 65
23. 如何防治玉米田蜗牛? ………………………………… 66
24. 矮壮素对玉米有什么作用? …………………………… 67
25. 如何科学防治玉米草害? ……………………………… 68
26. 什么是夏玉米测土配方施肥? ………………………… 69
27. 玉米苗期如何查苗、补苗及间苗、定苗? …………… 69

第三节　大豆、棉花、花生 …………………………………… 70

1. 夏大豆播种期间栽培技术要点有哪些? ……………… 70
2. 大豆苗期的管理技术要点有哪些? …………………… 72
3. 大豆开花结荚期的管理技术要点有哪些? …………… 73
4. 如何防治大豆细菌性角斑病? ………………………… 74
5. 大豆霜霉病的防治措施有哪些? ……………………… 75
6. 如何防治大豆红蜘蛛? ………………………………… 76
7. 如何防治大豆食心虫? ………………………………… 76
8. 大豆秕粒产生的原因主要有哪些?有哪些应对措施? … 77
9. 如何防治大豆蚜虫? …………………………………… 78
10. 大豆受强风倒伏后如何处理? ………………………… 78
11. 大豆-玉米带状种植技术要点有哪些? ……………… 79
12. 大豆只结荚不鼓粒的原因有哪些? …………………… 80
13. 大豆涝害防灾减灾技术有哪些? ……………………… 80
14. 棉花苗期的管理重点有哪些? ………………………… 82
15. 地膜棉田如何科学使用除草剂? ……………………… 83
16. 盐碱地种棉花如何科学施肥? ………………………… 83

17. 棉花中药害后如何科学管理？ ··· 84
18. 如何防治棉花苗期病害？ ··· 84
19. 什么时间开始防治棉铃虫？如何防治？ ································· 85
20. 什么是棉花青枯病？如何防治？ ··· 86
21. 什么是棉花黄萎病？如何防治？ ··· 87
22. 棉花雹灾后的管理技术有哪些？ ··· 89
23. 花生播种的注意事项有哪些？ ·· 90
24. 春播花生苗期如何科学管理？ ·· 92
25. 花生中后期的管理要点有哪些？ ··· 93
26. 玉米-花生带状复合种植技术要点有哪些？ ····························· 94
27. 高油酸花生和普通花生种植技术有哪些不同？ ························· 96

第二章　蔬果种植

第一节　西红柿 ··· 98

1. 秋冬茬冬暖大棚西红柿的栽培技术要点有哪些？ ····················· 98
2. 秋冬茬西红柿定植前后的管理措施有哪些？ ··························· 100
3. 深冬季节大棚西红柿的管理技术要点有哪些？ ························ 102
4. 如何防治西红柿灰霉病？ ··· 104
5. 什么是西红柿根结线虫病？如何防治？ ································· 105
6. 如何防治西红柿晚疫病？ ··· 107
7. 如何防治西红柿叶霉病？ ··· 108
8. 如何防治西红柿脐腐病？ ··· 110
9. 什么是西红柿枯萎病？如何防治？ ······································ 111
10. 什么是西红柿青枯病？如何防治？ ····································· 112
11. 西红柿芽枯病是什么原因造成的？如何防治？ ······················· 114
12. 秋冬茬西红柿定植期发生根腐病，怎么防治？ ······················· 115
13. 大棚西红柿定植后出现了僵苗，应该怎么处理？ ····················· 116
14. 早春大棚西红柿管理注意事项是什么？ ································ 117
15. 大棚西红柿雪后出现闪苗怎么办？ ····································· 119
16. 什么是西红柿褪绿病毒病？如何防治？ ································ 121
17. 种植西瓜应该铺什么底肥？ ·· 122

第二节　西瓜 ·································· **122**

1. 西瓜苗期如何施肥？ ······························ 122
2. 小拱棚西瓜什么时间撤棚比较合适？ ··············· 123
3. 如何给小拱棚西瓜整枝打杈？ ······················ 124
4. 西瓜水肥管理有哪些注意事项？ ···················· 124
5. 如何判断西瓜是否成熟？ ·························· 125
6. 什么时间给西瓜人工授粉？有哪些注意事项？ ······ 125
7. 如何防治西瓜蔓枯病？ ···························· 126
8. 如何防治西瓜枯萎病？ ···························· 128
9. 露地西瓜雹灾后如何管理？ ························ 129
10. 西瓜只长秧子不坐瓜怎么处理？ ··················· 130

第三节　黄瓜 ·································· **131**

1. 大棚黄瓜结瓜期的管理要点有哪些？ ··············· 131
2. 大棚黄瓜结瓜期有哪些灌溉要求？ ················· 132
3. 瓜打顶是什么原因？如何防治？ ···················· 133
4. 黄瓜疯长该怎么办，如何化控？ ···················· 134
5. 如何防治黄瓜细菌性角斑病？ ······················ 135
6. 如何防治黄瓜靶斑病？ ···························· 137
7. 如何防治黄瓜霜霉病？ ···························· 138
8. 如何防治黄瓜蔓枯病？ ···························· 140
9. 如何防治黄瓜炭疽病？ ···························· 141
10. 黄瓜长了畸形瓜怎么办？ ·························· 142
11. 黄瓜早衰的原因有哪些？如何预防？ ··············· 143

第四节　其他蔬菜及大棚管理 ··············· **146**

1. 高温干旱天气甜椒的管理技术有哪些？ ············· 146
2. 辣椒进入结椒期如何科学管理，提高产量？ ········ 147
3. 辣椒叶黄化是什么原因？该如何防治？ ············· 149
4. 如何防治辣椒茎基腐病？ ·························· 150
5. 辣椒缺硼有哪些表现？如何补救？ ················· 152

6. 辣椒缺钙的表现有哪些？如何解决？ ……………………… 153
7. 晚播白菜的中后期管理注意事项有哪些？ ………………… 154
8. 如何防治大白菜干烧心？ …………………………………… 155
9. 大棚芸豆烂根是怎么回事？如何防治？ …………………… 156
10. 如何防治西葫芦病毒病？ …………………………………… 157
11. 如何防治甜瓜白粉病？ ……………………………………… 158
12. 豆角旺长不结荚怎么办？ …………………………………… 160
13. 如何防治茄子绵疫病？ ……………………………………… 161
14. 如何防治大葱紫斑病？ ……………………………………… 163
15. 如何防治大蒜根腐病？ ……………………………………… 164
16. 如何防治冬瓜叶枯病？ ……………………………………… 165
17. 如何防治丝瓜斑潜蝇？ ……………………………………… 166

第三章　林果种植

1. 果树花期的管理要点有哪些？ ……………………………… 168
2. 盐碱地苹果树套种棉花的注意事项有哪些？ ……………… 169
3. 苹果树苗的种植与管理技术要点有哪些？ ………………… 171
4. 梨树的主要病虫害有哪些？防治措施有哪些？ …………… 172
5. 果树缺铁性黄叶病的症状和防治措施有哪些？ …………… 174
6. 果树缺镁性黄叶病的症状和防治措施有哪些？ …………… 175
7. 果树叶部病害有哪些？如何防治？ ………………………… 176
8. 苹果腐烂病如何防治？ ……………………………………… 177
9. 果树枝干病害有哪些？如何防治？ ………………………… 179
10. 如何防治枣疯病？ …………………………………………… 180
11. 果品安全生产中常用的措施有哪些？ ……………………… 182
12. 幼树死亡的原因及防治措施有哪些？ ……………………… 183

第一章
大田作物种植

第一节 小麦

1 秋季小麦播种技术有哪些？

◆ **品种选择**

小麦选种原则为抗冻、抗病、抗倒伏的高产优质小麦品种。如果选择弱冬性、不抗冻的品种，一定要晚播，同时做好镇压和浇冬水，增强抗寒性，预防冻害。

◆ **准备底肥**

有条件的种植户可施有机肥或土杂肥，每亩1~2立方米；撒施普通小麦配方肥20-18-5时每亩30~40公斤，锌肥每亩2公斤（盐碱地一定要使用锌肥）；种肥同播时可用小麦配方肥每亩30~35公斤。现在提倡施用小麦专用缓控释肥，种肥同播每亩40公斤，省工省肥。

◆ **种子包衣**

小麦种子包衣时一定要用含杀菌剂的种衣剂，拌种时可以选用苯醚甲环唑或戊唑醇和杀虫剂分别进行拌种。注意用苯醚甲环唑或戊唑醇包衣的种子放置时间不要过长，最好3~5天，并且适当增加播种量1.5~2.5公斤，或注意浅播，不要深于4厘米。包衣用药一定要按说明书操作，不要随意加大药量，否则影响小麦正常出苗。

◆ **处理土壤**

为防治地下害虫、蜗牛等，可在旋地时撒入辛硫磷颗粒剂，每亩4~5公斤，低洼地块、蜗牛严重的地块可适当增加用药量至每亩8公斤。辛硫磷颗粒见光易分解，最好随撒随旋地。

◆ **精细整地**

整地好坏直接影响小麦安全越冬和小麦群体大小，所以一定要重视整地。玉米秸一定要打碎，最好打两遍，每亩施用秸秆腐熟剂或尿素7.5~10公斤，也可以隔年把玉米秸秆回收离田。旋地时要深旋，最好3年深翻一次，把秸秆旋匀，然后镇压，最后播种。播后需镇压，或在播种耧上安装大的镇压轮。现在已有专门的镇压机械，可适当使用。

◆ **造墒播种**

小麦播种期间如较干旱，土壤墒情差，最好先造墒再播种，播深不超过4厘米，不提倡先播种后浇水。如果遇到播后降雨，要镇压、划锄，破除板结。如遇连阴雨天气田间有积水，要排水散墒，并注意浅播，深度2~3厘米为宜。土壤湿度过大时不提倡播后镇压。

◆ **科学使用种子量**

小麦的适宜播期在10月7日至20日，如果晚播要适当增加播种量。在适播期内，肥力好、墒情好、分蘖力强的品种每亩使用种子8.5~10公斤；中等肥力的每亩10~17.5公斤，分蘖弱的品种每亩15~17.5公斤。

◆ **选择播种耧**

选择播种耧时最好选择耧腿深浅一致的耧，不要使用一条腿深、一条腿浅的耧。选择种肥同播耧时最好选择每个耧腿都带肥料的，不要选择隔一个耧腿带肥料的播种耧，避免出现一个肥多苗壮、一个肥少苗弱的情况。

2 如何选择小麦底肥？

小麦种植期要施足底肥，主要是有机肥和磷、钾肥，这对小麦的丰收至关重要。底肥一般在播种前结合耕翻整地施入，干旱地块可以将肥料深施于犁底，然后翻垄盖土；土壤黏重的地块可先撒肥后耕翻，将肥料翻入土中。

根据小麦生长的生理需求，前期需磷比较多，氮、钾较少，所以底肥要施高磷的肥料，到拔节期再追施氮肥和钾肥（高氮低钾）。

根据小麦的生长特性，整个生育期氮肥的50%都需在底肥上施入，钾肥施入80%，磷肥则一次性全部在底肥上施入。比如中等地块，底肥施用二铵10公斤、尿素7.5～10公斤、氯化钾7.5公斤左右，就可以满足小麦早期的生长需求。如果苗比较弱，返青期可以追施7.5～10公斤尿素，扬花期再施10公斤尿素；如果苗比较旺，密度比较大，拔节期施用15公斤左右的尿素即可。

关于小麦底肥，目前还推广使用玉米秸秆还田的方法。玉米秸秆中含有丰富的氮、磷、钾和多种微量元素，秸秆还田具有培肥地力、改良土壤、提高作物抗逆能力的作用。玉米秸秆要粉碎切细，长度不超过5厘米，并进行深翻掩埋。随着玉米种植密度的提高和秸秆还田量的增加，为满足秸秆腐熟的需氮量，最好在底肥中增加10公斤的尿素。

小麦底肥

秸秆还田

3　如何提高整地质量？

根据近几年田间调查发现，小麦播种前整地质量的好坏对小麦产量影响非常大，整地质量不好时，严重者可减产上百斤。要提高小麦单产，一定要高度重视整地质量。

第一，要平整地块，不要高低不平，避免浇水后干湿不匀，影响苗全、苗匀、苗壮。如果不能做到地块平整，建议使用微喷或滴灌设备。

第二，每隔3～4年深耕一次，打破犁底层。深耕深度不低于30厘米。

第三，秸秆一定要打两遍，一定要打碎深翻埋严，秸秆长度要小于5厘米。

第四，旋耕时深度要大于18厘米。注意旋耕要均匀，避免出现中间高两边低的情况，以免影响播种质量。

第五，小麦播种前镇压一遍，播种后再镇压一遍。

4　小麦备播期病虫害的防治要点有哪些？

小麦备播期病虫害主要防治对象是灰飞虱、蚜虫、金针虫、蛴螬、蝼蛄、小麦吸浆虫等，以及小麦茎基腐病、根腐病、纹枯病、全蚀病、小麦秆黑粉病、黄矮病、丛矮病等，防治措施有以下几点。

◆ **选用抗病虫品种**

针对当地的主要病虫害选用抗病虫品种，做好品种合理布局。

◆ **创造防病生态环境**

精细整地，清除田间地头病残体和杂草。坚持增施腐熟的农家肥，科学平衡施肥。采用足墒、适期内晚播、精量半精量播种等栽培措施，培育小麦壮苗，提高小麦本身抗病抗逆性。

◆ **药剂拌种和土壤处理**

蚜虫、灰飞虱，可以用吡虫啉或者噻虫嗪来拌种，比如用70%的吡虫啉50克，拌15公斤（约一亩地）麦种，可以解决秋苗期的蚜虫和灰飞虱问题。

对于金针虫和小麦吸浆虫，可以一亩地用5公斤辛硫磷颗粒，施肥时撒到地里，然后通过旋耕进行土壤处理。也可以使用辛硫磷喷雾，0.5公斤辛硫磷兑15公斤水，进行喷雾处理。

对于小麦全蚀病、茎基腐病、根腐病、纹枯病，可用6%的戊唑醇5克或者3%的苯丙甲环唑30克，拌15公斤（约一亩地）麦种，然后在小麦的返青期和拔节期，喷药两次，就能防治该病害。

对于小麦黄矮病、丛矮病，可用75%的吡虫啉50克，加水3~4公斤，拌麦种25公斤，拌匀后堆闷12个小时再播种。

在病虫害混发区要大力推广杀菌剂、杀虫剂混合拌种，各计各量，先拌杀虫剂后拌杀菌剂，并严格按照拌种操作规程，防止人畜中毒。

◆ **种子包衣**

种衣剂是由杀虫剂、杀菌剂、微肥、植物生长调节剂、成膜剂等复合加工而成的新型农药。种子包衣具有简便、缓释、长效的优点，除防治病虫害外，还兼有种肥的作用，应大面积推广。各地可根据病虫害发生的种类，选择适当配方的种衣剂。

5 晚播小麦最晚什么时候就不能种了？

晚播小麦最晚可以在土地封冻之前播种，也就是说，到土地封冻就不能种了。一般土地封冻是在 12 月上旬，也就是大雪节气，所以晚播小麦最晚可以种到大雪节气。

有些半冬性品种，如果地不封冻，也可在立春前后播种，但产量会受影响。

关于大雪前抢种的小麦，由于前期雨水多，土壤湿度比较大，加上降雪，如果小麦播种得比较深，可能会对出苗不利，一定要及时去地里查看，以免造成闷种现象。同样，在存水地和泥地里播种的也会闷种，都不利于小麦的发芽。如果出现闷种，一定要及时翻播，也就是再种一次。

如果抢种的小麦已经出苗了，那么雨雪带来的影响就不大了。等积雪化了之后，可以喷叶面肥或杀菌药，预防小麦苗期病虫害的发生。

晚播小麦

6 晚茬小麦如何科学播种？

晚茬小麦播种时要注意"四补一促"，"四补"是指以种补晚、以肥补晚、以密补晚、以好补晚，"一促"是指促进小麦健壮成长。

◆ **第一补：以种补晚**

在选择小麦品种的时候一定要选择抗冻、抗倒伏、抗病的优良品种，虽然播种得较晚，但出苗后生长健壮、不得病，便能弥补播种晚对产量的影响。如果选择"土里捂"的播种方式，建议最好选择中早熟的小麦品种。

◆ **第二补：以肥补晚**

雨水较多的年份，土壤中的肥料流失较多，这种情况下底肥一定要比正常年份多施一点。一般年份每亩地施肥30~40公斤，雨水多的年份提倡增加到40~50公斤，并且要施足微量元素肥如锌肥，保证麦苗出来后比较健壮。建议选择高磷高氮的复合肥。有一种施肥方式能够减少施肥量，但是小麦产量并不减少，这种施肥方式就是"种肥同播"，即小麦播种同时进行施肥操作，一个耧腿播种一个耧腿施肥。这种集中施肥的方式可以提高肥料的利用率，每亩地施肥25~30公斤，便可等同于撒施50公斤的肥效。

◆ **第三补：以密补晚**

一般在霜降之前，播种量是每亩地15公斤左右，霜降之后，每晚一天，播种量便增加0.5公斤。但也不是无限制地增加播种量，即使最晚到大雪节气播种，播种量也不要超过25公斤。

◆ **第四补：以好补晚**

不仅要把地整好，还要把麦子耩好，提高整地质量，提高播种质量，确保苗全、齐、匀、壮，也能弥补晚播对小麦产量带来的影响。

选择熟练的机播手,将播种量的定值计算好,可以适当多耩点,宁多勿少。耧腿的深浅要调整好,雨水多的年份千万不要播得太深,2~3厘米就可以了,不要深于4厘米。播种太深,麦苗出来以后苗弱,容易感染病菌。这是晚播小麦最重要的注意事项。

做好种子的处理。晚播小麦出苗较晚,在土里的时间越长,感染病菌的概率就越大,尤其是土壤湿度大、病菌多的年份。所以,尽量杜绝白籽下地,也杜绝只用杀虫剂包衣而不用杀菌剂包衣的小麦种子。强调用唑类的杀菌剂,或者是咯菌腈、木霉菌一类的杀菌剂。如果选择咯菌腈、木霉菌等杀菌剂,由于其抑制小麦发芽的作用较小,可以提前包衣;如果选择唑类杀菌剂,如戊唑醇、苯醚甲硝唑等,包得时间较长会影响小麦发芽,建议播种前1~2天包衣,包好随之播种即可。

为了促进晚播小麦早出苗、早发芽,在给麦种包衣的时候可以加上芸苔素。芸苔素有促进小麦早萌发的作用,能够促使麦苗出得全、出得好、出得匀。

播种的时候一定要使土壤的含水量降到70%左右,甚至70%以下才能播种,坚决不能湿地播种,尤其是黏质土。如果是沙土地,情况会好一些,但如果是黏质土,湿度大了会形成坷垃、泥巴条,土壤比较"死",出来的苗不旺,甚至出不来苗。

◆ "一促"

"一促"是指小麦出苗以后及时查苗补苗,借着冬前有利的生长时间,喷一遍生长调节剂或者防冻剂,再加上叶面肥、杀菌剂、杀虫剂,促进小麦健壮生长,减少病虫害的发生。

小麦出苗差

7 小麦越冬前管理技术要点有哪些？

◆ 水分管理

分4种类型。一种是底墒充足、镇压好的麦田，提倡浇越冬水，一般在12月上旬夜间温度达到0℃的时候浇，水质不好的、盐碱地不要浇；另一种是抢墒播种、秸秆多又不镇压的地块，甚至干裂的麦田，冬前可以浇一遍水，但是浇水后应注意及时划锄，防止出现大裂缝，尤其是在树间抢墒播种小麦的，更要及时浇水；第三种类型是种肥同播时肥料使用量大、间隔太近出现烧种现象的要立即浇水压肥；第四种类型是小麦拌杀菌剂出现药害，麦苗不长的麦田，一定浇越冬水，在12月上旬以后浇。

◆ 病虫草害的防治

气温高时，播种早的麦田会发生潜叶蝇、灰飞虱、麦蜘蛛等虫害，造成麦叶叶尖干枯，冬前应立即防治。防治害虫可用联苯菊酯和阿维菌素，并加入戊唑醇或苯醚甲环唑，可同时防治纹枯病、根腐病和全蚀病，麦苗弱、生长慢的地块可加入锌肥。

越冬前也是化学除草的最佳时期，一般在11月中下旬，选择白天温度不低于10℃的无风天气，喷施除草剂。注意喷施除草剂后7天内不要喷含有机磷成分的农药，不能浇水，喷施时不要重喷；使用大型喷药设备时注意喷头喷雾要均匀。此外，除草剂一定不要和杀虫剂混用。

麦苗白化

8 越冬前麦田杂草的防治事项有哪些？

麦田禾本科杂草主要有节节麦、雀麦、看麦娘和野燕麦等，阔叶杂草有猪殃殃、繁缕等。杂草种类不同所用的药剂不同，当前还没有一种药剂能同时防治所有杂草，因此应根据田间杂草的种类选择用药。

节节麦 应选用"甲基二磺隆"成分的除草剂。

雀麦、野燕麦 应选用啶磺草胺、氟唑磺隆等除草剂。

看麦娘 应选用炔草酯、啶磺草胺、精恶唑禾草灵等除草剂。

猪殃殃 应选用氯氟吡氧乙酸（使它隆）等除草剂。

杂草混生 应选用混合制剂或单剂混合使用，也可间隔数日分别喷施单剂治草。要预防混用品种过多发生药害，建议最多混用两种除草剂，根据麦田杂草种类合理混配上述对症药剂。

小麦播种后35～45天是防治野麦子的最佳时机，正常年份是11月20号至30号。此时小麦已经过了三叶期，杂草正好也在三叶期，小麦三叶期以后抗药性增强，杂草在三叶期抗药性最弱，所以此时是防治杂草的最佳时期。

秋季除草要注意以下几点：

药液一定要二次稀释；田间杂草品种较多时，要分清主次，以控制主要杂草为主，不要把所有要用的除草剂同时加入喷雾器，以防浓度过高发生药害，应间隔几日分次喷雾防治；喷药应在无露水时进行，大风天、有积水的地块、有露水时、典型的弱苗地块不能用药；用药量不能随意加大，要先配成母液倒入喷雾器搅拌均匀后再喷雾；不能漏喷，用水量要足，剩余药液要妥善处理；不能重喷，以免产生药害，应注意，小麦品种不同，产生药害的轻重程度也不同。

9 如何预防小麦冻害？

近几年，小麦冻害时有发生，时常造成减产。冻害是农作物低温灾害的一种，低温灾害可以分为冷害和冻害，冷害的对象多为果蔬类作物，而冻害对象则多为越冬作物如小麦。

冷害是在农作物生长季节内，虽然气温在0℃以上，但因低于作物所需的临界温度而形成的一种低温灾害。冻害是小麦越冬期间的低温灾害，特点是低温绝对值低。一般越冬时突然降温，温差在12℃以上、绝对温度在-5℃以下时才可能形成冻害，且冻害程度随温度绝对值的提高而加重。

冻害的发生绝大部分是品种或播种期选择不当、耕作整地质量太差造成的，属于人为因素，可以避免。

预防小麦冻害应做好以下几点：

一是选择抗冻性强的小麦品种，即冬性品种。

二是适期晚播，同一品种晚播的抗冻性强。

三是越冬前镇压一遍麦田，或在12月上旬浇冬水。

四是粉碎秸秆，减少土壤透气性，提高小麦抗冻性。

五是冬前防治一遍麦蜘蛛，也能减少冻害发生。

不同时期的小麦冻害

10 早春小麦追什么肥好？追多少？

◆ 追肥时间

春季小麦追肥时间应根据苗情来定，过早追肥不好，过晚不利于提高产量。对于晚播的瘦弱小麦，尤其是"一根针"或土里捂麦田，多在返青期追肥，使肥效作用于分蘖高峰前，以增加亩穗数。如果麦田苗情好，群体大、个体旺，需要适当控制旺长，这类麦田应将追肥时间向后推，提倡到拔节期以后再追，因为过早施肥促苗容易引起后期麦田的倒伏。

◆ 追肥种类

对于土壤肥力水平较高的麦田，播种前就应该施用足量的有机肥。追肥一般追施氮肥，或者含氮和钾的复合肥。有的农民朋友觉得苗情差，想追施磷肥。磷肥提倡在小麦底肥一次性施入，因为磷肥施入土壤以后，和土壤有一个固定作用，有效成分不往作物上输送。施肥次数越多，磷肥接触土壤的面积越大，被土壤固定的数量就越多，所以提倡底肥一次性全施入磷肥，减少其跟土壤的接触面积，从而减少浪费。

对于土壤肥力较差的麦田，特别是对于那些播种前因阴雨天气影响施肥，致使施量不足的麦田，则需要多施一些氮肥，并配合施用磷、钾肥料，充分满足小麦拔节抽穗对肥力的需求。

◆ 施肥方式

追施氮肥一般使用尿素。尿素施入地里有一个转化期，20℃时需要四五天的转化过程，转化成铵态氮才能被作物吸收，所以在生育期需要追肥之前，应提前四五天追施尿素。施肥后四五天小水浇地，此时尿素跟土壤已经接触，利于作物根部的吸收。

另外，尿素跟水分接触以后容易形成氨气，导致肥料的营养流失。实验得知，尿素的利用率比较低，一般为35%左右，也就是说，50公斤尿素只有17.5公斤左右能被作物吸收，所以施肥方式不正确的话，容易造成肥料浪费。针对这个情况，提倡施用尿素的时候要深施掩埋，减少挥发和流失。

◆ **施肥数量**

追肥量需要根据底肥的施入方式和量进行计算。

底肥每亩施用复合肥20～25公斤的，满足不了越冬期作物对氮素以及磷肥的要求，在返青期追肥应每亩追施复合肥20～25公斤，拔节期每亩再追施7.5～10公斤尿素，开花以后每亩再施用7.5～10公斤尿素。

底肥每亩施用复合肥17.5～20公斤，并加入有机肥和生物菌肥的，是比较平衡的施肥方式，能够满足越冬期小麦对氮素的营养吸收，也能满足整个生育期对磷肥的需要。返青期追肥每亩可施用7.5公斤尿素，拔节和开花期以后每亩再分别施用7.5～10公斤尿素，就能满足整个生育期的需要。

底肥完全施用二铵，每亩20～35公斤甚至40公斤，不施尿素也不施钾肥的，是非常不合理的施肥方式。虽然做到了磷肥一次性施入，但一般中等产量的麦田每亩17.5～20公斤的二铵就能够满足整个生育期对磷肥的要求，过量便造成了土壤的板结。针对这种底肥施用方式，返青期追肥时每亩需要施25～30公斤高氮含钾的复合肥，拔节期可以不施肥，开花期以后再每亩施用7.5～10公斤尿素。

底肥每亩施用二铵17.5～20公斤加7.5公斤左右的尿素和5公斤氯化钾的，也是比较合理的施肥方式。返青期追肥时尿素可以减量，结合春灌每亩冲施尿素5～7.5公斤即可，拔节期和开花期每亩再分别施用7.5～10公斤尿素，就能够完全满足整个小麦生育期的需求。

11 小麦返青起身期的管理技术有哪些？

◆ **科学运筹肥水**

苗情较差，土壤干旱的麦田要抢浇返青水，每亩追施返青肥（氮、钾肥）15～20公斤或尿素20公斤。早浇返青水时不要在有冷空气的夜间浇，不要积水。春季风大，土壤中秸秆多，镇压不实时容易跑墒，因此干得快的地块要适时早浇。

对于冬前浇过越冬水的麦田，如果冬天下了大雪，返青期可以不浇水，推迟到拔节前再浇即可。如果后期没有浇水条件的麦田，可以在此时抢浇返青水，同时每亩追施30-0-6的氮钾肥20公斤。

此外，种植不抗冻品种的麦田和麦蜘蛛发病严重的麦田，都要浇返青水。

◆ **适时早防小麦病虫草害**

小麦返青后，病虫害开始加重，要及时防治麦蜘蛛、纹枯病、茎基腐病、全蚀病、根腐病和条锈病等病虫害，3月上旬可用联苯菊酯、阿维菌素、戊唑醇混合喷雾。

返青期开始防治麦蒿、节节麦、雀麦、早熟禾等杂草，这个时期的草龄比较小，应严格按除草剂使用说明书进行，防治时间不要晚于3月15日。

节节麦对防治要求比较严格，要求8℃以上的气温，并且在用药前后两天不能出现霜冻天气。如果田间有积水或者是弱苗麦田、硬质麦田，要慎用或者不用除草剂。

对于麦蒿等阔叶杂草，防治时间不要晚于4月5日，也就是清明节小麦拔节时期，但猪秧秧一定要早治。药剂可以采用双氟磺草胺、二甲四氯、苄嘧磺隆等的复配制剂。

一般情况下，喷除草剂时不要加入杀虫剂或者是杀菌剂，以免产生药害。如果自身特别有经验，可以按经验加入水分散颗粒剂、可湿性粉剂，但一定不要加入乳油，尤其是有机磷类的杀虫剂。

除草剂应用以后7天内不建议喷施叶面肥或者生长调节剂，因为除草剂是抑制杂草生长的，可逐渐将杂草杀死，此时再喷施叶面肥或生长调节剂，便会削弱除草剂的效用。

如果土壤湿度比较大，比如浇水后又下雨，土壤比较黏重，此时不要喷施除草剂。否则在田间踩踏，或者机械碾压会造成土壤板结，导致小麦生长不良。

◆ 适期早喷化控药剂

有些麦田由于播种量大等原因出苗比较稠，后期存在倒伏危险，可在起身期（3月10日前后）喷施吨田宝化控药剂。喷施化控药剂时可以加入杀虫剂、杀菌剂（戊唑醇）防治病虫害。对于靠近树林的麦田要注意防治金针虫、蛴螬等害虫，可在浇返青水时每亩撒施辛硫磷颗粒剂4~5公斤。

注意：
- 麦田浇水时，不要用含盐量高的咸水或污染水；
- 小麦药害较重的地块要喷施缓解药害的叶面肥；
- 计划下茬种植大豆和花生的地块，不要使用含苯磺隆的除草剂。

12 使用甲基二磺隆防治节节麦的注意事项有哪些？

一般的除草剂对小麦无害，主要作用是杀死麦田的杂草，但甲基二磺隆要防除的对象是节节麦，节节麦和小麦的"亲缘"关系很近，所以在防治节节麦的同时就很容易影响小麦。因此，甲基二磺隆的用药非常严格，原则上不建议和其他除草剂、农药、叶面肥等混用；临近拔节期严禁施药，建议春节前使用，一个麦季只能施用一次；使用时一定要二次稀释，稀释后施药要均匀；重喷、漏喷、加大剂量等都会使小麦生长受阻，严重的会不拔节，甚至死亡，所以重喷、漏喷的做法都是不允许的。

麦苗受到除草剂药害

此外，甲基二磺隆使用的最佳温度一般要求在10℃以上，所以冬前施用效果最好。时间段为上午10点到下午5点，选择晴朗无风的天气。施药前后2天内有大雨、霜冻和浇灌时，不能使用，所以用药前一定要看天气预报。苗弱的地块不能施药，有病害、虫害、盐碱害、斜坡的地块也不能施用。施药前后5天内不可大水漫灌麦田，以确保药效，避免药害。

13 小麦中后期的管理要点有哪些?

◆ **肥水管理**

小麦中后期的肥水管理一般分两次。第一次为拔节肥水,也就是在拔节期(清明前后)每亩追施高氮含钾的小麦追施肥或者尿素20~30公斤;第二次为灌浆肥水,在小麦扬花期(5月上旬),每亩撒施尿素7.5~10公斤。灌浆肥水有3个注意事项:一是黏土地不要浇水太晚,否则会造成小麦贪青晚熟;二是浇水时一定注意大风天气不要浇,防止小麦倒伏;三是水质不好不能浇。

◆ **病虫害防治**

小麦后期发生的病害主要有纹枯病、白粉病、锈病、根腐病、赤霉病,虫害有麦蜘蛛、潜叶蝇、麦叶蜂、麦蚜、棉铃虫、蓟马等,可在拔节后喷一次戊唑醇加阿维菌素或甲维盐,在小麦齐穗后再喷一次咪鲜胺、联苯菊酯、磷酸二氢钾混合喷雾。防治赤霉病、白粉病、锈病可喷氟环唑、丙环唑等。

蚜虫

◆ **预防小麦干热风**

小麦后期经常遭到干热风危害,造成急熟减产,因此要喷施尿素和磷酸二氢钾或黄腐酸叶面肥,间隔7~10天喷1次,防干热风效果较好,可与防治病虫的药剂混合喷雾。

◆ 喷药注意事项

拔节后千万不要喷含毒死蜱成分的杀虫剂。扬花灌浆期喷药,不要用喷过除草剂的喷雾器。用药时一定仔细看农药说明书,不要把除草剂当成杀虫剂误喷,以免颗粒无收。喷药时不要任意加大用药量或混用太多种类的农药,避免产生药害。没有商标的陈药最好不用。

14 什么是小麦"一喷早三防"技术?

小麦进入抽穗扬花期,随着气温升高,降雨增多,赤霉病、白粉病、麦蚜虫等各种病虫害也进入高发期。这一时期病虫害的发生程度,直接关系到小麦产量和质量高低。这一时期经常发生的病虫害有白粉病、赤霉病、叶枯病、锈病和麦蚜虫、吸浆虫、麦蜘蛛,5月中旬后干热风和早衰也时常发生。因此,建议推广"一喷早三防"技术,即通过一次喷药达到防治病虫害、干热风和早衰的目的。

◆ 药剂选择

杀虫剂可选噻虫嗪、氟啶虫胺腈、苦参碱、联苯菊酯、高效氯氟氰菊酯、甲维盐、阿维菌素等。

杀菌剂可选戊唑醇、氰烯·戊唑醇、咪鲜胺、烯唑醇、己唑醇、丙环唑等,不能用多菌灵、甲基硫菌灵和嘧菌酯。

叶面肥可选择磷酸二氢钾、芸苔素内酯、氨基酸叶面肥、尿素。

◆ 喷施方法

小麦抽齐穗后开始喷施,7天左右喷1次,连喷2~3次,喷药时可选择杀虫剂+杀菌剂+叶面肥联合喷雾。喷药时要进行二次稀释,先将药剂用少量的水溶解好,再正常加入喷雾器兑水稀释,不要随意加大用药量,不重喷不漏喷,避开大风、高温、露水天气。

15 小麦倒伏后如何处理？

小麦倒伏的原因一般有品种抗倒伏性差、根系不发达、基部茎基腐病等根部病害，最主要的原因是根系的柔韧性差。另外，在小麦灌浆末期，如果有阴雨天气，伴随阵风或大风，也容易使小麦发生大面积倒伏。此外，发生纹枯病、茎基腐病时，小麦根系会腐烂，茎秆会不同程度坏死，遇到大风天气，也容易发生倒伏。此外，播种量大、播种时间过早、群体大时也容易发生倒伏。

首先，小麦倒伏以后，土壤潮湿、田间密闭，给病虫害发生造成了有利条件，因此应及时喷药防治。待上部穗节恢复直立时，叶面可喷施杀菌剂三唑酮、烯唑醇加磷酸二氢钾，防治病害、延长叶片功能，每隔7天喷1次，连续喷2次。同时可用竹竿挑挑倒伏的小麦，增加透气性，让小麦散湿，减少籽粒发霉或发芽。注意不要人工扶、绑倒伏的小麦，以免损伤小麦的茎秆和根系，尽量让其自然恢复生长，这样可将减产损失降至最低。

其次，倒伏后小麦植株抗逆力降低，应及时喷施叶面肥进行营养补充，这样可以起到增强小麦植株抗逆力、延长灌浆时间、稳定小麦粒重的作用。一般每亩用磷酸二氢钾150～200克，加水50～60公斤进行叶面喷洒。

最后是抢收。如果天气晴好，倒伏的小麦已经晒干了，应尽量早收。

小麦倒伏

16 小麦黄苗的原因及应对措施有哪些？

原因一：干旱造成的黄苗（尤其是不镇压、秸秆多的地方）。

应对措施 浇水，并且浇水的时间尽量要晚，最好在 11 月下旬至 12 月上旬。如果秋季雨量大此时就不用浇了。

原因二：播种过深加上干旱造成的黄苗。

应对措施 最好喷施叶面肥（尿素、芸苔素、锌肥），并在 12 月上旬浇冬水。

原因三：底肥施氮肥少，缺氮造成发黄。

应对措施 最好先喷施叶面肥尿素，然后借浇水可追施尿素 7.5～10 公斤。

原因四：井水咸、水大的地方麦苗发黄。

应对措施 最好不用咸水浇地，在无其他水源的情况下，建议浇小水，并且把地整平，避免存水。

原因五：施鲜鸡粪、鸭粪过多造成麦苗发黄。

应对措施 施土杂肥（鲜鸭粪、鸡粪）不要过多，每亩不超过 2 立方米，最好施用腐熟土杂肥。

原因六：上一茬除草剂残留药害造成麦苗发黄。

应对措施 玉米田除草剂不要喷过量或重喷，也不要喷得太晚，最好在 5 叶前喷施。

原因七：冷害或者冻害造成麦苗发黄。

应对措施 可喷防冻叶面肥（芸苔素、天达 2116、海生素），或选用抗冻性好的小麦品种。

原因八：茎基腐、全蚀病危害造成麦苗发黄。

应对措施 一定要用杀菌药（苯醚甲环唑或氰烯菌酯）拌麦种，

另外在越冬前（11月下旬）、返青期（2月下旬），要连喷2遍杀菌药（苯醚甲环唑或氰烯菌酯）。

原因九：潜叶蝇、麦蜘蛛危害造成的干叶尖。

应对措施 11月中旬喷一遍联苯菊酯和甲维盐，加阿维菌素。

原因十：缺锌造成麦苗发黄（尤其是盐碱地）。

应对措施 可在冬前或返青期防虫、防病喷雾时加入锌肥，每15公斤水加30克。

17 除草剂喷施过多导致小麦长势不好，如何补救？

除草剂使用不当容易发生药害，一旦发生药害应及早针对药害类型进行补救。

◆ 炔草酯药害

症状：小麦叶片黄化、失绿，还可造成植株矮化，严重时可导致死苗。

补救措施 在药害早期，喷洒DA-6、活力素、芸苔素内酯及宝叶；小麦起身拔节期，喷施宝叶、氨基酸混合液。喷施后，小麦产量较未进行补救的麦田可明显提高，部分麦田产量可恢复或接近正常水平。

◆ 甲基二磺隆药害

症状：小麦心叶发黄，叶片扭曲、倒垂，部分弱苗死亡，严重时可整片死亡。剂量越高，药害越明显；使用时间越晚，药害越明显。

补救措施 药害早期可喷施5-氨基酮戊酸+复合肥。喷施后小麦株高及产量较除草剂对照组提高明显。药害盛期（药后10天）喷施多种缓解剂无明显缓解作用。

◆ 苯磺隆药害

症状：小麦条带状发黄、心叶发黄，茎叶出现斑点，生长停滞，甚至出现畸形、死苗等症状。

补救措施　药害早期喷施芸苔素内酯、DA-6、活力素，或在小麦起身拔节期喷施宝叶、氨基酸混合液。喷施后小麦产量较未进行补救的麦田可提高40%以上。

◆ 唑草酮药害

症状：轻者导致麦叶发黄、出现药斑，重者麦叶枯死，有些处于1～2叶期的麦苗由于叶片严重损伤而死亡。

补救措施　药害后期（药后14天）喷施叶面肥磷酸二氢钾，可有效降低小麦叶片药斑面积及药害指数。值得注意的是，在药害盛期（药后7天）喷施多种缓解措施无明显缓解作用。

◆ 二甲四氯药害

症状：麦苗出现不同程度矮化，叶片呈葱管状，茎秆扭曲、畸形，穗小粒少。

补救措施　药害早期喷施芸苔素内酯、氨基寡糖素、赤霉素、萘乙酸、磷酸二氢钾。

麦田大面积药害

18 小麦条锈病如何防治?

小麦条锈病也称为黄疸病,发生得越早危害越重。该病一旦流行,病叶率很快达到100%,病斑布满整个叶片,满叶黄粉,叶片提前干枯。该病影响小麦灌浆,可造成小麦减产50%以上,严重的可造成绝产。

小麦条锈病主要发生在叶片上,其次是叶鞘和茎秆,穗部、颖壳及芒上也有发生。苗期染病时幼苗叶片上可产生多层轮状排列的鲜黄色夏孢子堆。成株叶片初发病时夏孢子堆为小长条状,鲜黄色,排列成行,像针脚一样。小麦近成熟时,叶鞘上则出现圆形至卵圆形黑褐色夏孢子堆,散出鲜黄色粉末,即夏孢子。后期病部会产生黑色冬孢子堆。冬孢子堆呈短线状,扁平,常数个融合,埋伏在表皮内,成熟时不开裂,这一点区别于小麦秆锈病。

小麦条锈病

◆ 选择抗病品种并拌种处理

因地制宜选用抗病品种，做到布局合理及定期轮换品种。避免品种单一化，但也不能过多，并注意定期轮换，防止抗性丧失。同时，播种前应使用三唑酮可湿性粉剂或烯唑醇乳油拌种，增强小麦抗病力。

◆ 做好田间管理

适当晚播，不要过早，可减轻秋苗期条锈病的发生。同时，施足堆肥或腐熟有机肥，增施磷钾肥，做好氮磷钾合理搭配。合理灌溉，雨后注意开沟排水，降低田间湿度。后期，发病重的地块需适当灌水，减少产量损失。

◆ 及时药剂防治

一旦发现有条锈病发生的田块，要立即开展应急防治，做到"见一点防一片"，最大限度阻断早期传播。

进入条锈病高发期要立即防治，连续防治2～3次，间隔7～10天喷1次，可选择戊唑醇、己唑醇、苯醚甲环唑、丙环唑等药剂进行喷雾防治。喷施浓度按照说明书使用，每亩地喷两桶药液，一定要喷匀喷透。喷药时可加入磷酸二氢钾叶面肥和杀蚜虫的药，混合喷雾。所有农户都要普防两遍，在外打工和老弱病残农户要想办法托管喷药，不可漏喷一户，一旦有地块漏喷，很快就会传染全部地块。

叶片上的夏孢子堆

19 小麦秆黑粉病的防治方法有哪些？

小麦秆黑粉病又叫乌麦、黑疸，是由小麦条黑粉菌侵染所引起的，全国各麦区均有发生，主要发生在北部冬麦区。

小麦播种后，当种子发芽时，病菌冬孢子也同时萌发，以菌丝通过小麦芽鞘进入生长点，随着小麦的发育进入叶片、叶鞘和茎秆中，在麦株表皮下形成孢子堆，产生大量冬孢子，次年春季出现症状。小麦秆黑粉病是幼苗系统性侵染病害，病菌一年只侵染一次，麦苗发病后不会被二次侵染，即使紧靠病株也不会再被侵染。

小麦秆黑粉病

小麦秆黑粉病的预防措施有以下几点。

◆ 提高播种质量

种植抗病品种，适期播种，不要晚播，不要播得太深。旋地前大浓度喷施戊唑醇或己唑醇，每亩100～200毫升，以及50%的辛硫磷0.5～1公斤，科学施用配方肥和锌肥。播前播后需镇压，适度浅播，不要深于4厘米，可缩短出苗时间，减少病菌侵染。

◆ 药剂防治

小麦在播种前进行药剂拌种,是防治小麦秆黑粉病的关键,并且是最有效的措施。药剂可以选用现成的种衣剂,也可选用戊唑醇或烯唑醇乳油,用量为每50公斤麦种加20~25毫升拌种剂,堆闷2~4小时(不要长于4小时)后摊开,晾干后播种,不要晒干。

药剂拌种要按规定药量使用,不能随意加大用量,不提倡早拌,最好是播种前的2~7天,防止产生药害。

◆ 科学轮作

有条件的地块可以和非禾本科作物进行轮作种植。

20 如何防治麦田里的蜗牛?

防治蜗牛应该贯彻"预防为主、综合防治"的植保方针,实施农业防治、物理防治、化学防治的综合治理措施,重点放在前期压低虫源基数,治早治小。防治重点时期是麦田拔节期前后和玉米苗期。夏玉米重点在6月份一代幼贝发生的初期,此时玉米处于苗期,蜗牛集中在地表,可进行重点防治,以免8~9月第二次发生高峰时形成大面积为害。

◆ 农业防治

秋冬深翻地,把卵和越冬成虫翻至地表,可使其被晒死或被天敌吃掉,也可把表土层的植株病残体、蜗牛成贝及幼贝等深埋于地下使其死亡。小麦收获后、玉米播种前进行灭茬处理,也可消灭一部分蜗牛。

此外,要经常铲除田间、地头附近的杂草,及时中耕松土、排出积水等，以破坏蜗牛的栖息和产卵场所，减少虫源。蜗牛灾害较严重的地方，在冬春季和秋季翻耕土地时留一小块杂草地，引诱蜗牛，然后集中消灭。

◆ 人工捕杀

可于傍晚、清晨、阴天时对蜗牛进行人工捕杀，也可在田间插枯草枝或撒成堆的鲜菜叶进行诱杀。

◆ 撒施生石灰

在地头或夏玉米宽行间撒宽10厘米左右的生石灰带，每亩用生石灰50~75公斤。

◆ 药剂防治

毒饵诱杀 用四聚乙醛与磨碎的豆饼或玉米粉配制成毒饵，于傍晚时分均匀撒在垄上，进行诱杀。

撒颗粒剂 每亩用10%四聚乙醛或10%聚乙醛颗粒剂2公斤，于傍晚时分均匀撒在田间。

喷洒药液 在下午4点以后，可用80%四聚乙醛或98%的硫酸铜20~25克兑水16~20公斤，对作物全部茎叶均匀喷药。10天后再喷施一次，使蜗牛活动时更容易接触药剂，可以达到更理想的防治效果。注意硫酸铜不要加大药量，有些作物对硫酸铜敏感。

蜗牛虫害发生严重的地块要把防治期提前至小麦生长季，在4月初小麦拔节前后进行第一次防治，消灭越冬代蜗牛，玉米播种后进行第二次防治。若发现还有蜗牛，可在玉米苗期蜗牛未上升到秸秆时进行第三次预防性防治。防治时选择傍晚时分较好。需要注意的是，使用诱杀剂（如四聚乙醛）时最好联合防治，单户防治的要在田块四周撒上生石灰作为隔离带，防止其他地块的蜗牛被诱集过来，生石灰隔离带不要窄于10厘米，厚度不要低于0.5厘米。

21 如何防治小麦红蜘蛛？

◆ 消灭虫源

野麦苗、野燕麦及周边的杂草上常寄生着大量的红蜘蛛的虫卵，要及时进行田间除草。对化学除草效果不好的地块，要及时进行人工除草，将杂草铲除干净，以有效减轻虫源。

◆ 灌水灭虫

在红蜘蛛发生严重的时期进行灌水灭虫。红蜘蛛在晃动麦株时会假死，但其怕水，所以应先把红蜘蛛扫到地表再灌水，使虫体粘于泥土上，这种方式灭虫效果比较好，不使用农药也减少了农药污染。

◆ 精细整地

早春时节翻动土地能杀死大量虫卵。麦收后灭茬浅耕，秋收尽量深耕，有条件的可进行轮作倒茬，可有效减少虫源。

◆ 镇压灭虫

红蜘蛛具有群集性，秋末冬初季节，一般在上午9时爬上麦苗，下午3～4时数量最多。此时进行镇压，既能保墒防旱，又能控制旺长。镇压时结合抖动麦苗，可将大量红蜘蛛压入土中闷死。

◆ 药物灭虫

选用哒螨灵乳油、扫螨净或阿维菌素、联苯菊酯、甲维盐等，按使用说明用药。

红蜘蛛

22 如何防治小麦根腐病？

小麦根腐病又称根腐叶斑病或黑胚病、青枯病，是由一种或多种真菌引起的病害，可为害幼苗和成株的根、茎、叶、穗、种子。患病麦苗根茎部、根间、茎基部变褐色，主根及部分须根发黄枯死或次生根不生长，成株后植株矮小，提前早衰，成穗短小而千粒重低。

小麦根腐病病菌在种子内外和病残体内越冬，如不重视药剂拌种或拌种粗放，同时由于连作土壤带菌量大，可造成病菌残留并逐年积累。气候环境如冷害、涝害、旱害、冻害等均能引起发病，小麦生长后期，高温高湿时也易发生此病。

此外，田间管理措施不当、不能适期播种、整地质量差、播种过深或过浅等，也能引发和加重小麦根腐病。

小麦根腐病

小麦根腐病的防治方法有以下几种。

◆ **严禁连作**

原则上严禁连作，重病地块可与油菜、向日葵等进行轮作，降低病原菌在土壤中的存活量。

◆ **严格拌种**

及早准备种子，严格按照拌种程序拌种，防止种子带菌。可用适乐时或卫福按种子量的2%～3%拌种，闷种12～24个小时。如拌种时种子水分偏大，可摊开晾干后再播种。

◆ **注意播种时间和深度**

冬小麦播种过早可造成麦苗生长过旺，播种过晚则导致苗情弱。播种过深消耗营养大，出苗后麦苗细弱，易感病；播种过浅，越冬易根部露出，病菌容易侵入。冬小麦播种过早或过晚、过深或过浅均能造成麦苗在入冬前生长势衰弱、抗逆性下降而导致病害发生，因此应注意播种时间和播种深度。

◆ **测土配方施肥**

以施用农家肥为主，均衡施肥，推广测土配方施肥。

◆ **药剂防治**

小麦根腐病易防难治，应以预防为主，发现病株后及时用药防治。发病初期可选用烯唑醇喷雾，或井冈霉素10克兑水40公斤喷雾防治，隔7～10天再喷1次。

小麦开花初期，每亩用三唑酮或多福合剂100克加水喷雾，可控制叶部病害发展，防病增产效果较好。注意喷药时应喷匀、喷透，使药液充分浸透根茎。

23 小麦赤霉病是什么？如何防治？

小麦赤霉病又称烂穗病、麦秸枯、烂麦头、红麦头、红头瘴，是由多种镰刀菌侵染所引起的病害。从苗期到穗期均可发生，可引起苗腐、茎基腐、秆腐和穗腐，以穗腐危害最大。湿度大时，病部可见粉红色霉层。小麦受害后发芽率下降，发芽势减弱，出粉率低，面粉质量差，色泽灰暗。病麦含有毒素，人畜食用后可引起急性中毒。因此，一定要及时防治小麦赤霉病。

小麦赤霉病

防治关键为"抓住防治时机+足量用药+足量用水+二次用药"。防治时机为抽穗至扬花初期，如遇连阴雨、长时间结露等适宜病害流行的天气，可以在降雨前6～24小时用一次药，5～7天再次施药，也可以在雨停后24小时内最晚36小时内或雨间歇期用药，5～7天后二次用药。

药剂可以选用烯唑醇、咪鲜胺、氰烯菌酯、戊唑醇等，用水量每亩不低于15公斤，喷片选用小孔喷片，保证适宜的雾滴大小，使药液能够均匀展布，提高穗部着药的均匀度。

24 如何防治小麦吸浆虫？

小麦吸浆虫有红吸浆虫、黄吸浆虫两种，与小麦发育是一种密切的共生关系，与小麦的生长发育阶段一致，突发性强、蔓延速度快，较难防治，为害方式主要为幼虫潜伏在颖壳内吸食正在灌浆的麦粒汁液，造成秕粒、空壳。吸浆虫个体小，成虫体形像蚊子（体长2~2.5毫米，呈橘红色或姜黄色），具有很强的隐蔽性，不易被发现。

小麦吸浆虫为害早期，小麦的生长和穗形大小并不受影响，由于麦粒被吸空，麦秆表现为直立、抗倒伏，具有"假旺盛"的长势。但随着时间的推迟，小麦会出现晚熟，形成秕粒、空壳，严重影响小麦的产量和品质，一般田块可减产10%~30%，严重的达50%以上，甚至绝收。

小麦吸浆虫的防治关键期很短，只有蛹期7天和成虫期3天，要抓住这两个关键期及时进行防治，最好是统防统治、集中防治，这样才能确保效果。

◆ **蛹期防治**

在小麦孕穗期（抽穗前3~5天），当每样方有虫蛹4头以上时，选用辛硫磷、毒死蜱等制成毒土，顺着麦垄均匀撒施，撒施后浇水。

◆ **成虫期防治**

在小麦抽穗期至扬花前，两手扒开麦垄，一眼能看到2头以上成虫时，尽早选用辛硫磷、高效氯氟氰菊酯、噻虫嗪等农药进行喷雾防治。重发区连续用药2次（间隔3天），以确保防治效果。

25 如何防治小麦白粉病？

白粉病在小麦各个生育期皆可发生，地上部各部位均可受害，但以叶片、叶鞘为重。染病初期，会在叶片上方出现1～1.5毫米大小的白色小斑点，随着病情的发展，这些病斑会逐步发展和扩大为长椭圆形或近圆形且长有白色霉粉的白色霉斑。发病后期，病斑会连合成片，变成灰白色或浅褐色，并出现很多针头大小的散生黑色小点粒，病情严重时会导致小麦植株从上到下整体覆盖着一层灰白色至淡褐色的霉层。

小麦白粉病会导致小麦植株矮小细弱、抽穗困难、麦穗籽少粒瘪，严重者会导致小麦大幅减产或绝收，对小麦的正常生长和产量品质影响非常大。

小麦白粉病

防治小麦白粉病应选种抗病品种，并加强栽培管理，合理密植，采用精量半精量播种，适当晚播，提高植株抗病能力。同时应注意氮肥的合理施用，配方施肥，适时排灌水。

药剂防治可按照小麦发育期进行分阶段防治。

播种前 用种子重量 0.2% 的三唑酮可湿粉剂拌种。

发病初期 进行喷药防治，每亩可用三唑酮或烯唑醇 20～30 克加磷酸二氢钾 80～100 克喷雾，隔 7～10 天再喷一次，喷匀喷足，以达到抗旱防病、防干热风、提高植株抗逆性的目的。

小麦拔节期 每亩喷洒多效唑溶液 200 毫升加水 30 公斤，可使植株矮化，增强抗倒伏能力，并提高植株对氮素的吸收利用率。

小麦孕穗抽穗期 每亩可用三唑酮可湿性粉剂 50 克或三唑酮乳油 40 克，兑水 10 公斤进行喷雾，一般防治 1 次即可。

26 如何防治小麦纹枯病？

小麦纹枯病又称立枯病、尖眼点病。受纹枯菌侵染后，小麦在不同生育阶段所表现的症状不同。幼苗发病初期，地表或接近地表的叶鞘上会产生黄褐色椭圆形或梭形病斑；后病部颜色变深，病斑逐渐扩大而相连形成云纹状，并向内侧发展为害茎秆；重病株基部一、二节变黑甚至腐烂死亡，形成枯白穗。

防治措施有以下几点。

◆ **选择抗病品种**

选用抗病性较强的品种。目前推广的小麦品种较多，但大多数高产品种不抗病，抗病性好的品种不高产，因此，应该选用适合当地种植的抗纹枯病或耐纹枯病、综合抗性较好的高产稳产小麦品种，可有效预防或降低纹枯病的为害。

小麦纹枯病

◆ 药剂防治

在小麦返青至拔节前，可以使用井冈霉素加氰烯菊酯，或者戊唑醇、烯唑醇类的杀菌剂，对准小麦的根部进行喷浇。针对发病严重的地块，可间隔7～10天再喷一次。喷雾时要重点喷洒小麦茎基部，使植株中下部充分着药，提高防治效果。

◆ 田间管理

科学配方施肥，增施腐熟的有机肥，忌偏施、过量施用氮肥，控制小麦旺长；合理浇水，忌大水漫灌，雨后要及时排涝，做到田间无积水，保持田间较低的湿度。

◆ 合理密植

适期晚播，合理密植，采用宽窄行种植，避免大播量大群体。适期播种，精播匀播，有利于培育大分蘖成大穗，提高粒重。改善小麦田间的通风透光条件，既可保持土壤水肥的有效供给，又能保持地面表层土壤干燥。破坏小麦纹枯病侵染的环境条件，可有效降低纹枯病的感染发病概率。

27 如何防治小麦茎基腐病？

小麦茎基腐病为镰刀菌侵染而造成的病害。小麦苗期受到茎基腐病菌的侵染之后，表现为小麦苗发黄，茎基部的茎秆变为褐色，同时感染叶鞘，严重者可引起小麦苗的死亡。如果田间湿度大，在褐色的病斑处会出现粉红色或白色霉层。

小麦茎基腐病

小麦返青以后是小麦茎基腐病防治的最后时期，因此防治该病越早越好，最晚到春分以前。病害轻的地块防治一遍即可，如果病害严重，应该防治2～3遍，用药越早效果越好。药剂可以选择氰烯菌酯、丙环唑等药剂。喷药的时候注意要压低喷头，重点喷施小麦的茎基部。

此外，在播种小麦之前、收获玉米之后，秸秆应马上精细粉碎，每亩地至少均匀撒施40～50公斤尿素，然后用旋耕机进行旋耕，帮助秸秆腐熟。秸秆粉碎之后，间隔25天左右，让秸秆充分氧化分解，然后撒施氮磷钾等肥料。犁翻土地时深度为30厘米，将粉碎后的玉米秸秆翻入地下，耙平，做到上暄下实。经过以上处理，可大大减轻病害的发生。播种时应选择抗病能力强的品种，并通过种衣剂进行拌种。

28 如何防治小麦全蚀病？

小麦全蚀病从零星发病到成片死亡一般仅需 3 年左右，发病地块一般减产 10%～20%，重者减产 50% 以上，是一种毁灭性病害。

全蚀病是由子囊菌引起的真菌病害，病原菌以菌丝在土壤中的病残体上腐生或休眠，成为主要的初侵染源。混有病残体的种子是远距离传播的主要途径，小麦从幼苗至抽穗均可侵染，但以苗期最易受侵染，造成的损失也最重。全蚀病以初侵染因素为主，再侵染因素不重要。小麦、玉米复种发病重，土质松散、碱性、有机质少、缺磷缺氮、肥力低下的土壤发病重。

防治小麦全蚀病要做好以下几点：

首先，培肥地力，增施有机肥，测土配方施肥，减轻病害发生。

第二，和棉花、红薯、花生、大豆等作物进行轮作倒茬，可明显减轻病害。

第三，提高整地质量和播种质量，加强肥水管理，提高小麦抗病性。

第四，种子包衣，可用 5% 硅噻菌胺悬浮剂按 0.2%～0.3% 的比例拌种，对全蚀病防效可达 90% 以上，是目前防治全蚀病的特效方法。

第五，土壤处理，可用 70% 的甲基硫菌灵每亩 3～4 公斤，加土 20 公斤，混匀后施入地下，防效可达 70%。也可每亩撒入 50 公斤硅钙肥，防效也很好。

第六，药剂防治。在药剂拌种的基础上，用戊唑醇或己唑醇 500～600 倍药液在越冬前、返青期、起身期连喷 3 次。喷药时注意喷到根茎部。

29 如何预防小麦不结粒？

近几年由于个别农户不科学使用除草剂、农药、叶面肥，小麦不结粒的现象时有发生。针对小麦不结粒的原因，有以下几点预防措施。

第一，在小麦授粉扬花期用喷过除草剂的喷雾器喷药，或误将除草剂喷在小麦植株上都会造成不结粒，因此要注意区分使用喷雾器，并且不要使用没有标签的农药。

第二，在小麦授粉扬花期喷药时，一次使用的农药种类太多也会造成不结粒。据笔者统计，一桶水加 7~8 种农药和叶面肥便会造成小麦不结粒，建议一次用药不要超过 5 种。

第三，虽然用药种类不多，但每一种药物使用量过大，也会造成小麦不结粒，建议用药量不要超过说明书上的最大用量。

第四，在授粉扬花期使用高浓度有机磷农药也会造成不结粒现象，因此小麦生长后期不要使用高浓度有机磷农药。

第五，有些农药虽然商品名不一样，但农药成分是一样的，如果混用相当于加大用药量，也容易造成小麦不结粒。建议购买农药时一定查看农药成分是否一样，不要只看药剂的商品名。

第二节 玉米

1 如何科学确定玉米的种植密度？

提高玉米单产的一个重要措施是提高种植密度，随着种植密度的提高，相应地做好肥水的供应及适时化控防倒，产量会相应提高。但是，并不是所有品种都能够加大种植密度，所以要科学确定种植密度，以最大限度提高产量。

第一，选择耐密的品种，但每亩最多也不能超过6000株。

第二，种植密度与土壤肥力有关，肥力高的地块可适当稀植。

第三，如果选择稀植的大穗品种，不要加大种植密度，应根据品种说明种植。

第四，耕层浅的地块，种植密度不宜加密太多，以免发生倒伏。

玉米种植

2 玉米空秆和畸形的原因及预防措施有哪些？

引起玉米空秆和畸形的原因有很多，比如种子不合格、雌穗分化阶段营养不足、高温干旱、雨水过大以及玉米螟、叶斑病、瘤黑粉病侵害，都会导致玉米空秆不长穗。要针对不同原因，做好空秆和畸形的防治。

畸形玉米

◆ **选用优良品种，合理种植**

选择适合当地种植的高产、高抗优良品种。不同品种有不同的适宜种植密度，应根据不同株型选择不同的种植密度，合理的密度有利通风透光、雄穗散粉、雌穗授粉。同时要依茬口、土壤肥力和施肥水平调节种植密度。茬口好、肥水条件好的田块可适当稀植，茬口差或土质差的旱田应适当密植。

畸形穗

◆ **加强田间管理**

一是要合理施用肥料，增施有机肥，平衡施用氮、磷、钾肥，实现有机肥、无机肥相结合。玉米苗期要加强管理，控大苗、促小苗，使玉米健壮、整齐。玉米生长后期，应进行人工辅助授粉，隔行去雄，去掉无效株，增加田间通风透光能力。

二是合理灌溉。

三是注意防治病虫害，一定要定期喷施防病除虫药剂。注意不要在玉米 10～13 叶期喷施多种混合药液，也不要重喷。

◆ 已发生地块采取相应措施，尽可能减少损失

及时查找田间病株、空秆，病株较少的可拔除病株，增加田间通风透光能力，以利于其他健康植株的生长。在不影响下季小麦播种的情况下，尽可能推迟收获玉米的时间，延长灌浆期，可增加产量，提高玉米品质。

3 玉米化控应注意哪些问题？

近几年经常出现玉米化控过晚造成玉米畸形穗或空棵现象，影响玉米产量，因此玉米化控应注意一下几个问题。

第一，注意化控时间，不要超过 10 个可见叶，最好在 7～8 个可见叶时化控。

第二，化控药剂不要与高浓度的杀菌剂和杀虫剂混用。

第三，喷施化控药剂时注意千万不要重喷，剩余药液要倒掉。

第四，如果前期没有喷化控药剂，可在玉米大喇叭期以后补喷，防倒效果也不错。

第五，避免下午 7 点以后喷施化控药剂，否则药液容易在玉米心叶内存留，产生药害。

第六，化控时用药量多少应根据当时的天气情况进行调整，如果高温干旱，用量要少；如果雨水较多，用量可多一些，也可按正常用量，间隔 5～7 天再喷一次。

4 玉米花粒期如何管理？

玉米花粒期是果穗与玉米粒生长发育的关键时期，这个时期的管理非常重要。

◆ 追施粒肥

玉米在花粒期时需要充足的营养，以此来加大玉米植株的叶面积，提高光合效率。通常追肥是追施攻粒肥，可选择在雌穗开花期前后追施，肥料以尿素为主，每亩15～20公斤。

◆ 水分管理

花粒期是玉米需水量较大的阶段，应该及时浇水保证水分的供应，防止缺水影响营养的吸收。花粒期至少要浇两次水，开花时浇一次，这次浇水对玉米粒数的多少有着直接影响。第二次浇水在成熟期，主要目的是为了提高玉米的粒重。浇水要灵活，应根据土壤含水情况、土质差异等对浇水次数进行适当调整。如遇连阴大雨天气，田间不宜有积水，应及时将积水排出，防止产生涝害。

◆ 人工授粉

人工授粉一般选择在盛花期，主要有3种方法。第一，两个人拉绳子晃动玉米植株，让花粉下落进行授粉；第二，采取竹竿法授粉。授粉时间宜选择在晴天、无风的上午。第三，无人机低飞也能帮助授粉。另外，一般情况下人工授粉需要进行2～3次。

◆ 虫害防治

玉米在花粒期有多种不同的虫害，包括蚜虫和棉铃虫等。不同的虫害应用不同的药剂进行防治，可根据害虫的特性，例如啃食和蛀食等将其分类，使用不同的防治方法，可用70%的吡虫啉和氯虫苯甲酰胺混合喷雾。

5 玉米出现花粒的原因及预防措施有哪些？

玉米出现花粒的原因有很多，比如授粉期遇到持续高于38℃的高温天气、授粉期雨水过多、田间肥力不足、栽培密度过大、光照和通风不良等都会造成玉米花粒。玉米若受蚜虫、玉米螟、双斑萤叶甲、红蜘蛛、大小叶斑病、黑粉病、除草剂等病虫为害及除草剂药害，也可导致功能叶早衰，病虫侵入果穗，形成空穗或授粉后不能正常灌浆结实。因此，在预防方面要做到以下几点。

◆ **选择耐高温的玉米品种**

◆ **关注天气预报**

如果授粉期遇到连阴雨天气或高温天气，建议进行人工授粉，可采用无人机低飞带风授粉。

◆ **种植要求**

采用宽窄行种植，宽行窄行相间，有利于改善田间通风、透光条件，增加玉米对高温伤害的抵御能力，促进玉米个体健壮发育和减轻高温热害。

◆ **关注墒情，及时灌溉和排涝**

高温期间如果少雨，一定要提前浇水，降低田间温度；如果雨水过多，则要注意及时排涝。

◆ **及时防治病虫害**

要加强授粉期玉米病虫害的综合防治工作，提高玉米的抗性，减轻对玉米授粉的影响。

玉米花粒

6 玉米田受到冰雹灾害怎么补救？

夏季雷雨天气多，有时还会出现冰雹等极端灾害天气。如果玉米田遭遇冰雹灾害，可以从以下几个方面进行补救。

◆ 及时补种

受灾严重的地块要及时补种，有条件的可以采用大田地膜覆盖种植，以促进早生早发。补种的玉米种子要选择生育期短的，以弥补后期生长时间的不足。

一般来说，受灾的地块不建议毁种，但叶片受损比较严重、茎秆坏死组织又不断蔓延的地块，很可能会陆续出现茎秆腐烂等问题，这类地块已经失去了继续保留或加强田间管理的意义，可以提早毁种其他作物，比如水果玉米、糯玉米、绿豆等经济作物，或者萝卜、白菜等蔬菜作物，以弥补损失。

此外，受雹灾影响比较严重的地块，可以考虑在授粉后20～25天提前收获，作为鲜食玉米果穗出售。收获了鲜果穗后的玉米青秸秆可卖给养殖场作为奶牛或肉牛的青贮饲料。

◆ 及时培土扶正、扶苗追肥

遭受冰雹灾害程度小、心叶完整的灾害苗要及时人工扶苗，并视苗情结合中耕培土进行追肥，加强肥水管理。雹灾过后要根据受灾程度，增施速效氮肥，每亩酌情追施7～10公斤尿素，满10天左右，再施10公斤尿素，以促进幼苗恢复生长。

◆ 植株伤口消毒

受灾后，玉米植株受损伤口容易受到细菌或真菌的侵染而引发其他病害，应及时使用72%农用链霉素3000倍液或5%菌毒清水剂500倍液整株喷雾，以防治病害。喷药的时候可加入一两尿素和一两磷酸二氢钾或芸苔素。

◆ **加强管理，促进后续生长**

冰雹灾害后往往土壤湿度过大，玉米生长会受到严重影响，尤其是低洼地块，应及时开沟降低田间土壤湿度。要根据玉米苗的生长情况及时进行培土、中耕、破除板结，改善土壤透气性，使植株根系尽早恢复生长。

7 玉米苗期出杈如何管理？

近几年玉米苗期出杈现象越来越多，根据田间调查，发现有以下原因：

一是品种原因，有的品种出杈，有的不出杈。

二是耕层浅导致根系下扎受限，地上部分生长快，植株便出现出杈现象。

三是种肥同播时施肥量大或种肥不用缓控释肥，造成肥多，前期长势旺，导致出杈。

四是除草剂引发药害，抑制植株生长，导致出杈。

五是苗期气温偏低也容易出杈。

六是玉米蓟马危害严重时也易造成出杈。

玉米出杈后，如果是稀植品种，建议掰掉杈子；如果是密植品种，密度大的可不掰掉，但地头和地边等通风透光好的地方，建议掰掉。

玉米出杈

8 玉米中后期的管理技术要点有哪些？

玉米中后期要注意肥水管理、病虫害防治和适期晚收等。

◆ 追肥

玉米整个生育期可按照轻施苗肥、重施穗肥、补施粒肥的施肥原则施3次肥，达到均衡施肥的目的。中后期一般施肥2次，为穗肥和粒肥。施肥时一定要掌握好施肥时期、施肥种类和施肥量。

施肥时期一般根据"一遍肥尺八高、二遍肥达柳腰、三遍肥冒树梢"来进行。二遍肥指穗肥，"达柳腰"指玉米植株的株高，此时株高处在人类腰到肩膀的高度；三遍肥指粒肥，"冒树梢"是指玉米抽出天穗以后。

玉米整个生育期比较短，大约在一百天就成熟，因此中后期是快速生长的时期，需要大量的养分，应施速效氮肥或者高氮的复合肥。穗肥施氮量要占整个生育期总氮量的50%，如果施尿素，一亩地可施20公斤；粒肥施氮肥量占总氮量的15%～20%，如果施尿素，一亩地可施5～7公斤。

目前生产上推广的缓控释肥（玉米专用配方肥）一般种肥同播40公斤每亩，抽天穗后再施10公斤尿素。这样省工省肥，也是目前主要的施肥方案。

◆ 水分管理

玉米中后期要确保水分供应充足，做到遇旱则浇，遇涝则排。玉米从大喇叭口期，即七月下旬开始到粒的形成，称为玉米的需水临界期，会经过抽

玉米田干旱

雄、开花、散粉授粉的过程。此时期对水分反应比较敏感，水分过多过少都会对产量造成影响。过旱影响玉米的授粉，造成秃顶缺粒；过涝会对根造成伤害，所以田里有积水一定要及时排出。

◆ **病虫害防治**

中后期是玉米病虫害多发的时期，主要的虫害有玉米螟、棉铃虫、黏虫，个别年份红蜘蛛和蚜虫比较严重；病害主要有大小叶斑病、褐斑病及顶腐病、南方锈病等。

玉米蚜虫

在防治虫害上可以选择甲维盐、氯虫苯甲酰胺、吡虫啉等药剂，防治病害可以选择戊唑醇、己唑醇、苯醚甲环唑等唑类的药，有时可以添加多菌灵。

◆ **适期晚收**

玉米的收获有严格的标准。

玉米皮要干透 玉米的苞叶也就是玉米皮一定要干透，不是外表看起来黄了或者白了就能收，只有干透了才表示玉米完全成熟。

出现黑层 玉米完全成熟之后，将玉米粒从棒芯上抠下来看的话，玉米粒和棒芯接触的地方有个黑层，出现黑层表示玉米完全成熟。

乳线消失 玉米的灌浆顺序是从外向里，灌浆好的地方颜色重，灌浆不好的颜色比较浅，深浅两个区域中间的这条线叫乳线，只有乳线完全消失了，才表示玉米成熟了。所以，一般建议九月底十月初收获，九月下旬光照比较好，可延长玉米的灌浆时间，以增加粒重，俗语"晚收十天亩增百元"就是这个道理。

另外，如果连续3~5天白天温度降至15℃以下，就要及时收获了。

9 玉米倒伏的原因及预防措施有哪些？

玉米在种植过程中，如果遭遇大风大雨，容易发生倒伏现象。倒伏的玉米会降低光合作用，减少有机物质生成，同时还会影响根系对养分物质的吸收，会对果穗籽粒的灌浆、发育和饱实造成很大影响，往往会带来不同程度的减产。

一般来说，植株高大的品种类型、种植密度过大的地块、出现苗期旺长的地块、氮过量磷钾少的地块、发生茎腐病和玉米螟虫害的地块、低洼积水的地块，玉米普遍植株高、秸秆细、根系不发达，在遇到强风强雨时容易发生不同程度的倒伏。

玉米倒伏

◆ 预防玉米倒伏的措施

选择良种 在选择玉米品种的时候，首先要选择适合本地区栽种的品种，其次选择具有较好抗倒伏效果的品种，比如茎秆粗壮、穗位低、根系发达的玉米品种。播种时间也需要注意，研究表明适时早播有助于玉米茎秆粗壮，种植时可以根据当地的气候条件，将播种时间稍微提前。

合理密植 种植密度需要结合当地的气候环境和玉米品种来决定。一般来说，土壤肥沃的种植地区较贫瘠地区种植密度可以稍高些，早熟品种种植密度可以稍高一些，中晚熟玉米品种尽量稀植。提倡大小行播种。

及时化控 及时进行化控也是防止倒伏的重要措施。在玉米生长到 6～8 片叶片的时候，应及时喷施生长调节剂，促进植株茎秆粗壮，避免徒长，降低植株穗位。

合理水肥 在肥料使用方面，多使用有机肥，注意氮、磷、钾肥料的配合，避免氮肥使用过多。根据玉米生长阶段合理施肥，避免苗期施肥过多，造成玉米苗期徒长。其次玉米苗期注意蹲苗，控制浇水量，避免幼苗徒长。雨水充沛的地块应注意田间排水。

防控病虫害 在病虫害方面要严格进行防控，尤其是纹枯病、锈病、茎腐病和玉米螟、二点委夜蛾等。如果发现病害，须及时喷施药剂，比如25%的苯醚甲环唑进行喷施，连续喷施两到三次，每隔一周进行一次。如果出现玉米螟，可以使用辛硫磷颗粒撒施于玉米叶心。针对二点委夜蛾可以用氯虫苯甲酰胺等长效、高效的药剂。

◆ 玉米倒伏之后的处理措施

在大喇叭口期以前倒伏的，不用人工扶起，可让其自然恢复；在抽天穗前后倒伏的，可人工清理重叠部分植株，原则上也不用人工扶；在灌浆期倒伏的，如果茎秆折断倒伏，不能人工扶，如果从根部倒伏，可在3天内人工扶直，3天以后不建议扶直。此外，还应根据倒伏的轻重程度分别处理。

轻度倒伏 对于倒伏较轻或者半倒伏的玉米，最好不要扶直，可以在喷施叶面肥后任其自然恢复直立。

重度倒伏 对于倒伏严重或者完全倒地的玉米，应当及时进行人工扶直，或者用木棍支撑穗部离地以防止霉变。最好能在倒伏当天扶直，倒伏3天及以上不可扶直，以免造成玉米伤根、断根或茎秆折断。

茎秆折断 对于少量发生茎秆折断的玉米，应当及时将其清理出田，防止植株腐烂诱发病虫害。对于大面积发生茎秆折断的玉米田，清理断棵后可补充种植生育期较短的作物，如白菜、萝卜等。

此外，玉米倒伏后容易发生褐斑病、叶斑病等，应及时喷施300倍75%百菌清、500倍50%多菌灵或800倍70%甲基硫菌灵等药物2~3次进行防治，每隔7~10天喷1次。

10 如何防治玉米褐斑病？

褐斑病发生在玉米叶片、叶鞘及茎秆上，先出现于植株最顶部的叶片，以叶和叶鞘交接处病斑最多，常密集成行。最开始病斑为黄褐或红褐色，呈圆形、椭圆形到线形或梭形。小病斑常汇集在一起，一开始不明显，往往发现时叶片上已经出现几段甚至全部布满条状的病斑，严重的会在叶鞘上和叶脉上出现较大的褐色斑点。

玉米褐斑病发生原因有3种，一是玉米5～8叶期，土壤肥力不够，玉米叶色变黄，出现脱肥现象，玉米抗病性降低，这是发生褐斑病的主要原因；二是夏玉米产区一般6月中旬至7月上旬阴雨天多，此时降雨量过大，温度过高易感病，这是导致褐斑病的天气因素；三是土壤中及病残体组织中有褐斑病病菌，比如连作时土壤中的菌量每年可增加5～10倍，如果用有病残体的秸秆还田，施用未腐熟的厩肥、堆肥或带菌的农家肥，便会使病菌传入土壤，造成病菌数量增加。

玉米褐斑病

针对不同的发病原因，有以下几种防治办法。

◆ **农业防治**

选用抗病品种，重病地块应实行3年以上轮作。加强田间管理，玉米生长期要合理施肥、浇水，4～5叶时追苗肥，每亩追10～15公斤尿素或玉米专用配方肥；七八月份下大雨或暴雨后，应及时排出田间积水，降低田间湿度，促进植株健壮生长；收获后彻底清理病残体，并及时深翻，施用腐熟有机肥，减少越冬菌源。

◆ 药剂防治

玉米褐斑病应提早预防,在玉米4～5叶期每亩用烯唑醇40～60克或戊唑醇20～30毫升兑水30公斤喷施。发病前或发病初期,及时用三唑酮乳油、多菌灵可湿性粉剂、甲基硫菌灵可湿性粉剂等喷洒,每隔7～10天喷1次,喷2～3次,喷药时要重点喷洒中下部叶片和叶鞘。喷后6小时内如下雨应雨后补喷,最大限度地控制玉米褐斑病的发生。另外,施药时间应在上午10时以前或下午4时以后,避开高温时间。

为了提高防治效果,可在药液中适当加入磷酸二氢钾、尿素等,结合追施速效肥料,即可控制病害的蔓延,促进玉米植株健壮,提高玉米抗病能力。

11 如何防治玉米瘤黑粉病？

玉米瘤黑粉病是一种局部侵染的病害,常为害玉米叶、秆、雄穗和果穗等部位的幼嫩组织,产生大小不等的病瘤。瘤的大小因发病部位的不同而不同,叶片上的瘤较小,果穗或茎节上的瘤较大,常可达拳头大小。瘤未成熟时为一团白色娇嫩组织,外被一层薄膜,成熟后瘤内满布黑粉(病菌厚垣孢子),薄膜干裂后黑粉散出。

◆ 发病原因

品种不抗病是该病发生和流行的主要原因,目前几乎所有的品种均不抗此病,条件适宜时很快就会暴发发病。病菌生长适宜的温度为20～26℃,侵入的适宜温度为26～35℃,在水滴中或在田间相对湿度98%～100%的条件下都可以萌发,因此夏秋季高温多雨时,容易发生和流行此病。另外,播种晚、密度大的地块发生重。

此外,病菌主要随病残体在土壤中越冬,连年重茬地块,该病发生早,并且严重。

◆ **防治措施**

玉米瘤黑粉病一旦发病就会造成植株大量营养被吸收,植株生长衰弱,可造成减产,因此要以预防为主,可采取以下几种方法进行防治。

减少菌源 彻底清除田间病残体,秋季翻地;秸秆用作肥料时要充分腐熟;重病田实行2～3年轮作;在玉米生长期间,结合田间管理,在病瘤未变色时及早割除,割下的病瘤要带至田外深埋。

选用抗病品种 选用抗病品种时,要考虑到兼抗其他病害。一般种植中度抗病品种,再结合其他防治措施,即可较好地控制病害。

加强栽培管理 合理密植,避免偏施氮肥;及时灌溉,特别是抽雄前后加强灌溉;及时防治玉米螟等害虫;尽量减少机械损伤。

药剂拌种 每50公斤种子用40%戊唑醇拌种剂50～60毫升。

预防用药 上一年发病较重的田块,可预防用药,在玉米出苗后和拔节期各用药一次,可用苯醚甲环唑或戊唑醇等药剂喷雾防治。

玉米瘤黑粉病

12 如何防治玉米顶腐病？

玉米顶腐病是指玉米叶片顶部出现褐色腐烂，腐烂部位多沿叶尖边缘向下扩展。发病早、发病重的植株顶部叶片紧裹并粘连在一起，呈笋尖状，易发生腐烂，雄穗无法伸出。

玉米顶腐病

顶腐病的发生原因一是前期有虫害，玉米植株有伤口，导致病菌侵入；二是前期除草剂用量大，对玉米植株造成伤害，引发顶腐病；三是喇叭口期遇到持续高温，细菌大量繁殖，造成叶片顶部组织大量腐烂。一般来说，低洼地块、土壤黏性大的地块发病较重。

顶腐病可分为真菌型和细菌性2种，经常混合发病，所以一定要选择真菌性和细菌性的混合防治药剂，可选择农用链霉素加上己唑醇、戊唑醇。施药时要对准病株心叶，根据发病情况防治1~2次。对于粘连在一起的叶片，应及时用刀尖或锥子挑开，促进顶端生长和雄穗正常发育。叶片挑开后，在通风和日晒条件下，发病组织会很快干枯，可有效控制病害的发展。如果发病较晚，玉米已抽穗，便不能人工喷药了，可采用无人机防治。

13 如何防治玉米粗缩病？

玉米整个生育期都会发生粗缩病，以苗期受害最重，5~6片叶的时候便有发病症状，比如叶片卷缩、叶片有缺刻或者生长点退化，也就是叶面的心叶长不出来等，逐渐发展为病苗浓绿，节间粗短，叶片僵直、宽短而厚，心叶不能正常展开，病株生长迟缓，用手触摸有明显的粗糙感。得了粗缩病的玉米在9~10叶期矮化现象更为明显，上部节间短缩粗肿，顶部叶片簇生，病株高度不到健株一半，严重的会出现植株畸形，不抽穗或有穗无粒，提早枯死。

在我国北方，春季带毒的灰飞虱可将病毒传播到返青的小麦上，以后由小麦和地边禾本科杂草等再传到玉米上。玉米粗缩病发的生很大程度上取决于灰飞虱的田间数量和带毒个体的多少，靠近地头、渠边，以及路旁杂草多的地块发病重。此外，玉米播种期和发病的轻重关系密切，玉米5叶以前易感病，10叶以后抗病性增强，即便受侵染发病也轻。所以，玉米出苗至5叶期如果与灰飞虱迁飞高峰相遇，就容易大面积感染。

◆ **选用抗病品种，对种子杀菌杀虫处理**

粗缩病高发地区要选用抗病性较强的品种，并使用含有杀菌和杀虫成分的拌种剂对玉米进行拌种处理。现在的玉米种大部分是包衣的种子，没有包衣的种子一定要拌种。

◆ **适当调整玉米播期，避开灰飞虱的传毒高峰期**

北方的玉米种植模式主要有麦套玉米、抢茬玉米和晚播玉米3种，其中以麦套玉米发病最重，其次为抢茬玉米，再次为晚播玉米。应因地制宜，实行春玉米适期早播、覆膜早播，可提前到4月中旬之前播种；夏播玉米则适时晚播，在6月上旬播种为宜。5月中下旬播种玉米的话，粗缩病发生最严重，应尽量避开这个时间段。

◆ **清除杂草，加强田间管理**

田间、地头、沟边等处的禾本科杂草是灰飞虱传毒的中间寄主，玉米出苗前要清理田边、路边及沟内杂草，减少中间寄主，防止灰飞虱在玉米出苗后迁移到玉米上。玉米苗期要加强田间管理，促苗早发，及时间苗，发现患病植株及早拔除；同时及时浇水，防止干旱加重病情。

◆ **药剂防治**

5月中旬小麦灌浆初期，是防治一代灰飞虱低龄若虫的关键时期，可采用吡虫啉（10克/亩）或扑虱灵（50克/亩）等药剂，对麦田及路边、沟内未清除的杂草喷雾处理。喷药时注意用足水量，喷匀喷透，以保证治虫效果。

5月底6月初，小麦成熟后，一代灰飞虱成虫由麦田大量向周边春玉米田迁飞，此时3～5片叶的玉米苗正值感病敏感期。因此必须把握好时机，在灰飞虱迁飞初期用药，每亩用扑虱灵50克或用吡虫啉20～30克加病毒A50克兑水喷雾，隔3～5天一次，连喷3～4次，对该病有很好的预防效果。

感病初期可用高效氯氰菊酯加入玉米专用液肥混合后喷施，可有效控制发病。此外，抗病毒药剂的使用一定要早，发现感染及时喷药，否则一旦过了玉米的5叶期，防治效果就会大打折扣。

玉米粗缩病

14 什么是玉米白化苗？如何防治？

玉米白化苗主要有两种表现形式，一种是幼苗在出土后就表现为白苗，这是一种遗传现象，玉米苗因缺乏叶绿素，不能自主生活，不久就会死苗。另一种是在玉米4叶时开始发生，心叶基部的叶色逐渐变淡，5～6叶期叶片会出现淡黄色和淡绿色相间的条纹，但此时叶脉仍为绿色，基部会出现紫色条纹，再过10～15天，基部的紫色逐渐变成黄白色，整体呈白苗，主要是土壤缺锌导致的。

首先，对于缺锌引起的玉米苗白化，可以每亩用0.2～0.3公斤的硫酸锌兑水100公斤进行喷雾，每隔7天喷施一次，连续2～3次。播种前可用1公斤硫酸锌与10～15公斤细土混合均匀，播种时撒在种子旁边，也可以每亩用硫酸锌0.75～1公斤和二铵或复合肥混合均匀

玉米白化苗

做种肥。还可用锌肥拌种，用0.04～0.06公斤锌肥兑水1公斤，拌种10公斤，堆闷2～3小时，阴干后再播种。

其次，玉米种肥同播时用肥量太大，每亩超过50公斤，且距离种子小于7厘米，也容易引起白化苗，尤其是使用普通复合肥的，白化苗更为严重。因此种肥同播时最好选用缓控释肥且用量不要超过40公斤每亩。

第三，不科学使用玉米苗后除草剂或混用其他杀虫剂也会造成白化苗，因此玉米苗后除草剂一定不要重喷，也不要混用其他杀虫剂，且要避开高温时施用。

15 如何防治玉米蓟马？

玉米蓟马是玉米苗期的主要害虫，以成虫或若虫在玉米心叶内刺吸嫩叶汁液，同时释放黏液，致使心叶不能展开。随着玉米的生长，玉米心叶会形成"鞭状"，如不及时采取措施，就会造成减产，甚至绝收。

玉米蓟马一般在播种早的、麦秸覆盖的地块发生较重，主要为害时间在3～7叶期，个别地块在7月下旬至8月上旬会发生第二次虫害。玉米蓟马常与二代黏虫、二代棉铃虫混合发生，部分地块甚至会造成毁种。因此，应针对性防治。

◆ 做好田间管理

及时铲除病叶、病株，在间苗定苗时注意拔除有虫苗，并带至地外销毁或沤肥，可减少蓟马传播。同时还要做好田间杂草的清理工作，有利于降低害虫基数。对于已形成"鞭状"的玉米苗，可用锥子从鞭状叶基部扎入，从中间割开，让心叶恢复正常生长。同时要根据情况适时灌水施肥，避免干旱。

◆ 物理防治

物理防治就是利用蓟马的趋色性进行防治。蓟马对蓝色具有强烈的趋性，可以在田间挂蓝板，诱杀成虫。对已经形成"牛尾巴"的玉米苗，可从顶部掐掉一部分，促进心叶恢复正常生长。

◆ 药物防治

玉米出苗后及早喷施一遍杀虫剂是最经济、最有效的办法，用药时要注意药剂应喷进玉米心叶内。可以选择的药剂有吡虫啉、啶虫脒、甲维盐、高效氯氰菊酯、溴氰菊酯等，这些药剂见效快、持效期长，但是由于蓟马极易产生抗药性，所以在使用时必须遵循农药轮换使用的原则。

16 如何防治二点委夜蛾？

二点委夜蛾主要从玉米幼苗茎基部钻蛀到茎心后向上取食，形成圆形或椭圆形孔洞，心叶失水萎蔫，形成枯心苗；或者在玉米气生根处的土壤表层为害玉米根部，咬断玉米地上茎秆或浅表层根，受害的玉米植株会被蛀断，整株死亡，造成缺苗断垄。二点委夜蛾喜阴暗潮湿，畏惧强光，一般在玉米根部或者湿润的土缝中生存，遇到声音或药液喷淋后会呈"C形"假死。

◆ **药物防治**

如果玉米田里虫害较重，应首先用药物防治一遍，可以选择菊酯、甲维盐、氯虫苯甲酰胺。一遍防治完以后，立即清理玉米垄，把麦秸清出去，清完了之后再打一遍药。如果虫害特别重，应立即用毒土法防治。毒土法是指用辛硫磷或者毒死蜱0.5公斤拌30公斤沙土，然后顺玉米垄撒到田里，哪里虫害较重就撒哪里。

针对虫害较轻的地块可以使用毒饵法，将麸子或者豆饼炒香后拌敌百虫或有机磷农药，顺垄撒进田里。播种前用毒死蜱和氯虫苯甲酰胺等药剂进行拌种，预防虫害发生。

◆ **农业措施**

一是小麦收割时，可在收割机上挂旋耕灭茬装置，粉碎小麦秸秆；二是麦田施用腐熟剂，既可破坏二点委夜蛾生活环境，有效减轻虫害，又可提高玉米的播种质量，齐苗壮苗。三是玉米苗周围不要堆麦秸、麦糠。

二点委夜蛾

17 如何防治玉米田里的地老虎？

地老虎是玉米田里常见的害虫，种类很多，对农作物为害最大的是小地老虎、黄地老虎、大地老虎、白边地老虎和警纹地老虎等。地老虎会造成玉米枯心萎蔫、缺苗断垄，严重还会导致毁种，因此防治地老虎非常关键。

◆ 田间管理，减少虫源及虫卵

在播种前可以通过翻田晒土的方式杀灭土壤中的虫卵和幼虫，清理田边的杂草，减少幼虫的栖息地和成虫的产卵点，可以有效控制地老虎的发生。

◆ 药剂防治

药剂防治常用于消灭3龄前的幼虫，选择的药剂应以菊酯和有机磷药剂为主，也可用甲维盐、氯虫苯甲酰胺直接喷施或者灌根。

地老虎

◆ 毒土、毒饵杀虫

对于3龄后的幼虫，一般采取毒饵诱杀和撒毒土的方法。

毒土 将除虫菊酯乳油或辛硫磷和细砂土配成1∶50的毒土，顺垄撒施于玉米的行间。

毒饵 可以使用50%辛硫磷0.1公斤或茚虫威50克兑水2.0～2.5公斤喷洒在切好的青菜或者麦麸、油渣之上，在傍晚的时候放于田间，引诱地老虎食用并毒杀。

无论是撒毒土还是放毒饵，最好都在傍晚的时候操作，因为3

龄后幼虫主要在夜晚活动，所以傍晚的时候撒施可以更好地保留药效，提高防治效果。

◆ **播种前拌种**

拌种后可在种子外面形成一层保护膜，不仅可以保护种子不受害虫啃食，还能促进发芽率。使用种衣剂包过衣的玉米，明显比没有包衣的玉米植株健壮。此外，用种衣剂包衣的玉米种会散发出一种特殊的气味，对害虫有一定的趋避性，出苗后也能很好地预防地老虎的侵袭。

18 如何防治蝼蛄？

蝼蛄俗称蜥蜥蛄，体狭长，头小，呈圆锥形，是一种地下害虫，可咬食新播的玉米种子和玉米幼根，对幼苗伤害极大，可造成玉米枯死，是需要重点防治的地下害虫之一。

针对蝼蛄，可以在玉米播种时选择包衣剂处理过的种子，还可以将毒死蜱随肥料一起施入地下。也可以采用撒毒饵诱杀的方法，用饼粉或麦麸5公斤，炒香后加入适量水和辛硫磷乳油50克，拌匀后于傍晚撒在田间，每亩撒2~3公斤，诱杀效果可达90%以上。也可以用吡虫啉、毒死蜱、辛硫磷等农药防治。

蝼蛄

19 如何防治耕葵粉蚧？

耕葵粉蚧的若虫常群集于玉米的幼苗根节或叶鞘基部外侧周围吸食汁液，受害植株细弱矮小，叶片变黄，个别的会出现黄绿相间的条纹，生长发育迟缓，严重的不能结实，甚至造成植株枯死。耕葵粉蚧除为害玉米外，还为害小麦、高粱等禾本科作物和杂草。一年可发生3代，以第二代发生时间最长，为害最严重，6月中旬至8月上旬主要为害夏玉米幼苗。

由于该虫的嗜食植物是禾本科作物及禾本科杂草，因此应采取生态控制与药剂防治相结合、最大限度地压低虫口密度的综合防治措施。

◆ 合理轮作换茬，破坏适生环境

应合理调整种植结构，采取禾本科作物与大豆、花生、甘薯等作物间作或轮作，以破坏该虫的适生环境。

◆ 加强田间管理，压低虫口密度

玉米应适期播种，不能过早或过晚。及时清除田间及周边禾本科杂草，缩小该害虫的适生场所。由于该虫主要集中在作物根部，并将卵产在卵囊内附着于作物根部，因此应及时将作物根茬翻耕深埋或带至田外处理，可大大降低该虫在田间的初始来源。同时要加强肥水管理，增施有机肥、复合肥和玉米专用肥，不仅促进寄主根系发育，提高寄主的抗病能力，而且对害虫有抑制作用。

◆ 药剂防治

用70%的吡虫啉1000倍液灌根，每株用药液量100~150克，重点喷玉米下部叶鞘处和茎基部，并使药液渗到玉米根茎部。也可用40%噻虫嗪500~1000倍液喷施在玉米幼苗基部或灌根。

20 如何防治玉米红蜘蛛？

玉米灌浆的关键时期也是各种病虫害的高发期，红蜘蛛就是其中一种。玉米红蜘蛛也叫玉米叶螨，主要以成虫和若虫群集于玉米叶背吸食汁液，先取食下部3～5片叶，而后向上部叶片蔓延，大面积发生时可使作物枯死，整片叶变为锈红色，呈火烧状，茎秆倒伏，颗粒干瘪，导致严重减产。玉米红蜘蛛高发时正值玉米植株高大、叶片密集期，防治比较困难，很难实现统防统治，漏治面积大，所以灾害蔓延的速度较快。

针对红蜘蛛的防治，应在玉米收获后及时清除田内秸秆、枯叶、根茬，铲除田间、地埂杂草，破坏越冬环境。同时深翻玉米茬，不施混有虫源的有机肥料，实行分区轮作，不种重茬玉米，尽量减少迎茬玉米。此外，还应结合玉米苗期田间管理，及时锄草，清除田埂杂草，并在苗期喷一遍阿维菌素或螺螨酯减少虫源基数。根据实践，这一遍药防治效果很明显。同时，要适时进行中耕除草和灌溉。

红蜘蛛

21 如何防治玉米田里的黏虫？

玉米黏虫主要以幼虫咬食叶片为主。1~2龄幼虫取食叶片造成孔洞，3龄以上幼虫咬食叶片后呈现不规则的缺刻，暴食时可吃光叶片。一般地势低、玉米植株高矮不齐、杂草丛生的田块受害重。

黏虫

防治黏虫要做到田间管理、灭虫及采卵相结合。

◆ 田间管理

田间的玉米秸秆可用作燃料或堆沤堆肥，以杀死潜伏在秆内的虫蛹。同时要合理轮作，不宜连作，浅耕灭茬，减少虫源基数。

◆ 人工灭虫

在黏虫幼虫发生期，可利用中耕除草将杂草及幼虫翻于土下，杀死幼虫，同时还降低了田间湿度，增加了幼虫死亡率。也可利用谷草把和糖醋液诱杀。糖醋液配比为糖3份、酒1份、醋4份、水2份，调匀，于夜晚诱杀。此外，在黏虫产卵期间，可根据成虫的产卵特点，在田间连续诱卵或摘除卵块，可明显减少卵量、幼虫数量。

◆ 生物防治

可采用无人机向玉米田撒施赤眼蜂，防效明显，省工环保。

◆ 药剂防治

可采用氯虫苯甲酰胺、茚虫威、甲维盐喷药防治，用药量按说明书使用。

22 如何防治玉米钻心虫（玉米螟）？

玉米钻心虫主要以玉米的地上部分的叶片，玉米棒、玉米天穗、玉米茎秆等为食，可为害玉米整个生育期。苗期幼虫孵化后，钻入心叶取食嫩叶，受害的玉米长出带有横向成排孔洞的叶片，大龄幼虫蛀食茎秆、玉米棒、玉米籽粒、玉米雄穗、穗轴花丝等，会造成减产以及诱发粒腐病和穗腐病。

玉米钻心虫

因此，不管是春玉米还是夏玉米，都可以在玉米苗期就开始喷洒药剂防治低龄幼虫。

◆ 药物丢心

主要采用喷药的防治方法，常用药剂主要有甲维盐、苏云金杆菌、茚虫威，按使用说明喷在心叶内，防治效果较好。

◆ 药剂喷洒或灌心

雌穗灌浆中后期要防治钻心虫咬粒。这个时期钻心虫已钻入雌穗内，可用50%敌敌畏乳油0.4公斤兑水10公斤制成药液，或选择50%辛硫磷，用棉球或毛刷将药剂均匀涂抹在雌穗顶端和花丝中，也可用去掉针头的注射器把药剂注入雌穗内。

◆ 利用天敌

钻心虫的主要天敌是赤眼蜂。赤眼蜂会将卵产在钻心虫的卵内，从而对钻心虫造成一定的伤害,因此,可合理利用赤眼蜂来防治钻心虫。可利用无人机撒入玉米田,防效很好。

◆ **秸秆还田**

使用质量好的玉米秸秆还田机,可将玉米秸秆弄得很碎,破坏害虫的越冬场所,在一定程度上能降低钻心虫的越冬基数。存放的玉米秸秆再来年春季3月份之前一定要处理干净,消灭越冬虫源。

23 如何防治玉米田蜗牛?

夏季降水增多,高温高湿的气候条件有利于蜗牛为害玉米田,如果不注意防治,会造成蜗牛繁殖越来越多,为害越来越严重。

玉米田发生蜗牛为害时,应从以下几个方面进行防治。

首先,防治麦田蜗牛。5月上中旬蜗牛出土后,在傍晚撒施四聚乙醛颗粒剂进行诱杀,可压低玉米田蜗牛基数。

第二,玉米播种前灭茬旋耕能机械破坏蜗牛卵,或高温晒死蜗牛卵。

第三,在玉米苗期,傍晚可再撒施一次四聚乙醛颗粒剂,集中诱杀蜗牛,并在田埂四周撒一厘米厚的生石灰进行隔离诱杀。

第四,在玉米苗期,傍晚可喷施500倍的硫酸铜药液,注意地面要喷匀喷透。

蜗牛为害玉米

24 矮壮素对玉米有什么作用？

矮壮素是一种人工合成的生长抑制剂，能抑制作物细胞生长，使作物节间变短、变粗，叶色浓绿。将合适浓度的矮壮素制剂应用于玉米生产，可改善群体结构，降低株高，提高玉米产量。但如果矮壮素喷施的时间和用量不合理，便很可能引起药害，造成玉米植株无法正常生长。若情况严重，甚至会造成植株停止生长，节间粗肿且缩短，茎秆容易折断，从而影响玉米产量。

◆ 喷施时间

矮壮素的喷施时间和用量是玉米植物控旺效果的关键。一般来说，玉米打矮壮素合适的时间是7～10叶期，出苗后30天左右，根据品种不同，早熟品种可在7～9叶期喷施，晚熟品种在8～10叶期喷施。这个时期是玉米的拔节初期，此时打矮壮素可缩短玉米基部节间，使整株玉米降低高度，起到良好的抗倒作用，还能防止枝叶疯长。

◆ 喷施注意事项

在玉米7～10叶期，每亩用玉米矮壮素40毫升或乙烯利50毫升对玉米上部叶片均匀喷施，可以控制株高，促进果穗分化，提高结穗和结实率。建议选择晴朗无风的天气进行施药，药量一定要控制好。

喷施矮壮素的时候，只要按照"喷高不喷低、喷旺不喷弱、喷黑不喷黄"的原则操作即可。对于土壤肥厚、底肥充足、高秆品种的玉米田，要适当增加矮壮素用量。

不要喷施在长势本来就弱、植株低、叶片发黄的植株上，以免影响玉米的正常生长。

◆ 喷施过量如何补救

正常喷施玉米矮壮素后，茎秆高度可得到抑制，一般会降低20～30厘米。如果矮壮素喷施过量，植物控旺就会过度，若不及时采取有效的补救措施，将造成玉米减产。

补救措施有加强肥水管理、补喷叶面肥、多追氮肥等，要及时喷施植物调节剂＋叶面肥，以促进玉米植株快速恢复。可以使用甲壳素、海藻精、芸苔素内酯等调节剂加硫酸锌溶液进行喷雾，每隔5～7天喷1次，连续喷施2～3次即可。做好水肥管理，如果灌浆期不缺水，还是可以保证产量的。

25 如何科学防治玉米草害？

玉米田常见的杂草有马唐、牛筋草、稗草、狗尾草、藜、小飞蓬、苍耳、苋菜、马齿苋、龙葵、苘麻、田旋花、苦荬菜、苦菜等。防治玉米田杂草主要以化学除草为主、农业防治为辅。下面重点介绍化学除草方法。

◆ 播种后出苗前的封闭除草

可选用二甲戊乐灵、金都尔、异丙甲草胺，每亩100～150毫升，兑水30公斤喷一亩地，抑制杂草出土发芽。

◆ 苗后除草

可用烟嘧磺隆、莠去津或硝磺草酮在玉米苗3～5叶期喷药，防治效果较好。但苗后除草剂不要在6叶以后喷，更不能混用其他杀虫剂，喷除草剂前后7天也不可喷有机磷农药。一定注意，苗后除草剂不能重喷，更不能增加药量。同时，千万不能在小喇叭口期后喷苗后除草剂，否则下茬种小麦后，麦苗会慢慢枯死。

26 什么是夏玉米测土配方施肥？

夏玉米测土配方施肥是根据土壤养分化验结果开具个性化施肥建议。首先是测土，取土样检测化验土壤养分含量，测土时一定要规范取土；其次是配方，经过对土壤的养分诊断，按照庄稼需要的营养"开出配方、按方配肥"，也就是按需配肥；三是合理施肥，就是在技术人员指导下科学施用配方肥。

测土配方施肥既能节约肥料使用量，又能平衡施肥、合理搭配，使作物营养更全面，从而提质增效。比如经过检测，玉米田磷素含量下降、钾素上升，便提倡高磷配方，可以施用二铵加有机肥；经过测定，提示锌对玉米增产效果非常明显，便可以叶面喷施锌肥。

测土配方施肥是一个动态指标，一般3年测一次，根据土壤养分含量和种植作物不同制定配方。

27 玉米苗期如何查苗、补苗及间苗、定苗？

苗全、齐、匀、壮是玉米丰产的基础。由于种子的质量和鼠类、虫类、鸟类的为害，玉米播种后会出现不同程度的缺苗，因此应及时查苗、补苗。如缺苗不多，可采用移苗补栽的办法，最好在晴天下午或阴天带土移栽，有利于提高成活率。最好在大行间播一行预备苗做补苗用，不提倡补种子。

虽然现在都是单粒播种，但也存在双株或株距缩小的现象，所以需要间苗。间苗一般在3~4叶期进行，若间苗过迟，幼苗植株间根系交错，便不易间苗。间苗的原则是去弱留强、间密保稀、留匀留壮。

另外，结合间苗、定苗可施用适量苗肥，根据苗情施偏心肥，以促平衡。

第三节　大豆、棉花、花生

1　夏大豆播种期间栽培技术要点有哪些？

◆ **品种选择**

应选择生育期短的品种，如齐黄 34、齐黄 35、中黄 39、潍豆 8 号等，每亩用种量 4～5 公斤。

◆ **种子处理**

播种前应挑选种子，去除秕粒、扁粒、破碎粒，然后用咯菌腈进行种子包衣。

◆ **整地**

尽量降低麦茬高度，麦收后及时灭茬，打碎麦秸，不用旋地，直接播种即可。播种耧可选用单粒播种耧，其上自带的镇压轮以较轻的橡胶轮为宜，最好不用铁轮。

◆ **造墒**

如果播种时下雨，可雨后播种；如果无雨，一定要先浇地后播种，严禁先播种后浇地。

◆ **播种密度、深度和时期**

保持行距 50～55 厘米、株距 8～10 厘米，亩保苗 1.2 万至 1.3

万株较为适宜。墒情较好时播种深度为 1~2 厘米，墒情一般时为 2~3 厘米。收完麦子应及时抢墒或造墒播种，尽量在 6 月 25 日前播种完。

◆ **防治杂草**

可在播种后出苗前喷施异丙甲草胺封地，每亩用量 100 毫升加 30 公斤水。

◆ **防治地下害虫**

可随播种耧每亩使用 5% 辛硫磷颗粒剂 5~7.5 公斤，如担心施不匀，可使用 5 公斤左右磷酸二铵与药混匀，进行肥药同播。

◆ **可不用种肥**

由于大部分地块是小麦茬，所以播种夏大豆时可不用施种肥倒茬，如上粪等。

大豆

② 大豆苗期的管理技术要点有哪些？

◆ **苗期病虫害防治**

出苗后10～20天用内吸性药剂灭蝇胺防治豆秆黑潜蝇；大豆开花期喷施吡虫啉和菊酯加毒死蜱防治点蜂缘蝽；可用甲维盐、茚虫威、虱螨脲、虫螨腈防治蚜虫、红蜘蛛和豆天蛾等；可用甲基硫菌灵和链霉素喷施根茎部防治根腐病。

◆ **查苗补种**

大豆出苗后应该立即查苗补种，发现缺苗要及时用同品种的种子浸种后补种，或者结合间苗带土移栽补苗。断垄30厘米以上应该补种或补栽，而缺垄30厘米以下的可在断垄两端留双株，不再补种。

◆ **化控**

可在初花期用15%多效唑50克兑水30公斤喷施。如遇连阴雨天气也可在分枝期化控。

◆ **肥水管理**

大豆出苗后半个月内可以施肥。在大豆幼苗期，根部尚未形成根瘤时，或根瘤活动弱时，适量施用氮肥可使植株生长健壮。开花结荚期如出现干旱，应立即浇水，减少落花落荚。鼓粒期干旱要立即浇水，此次浇水可施肥，每亩追施氮磷钾复合肥10公斤。倒茬大豆一般追一次肥即可。若地力肥沃，幼苗健壮，苗期不可追肥，以免引起徒长而减产。

◆ **叶面施肥**

大豆苗期可喷施磷酸二氢钾和钼硼肥，每隔7～10天喷1次，喷施浓度为800倍液。

3 大豆开花结荚期的管理技术要点有哪些?

开花结荚期是大豆产量形成最关键的时期,不仅需要充足的肥水,同时也要防止养分过多而旺长,出现落花落荚。

◆ 控制旺长

雨水比较多的地区,若是前期氮肥施用过多,容易造成大豆开花盛期植株旺长,可以用多效唑、矮壮素、烯效唑等进行控旺。控旺主要针对肥水充足的地块,长势弱的地块则要喷施促进大豆生长的调节剂。

◆ 追肥管理

在大豆开花前和开花初期,可以一亩地施用10%微量元素水溶肥50毫升,兑水20公斤进行喷雾,可以半个月喷1次,连续喷2~3次,能快速补充大豆生长发育所需的养分,不仅能提高大豆的授粉率,增加结荚数,还能促进籽粒发育,延长籽粒发育时间,增加千粒重。

大豆结荚

◆ **防旱防涝**

大豆花荚期对水分比较敏感，而且需水量比较大，因此一方面浇水要及时充足，另一方面又要预防土壤过度干旱或大量积水。可以小水勤浇、保持土壤湿润为佳，雨后应及时进行田间排水，做到雨后田间无明水。

◆ **防治食心虫**

大豆结荚期要重点防治食心虫。食心虫幼虫会啃食豆粒，对后期的产量影响比较大，可以用氯虫苯甲酰胺、甲维盐、茚虫威等进行防治。

4 如何防治大豆细菌性角斑病？

大豆细菌性角斑病如果发病程度较轻，对大豆产量影响不大，但发病严重地区会导致植株叶片枯死脱落，造成严重减产。病斑初期为圆形或多角形小斑点，水渍状，以后逐渐扩大，最后变为深褐色，稍凹陷，周围有一狭窄的褪绿晕圈。当病斑较多时，可相互汇合成大块组织枯死，似火烧状。防治方法有以下几种。

首先，选择适宜的耐病品种，选用无病种子或播种前进行拌种处理。

其次，实行2～3年以上轮作，并且收获后应及时清除田间病株残体，深翻土地，消灭菌源。

第三，发病初期及时进行药剂防治，可选用加瑞农或可杀得、福美双、噻枯唑、新植霉素、农用链霉素等药剂喷雾防治，7～10天喷施1次，视病情连续防治2～3次。

5 大豆霜霉病的防治措施有哪些？

霜霉病是大豆较为常见的一种病害，是由东北霜霉引起的，在大豆生育期均可发病，为害大豆幼苗、叶片、荚和籽粒，最明显的症状是叶背产生霜霉状物。

大豆感染霜霉病后，细菌会随着植株叶片的生长而快速扩散，随着病情的发展，植株叶片会出现较为明显的症状。首先叶片两边开始出现褐色的病斑，由于幼苗期间的叶片比较小，上面长出的病斑不明显，所以很难被及时发现。但随着大豆不断生长发育，植株规模逐渐扩大，霜霉病的症状便越来越明显，此时叶片两侧会出现较多的褪绿色小病斑，而在叶片的背面则会形成一层灰白色的霉层。

霜霉病的暴发率较高，每年的7～8月是发病高峰期，此时正值大豆开花，如果该病没能得到及时控制，那么大豆的产量将会受到严重的影响，因此，一定要掌握以下防治方法。

◆ **农业防治**

由于种子在萌发期就会感染该病，所以一定要选择抗霜霉病能力较强的品种进行种植，并用乙磷铝及甲霜灵药剂对大豆种子进行拌种处理。同时采用轮作的方式种植大豆，增强植株抗逆性。

◆ **药物防治**

发病初期可喷洒百菌清、多菌灵或甲霜灵，如果病害在植株生长期间已经暴发，则需要及时喷施乙磷铝或霜脲锰锌。

6 如何防治大豆红蜘蛛？

大豆红蜘蛛为害大豆叶片，可造成叶片干枯脱落，所以一定要注意防治。可选用3%的阿维菌素和螺螨酯喷雾，喷匀喷透，一定要喷到叶背面，间隔7天再喷一遍。

7 如何防治大豆食心虫？

大豆食心虫又称小红虫，在黄淮地区发生较重，是造成大豆减产、降低商品性的主要害虫之一。大豆食心虫一年发生一代，为害期为8月中下旬至9月下旬，一般以幼虫的方式蛀食豆荚。它们常从豆荚合缝处开始蛀入，并咬食豆粒，使得豆粒呈残破状。一般一个豆荚有一头虫，一头虫可食1~2个豆粒。土壤湿度大时发病较轻，连作地、低洼地发病较重。成虫产卵于有毛的豆荚上，豆荚多毛的品种发病较重，无毛品种发病较轻。

防治方法有以下几种。

◆ 敌敌畏蒸熏

首先准备高粱秆或者玉米秆并将其切短，长度为20厘米，随后吸足敌敌畏药液，将其做成药棒，每亩使用40~50个药棒进行蒸熏。可以在成虫盛发期使用该方法，适用于大豆长势繁茂、垄间郁蔽的大豆田，防效可达90%以上。

◆ 喷施药剂

可以按说明使用甲维盐、氯虫苯甲酰胺、茚虫威等药剂。

大豆收获时也可以边收边脱粒，这样可以防止食心虫收获后在荚内继续为害。同时，收获后应将豆田进行秋翻秋耙，破坏收割前脱荚入土的食心虫的越冬场所，提高死亡率。

8 大豆秕粒产生的原因主要有哪些？有哪些应对措施？

大豆秕粒是由于结荚鼓粒阶段缺乏充足的营养物质所致。大豆植株到中后期由于叶片功能衰退，光合效率低，有机物质的供应不足，同时根系衰退，吸收功能不强，导致无机营养缺乏，再者土壤缺乏水分，使营养物质的运输受阻，便可产生秕粒。另外，病虫为害也可导致秕粒发生。

秕粒

防止大豆出现秕粒要做到下面几点。

首先，良好的土壤环境和合理的田间管理，都可以减少秕粒的发生。因此，必须精细整地，才能创造适合大豆根群发展的环境条件，扩大肥水吸收和根瘤的形成。

其次，大豆田间管理的重点是防止土壤缺水，便于根群扩展。因此，干旱的夏季应适当引水抗旱，防止植株缺水凋萎。

第三，为了满足大豆结荚鼓粒阶段的营养物质供应，土质较差的土壤在种豆之前要重视施用底肥和盖种用的灰粪肥。开花之前的苗期阶段应看苗追施 1～2 次氮肥；开花之后，用钼酸铵溶液或过磷酸钙浸出液进行 2～3 次叶片喷雾。

9 如何防治大豆蚜虫？

在北方，大豆蚜虫常被人们称为"腻虫"，其为害高峰期在每年的6月份，温度越高、越干旱的环境，蚜虫的活跃度越高。如果不加以限制，将感染整片农田，因此要注重大豆蚜虫的预防。可用大豆种衣剂包衣，既可防治早期蚜虫，又能防治地下害虫。

除了种子处理，防治大豆蚜虫最关键的是早发现早防治。大豆蚜虫排出的蜜露是蚂蚁很好的食料，因此只要发现有蚂蚁在豆株上爬，就要开始防治，可喷施噻虫嗪、氯氟氰菊酯、吡虫啉等。鉴于大豆蚜虫抗药性及生态环境保护的需要，提倡选用高效、低毒的杀虫药剂。大豆蚜虫的天敌较多，有草蛉、捕食性瓢虫、寄生蜂和食蚜蝇等，天敌数量多时可抑制蚜虫数量的增长。因此，喷施农药时要贯彻合理用药原则，保护蚜虫天敌。

10 大豆受强风倒伏后如何处理？

大豆开花期以前遭遇大风，出现倒伏，可不采取措施，靠植株的自我调节能力进行恢复，基本不影响产量。

开花期以后轻度倒伏的，可以人工适当扶起，两行对扶，增加田间通风透光，减少落荚，降低产量损失。严重倒伏的，比如植株倒伏于地，会影响以后的田间管理和机械收获，可能减产30%左右，建议不要人工扶起，以免植株折断，造成更大的产量损失。此时可喷施叶面肥比如磷酸二氢钾、钼酸铵，延长叶片功能期，减少落荚，增强抗病能力，提高粒重。如发现有脱肥现象，可同时叶面喷施尿素。喷施要间隔5～7天，晴天下午3点后，连喷2～3次。

11 大豆-玉米带状种植技术要点有哪些？

◆ **选择适宜品种**

大豆选择齐黄34，玉米选择农大372或叶片上冲型的密植品种。

◆ **抢早播种**

小麦收获后立即灭茬造墒播种。

◆ **种肥同播**

玉米选用玉米专用配方肥，每亩30～40公斤；大豆选用大豆配方肥，每亩15～20公斤。

◆ **播种方式**

可选用玉米：大豆4∶4、3∶4、2∶4的模式。大豆和玉米间距70厘米，大豆行距45～50厘米，株距13～15厘米。玉米的株距如下。

4行玉米 株距13厘米。

3行玉米 中间一行株距17厘米，两边13厘米，行距为50厘米。

2行玉米 行距50厘米，株距10～12厘米。

◆ **除草剂选用**

可选用二甲戊乐灵或异丙甲草胺每亩120毫升加水30公斤，均匀喷地面。在播种后出苗前有条件的可同时播种，没条件的要先播玉米再播大豆，之后喷除草剂。如果玉米带喷施苗后除草剂，一定要做好隔离保护。大豆带喷苗后除草剂，同样也好做好隔离保护。

◆ **主要管理措施**

一是查苗补苗，对大豆可以进行查苗补种。对玉米可以提前种预备苗，补苗时带土移栽。

二是化控。玉米在 7～8 叶期，大豆在分枝以后开花期要进行药物化控。两种作物的药物选择不一样，可单独喷。玉米可选用乙烯利，大豆选用烯效唑。

三是病虫害防治。玉米大豆病虫害防治可选用同样的药物，可选阿维菌素、甲维盐和苯醚甲环唑混合喷雾。

四是科学追肥。在玉米大喇叭口期，每亩追尿素 20 公斤。大豆结荚期每亩追 15-15-15 的复合肥 15 公斤。另外，结合病虫害防治可加入硼钼和磷酸二氢钾叶面施肥。

12 大豆只结荚不鼓粒的原因有哪些？

根据近几年对大豆种植的调查，有时大豆会出现只结荚不鼓粒的现象，减产很严重，主要有以下几个原因。

一是春播大豆品种用在夏播时期，造成品种不适应。

二是授粉期间遇到 35℃以上的高温，造成大豆授粉不良。

三是缺硼造成花而不实，影响授粉。

四是点蜂缘蝽危害造成只结荚不鼓粒。

13 大豆涝害防灾减灾技术有哪些？

夏季强降雨频繁，此时大豆正处于苗期和分枝期，抗涝能力较弱，应采取以下防涝减灾措施，减少对产量的影响。

◆ 及时排出田间积水

及时排出田间积水是抗涝救灾的根本措施。要及时清理田间沟渠，尽快排水降渍，消除渍涝。加深地头排水沟，确保自流排水通畅。排水不畅的地块，采用机械排水，确保消除渍涝。

◆ **及时中耕散墒**

在地面泛白时及时中耕散墒，破除土壤板结层，提高土壤通透性，促进根系恢复生长。结合中耕进行培土，高度为10~12厘米，增强植株抗涝、抗倒能力。

大豆涝灾

◆ **合理追肥**

结合中耕每亩追施氮磷钾复合肥10公斤，并在鼓粒中后期着重进行叶面喷肥，每7~10天叶面喷施0.1%~0.2%磷酸二氢钾1~2次，延缓大豆叶片衰老，促进鼓粒。

◆ **加强病害防治**

渍涝容易诱发大豆根腐病和锈病，应加强防治。可于发病初期喷施甲霜灵或咯菌腈防治根腐病，喷施三唑酮或百菌清、磷酰胺防治大豆锈病。

14 棉花苗期的管理重点有哪些？

◆ **地膜棉**

地膜棉出苗后要及时放苗封土。如果遇到高温天气，一定要尽快放苗。若棉田面积大放不完，一定要及时扎孔降温，以防高温烫伤棉苗。在棉花苗期，低洼地块如遇大雨天气易积水，一定要在排出积水的前提下及时去除地膜，增强土壤通透性，促进根系发育。

◆ **及时间苗、定苗**

棉花长到三叶一芯就可以定苗了。定苗的时候，留苗密度不要太大，株距一般为25～30厘米之间。另外，棉花在定苗的时候，一定要去除不抗虫的杂株。杂株的表现很明显，苗期抗虫棉的株型长势比较弱，如果发现长势比较旺、叶面比较平整的，就是不抗虫的杂株，要及时去掉，以免后期被棉铃虫危害。

◆ **及时中耕划锄，提高地温**

棉花是一个深根作物，一定要划锄提地温，促进根系下扎。

◆ **预防苗期病虫害**

棉花苗期的病虫害主要有立枯病、炭疽病和枯萎病。放苗后要及时喷施杀菌药。防治枯萎病可用多菌灵、链霉素以及苯醚甲环唑。最关键的是预防棉蓟马，放出棉苗以后就要喷施防治棉蓟马的杀虫剂如唑虫酰胺、吡虫啉等。一定配合使用触杀性和内吸性的药。雨季来得早的年份或苗期降水偏大时，棉田盲椿象发生严重，一定注意防治，可选用吡虫啉等药剂。

◆ **及时喷洒叶面肥**

在防病治虫时可喷洒氨基酸叶面肥或者芸苔素，能确保棉花苗壮、抗病。

15 地膜棉田如何科学使用除草剂？

由于棉花栽培比较费工，所以多数棉农会使用除草剂防治杂草，并且使用两遍。第一遍混土使用，选地乐胺，第二遍播后苗前使用，用二甲戊乐灵，这样就能很好地控制棉田杂草。但是如果使用量偏多，就会造成棉花僵苗不长，影响产量，所以地膜棉田除草剂的使用一定要根据土壤类型、肥力来科学确定。

如果土壤是沙土地，要按说明书规定使用低量除草剂；如果是盐碱地，以及土壤湿度大、肥力一般时，也要用低量；如果土壤肥力较好，可使用高量除草剂；如果使用两次除草剂，则两次都要选择低量，这样便不会抑制棉花生长，可防止棉花中药害。

16 盐碱地种棉花如何科学施肥？

首先，底肥的施用。最好选择有机肥，每亩2立方米左右，撒施并翻入地下。也可以选择棉花配方肥，可用12-18-10的含硫基的配方肥，每亩20～30公斤，硼锌肥每亩2～3公斤，撒施后旋入土中。

其次，科学追肥。棉花一般要追两次肥，第一次在花铃期，也就是6月中下旬。此时追肥采取小行追施，每亩追15公斤平衡肥即可。第二次在打顶心前后，约7月中下旬至8月上旬，每亩追施10～15公斤尿素即可。这次追肥一定要施在大行中间，不要离根太近，否则肥料烧根可诱发青枯病。

第三，叶面喷肥。在防治棉花病虫害过程中，可加入硼、钙肥和磷酸二氢钾等叶面肥，对棉花增产效果明显。

17 棉花中药害后如何科学管理？

在棉花整个生育期，由于不科学用药或漂移危害，都会造成棉花中药害，常见症状为棉花不扎根、僵苗不长、叶片失绿黄化、心叶皱缩变形、叶片变褐色，严重者可表现为蕾变形甚至脱落，影响棉花产量。棉花中药害后，应从以下3方面入手进行科学管理，以减少损失。

首先，根据土壤墒情，如干旱应立即浇水，随水撒施10公斤尿素，这是缓解药害最快的方法。

其次，喷促生长的调节剂，可喷碧护或芸苔素。

第三，喷施叶面肥。每亩地可用50克（一两）尿素加50克红糖加15公斤水喷施，间隔7~10天再喷一次。注意喷施时千万不要随意加大浓度，否则容易产生二次药害。

18 如何防治棉花苗期病害？

棉花苗期常见的病害有立枯病、红腐病、炭疽病等，如果播种后遭遇低温、多雨天气影响便很容易诱发这些病害，病株率高达60%以上，严重者可导致死苗。

首先应中耕松土，散墒提高地温，改善生长条件，减少发病。

第二，灌根喷药。可喷施氰烯菌酯和中生菌素，喷根茎部，间隔5~7天喷一次，连喷2~3次。

第三，喷施叶面肥。可喷促生根的叶面肥如黄腐酸、芸苔素加尿素。

19 什么时间开始防治棉铃虫？如何防治？

棉铃虫一般一年可发生四代，第一代发生在麦田，主要在5月中旬至下旬开始防治，药剂可选择甲维盐和苏云金杆菌。

◆ 灭卵

第二代在棉田、瓜田、春花生田，一般在6月中下旬进行防治。结合整枝、打杈等措施摘除虫果。摘除的虫果必须集中处理，这样可减少田间卵量，压低虫口数量。

◆ 防治成虫，减少虫源

可以在棉铃虫比较多的瓜田覆盖防虫网，这样可以免受或者减少棉铃虫的伤害。或者在露地瓜田设置一盏黑光灯、高压汞灯或频振式杀虫灯来诱杀成虫，这样可减少落卵量。

◆ 药物防治

药物防治方面，选用氯虫苯甲酰胺比较好，因为此药对低龄幼虫效果比较显著，尤其是在棉铃虫比较多的时候使用，只要抓住防治适期进行喷药，控制效果极为明显。但是要注意，棉铃虫的每一个阶段都要用不同类型的药剂进行防治，整个生长期只用某一种药剂是达不到防治效果的，要交替轮换用药。

在棉蚜与棉铃虫的混合发生期时，不要选菊酯类农药进行防治。因为在菊酯类农药中，敌杀死、氯氰菊酯、功夫乳油等药物对棉蚜虫的防效都不好。可以选择有机磷农药，比如茚虫威、虱螨脲、辛硫磷、敌敌畏对棉铃虫和棉蚜虫防治效果都很好，但辛硫磷见光易分解，敌敌畏易挥发，它们的药效期都很短，因此使用时要注意增加施药的次数。

20 什么是棉花青枯病？如何防治？

棉花青枯病是指棉花枯萎病青枯型，是典型的维管束病害，棉株遭受病菌侵染后出现突然失水，叶片变软下垂萎蔫，接着棉株青枯死亡。

青枯病对棉株影响很大，在苗期即可发生，严重时大量死苗，造成缺株断垄。特别是在定苗以后，大量棉株发病，叶片变黄、干枯脱落，直至萎蔫枯死，导致结铃稀少，铃重减轻，造成棉花减产，纤维品质降低。

该病的防治方法主要为大力推广种植抗病的优良品种，同时加强田间管理，减少病菌传播和提高植株抗性。

青枯病导致植株萎蔫

第一，冬闲时期及时清除棉花地的棉柴、杂草及地面的剩余棉花残枝叶，防止病菌传播。尤其是病株残体，一定带到田外烧掉，不要作积肥材料。

第二，秋耕深翻，把表层病菌翻到深层，病残体深埋地下，发酵分解，减轻发病。

第三，加强中耕，提高土壤通透性，尤其雨后要及时中耕松土，散墒降湿，可降低病害发生。

第四，合理密植，严格防止棉株过密，影响通风透光，并及时整枝、化控，提高棉株抗逆性。

第五，科学施肥，增施有机肥，实行氮磷钾配方施肥，增强棉花抗病能力，减轻病害。棉花追肥时一定注意不要离根太近，否则肥料烧根也易诱发青枯病，一定要离根30厘米以上。同时根据棉花长势喷施叶面肥，尤其要避免后期出现脱肥现象。

第六，病害发生初期及时用化学药剂进行防治，加喹啉酮、中生菌素、多菌灵、甲基硫菌灵等，并加植物生长调节剂如磷酸二氢钾、硼锌肥等，每次喷药间隔5～7天，连喷2～3次。一定要喷在根茎部。

青枯病棉田

21 什么是棉花黄萎病？如何防治？

棉花黄萎病是维管束病害，由棉花黄萎病菌引起，主要为害棉花的根茎、枝、叶，是棉花"第一大病害"。整个棉花生育期均可发病，自然条件下幼苗发病少或很少出现症状。一般在3～5片真叶期开始显症，生长中后期棉花现蕾后田间大量发病，7～8月开花结铃期达到发病高峰。最初在植株下部叶片上的叶缘和叶脉间出现浅黄色斑块，后逐渐扩展，叶色失绿变浅，叶缘向上卷曲，叶片由下而上逐渐脱落,仅剩顶部少数小叶,棉铃提前开裂,后期病株基部生出细小新枝。发病严重时,整张叶片枯焦破碎,只留叶脉呈鸡爪状叶痕,后期叶片萎蔫、下垂、脱落,植株可成为光秆。

◆ **改茬轮作**

实行大面积轮作倒茬,可与禾本科作物轮作,轮作换茬可减少土壤病源,起到防病效果。

◆ **秋后清地,冬前深耕**

清除棉花的残枝败叶和杂草,相当于切断传染源。深耕有利于纳蓄冬春雨雪,提墒保墒,也有利于晒垡,杀死土壤中的病菌。

◆ **加强田间管理,培育健壮植株**

开沟浇水,切勿大水漫灌,防止病菌随流水蔓延造成棉花黄萎病大面积发生流行;增施有机肥,有机肥丰富全面的养分可促进棉花生长健壮,进而提高棉花的抗性;中耕破除土壤板结,增加土壤通透性,促进根系发育,使全株健壮,增强棉株抗病性;及时清洁发病田,在病田定苗、整枝、打顶时,及时清除病株枝叶,于田外深埋或烧毁,减少病菌在土壤耕层的积累,降低发病程度。避免追肥离根太近造成烧根,加重病菌侵染。

◆ **实施种子包衣**

建立无病留种田,实施种子包衣是限制该病迅速扩展的一项重要措施。棉花种子生产过程中可用浓硫酸脱绒和进行种子包衣,让病菌无生存环境,有效杀死病原菌,预防病菌蔓延。

◆ **药剂防治**

及时用多菌灵或甲基硫菌灵和中生菌素灌根,每亩地用药液50公斤,7天1次,连灌2~3次。喷磷酸二氢钾或黄腐酸叶面肥、用缩节胺化控等手段也有治疗作用。

22 棉花雹灾后的管理技术有哪些？

北方地区多在 6 月上旬至 7 月中旬发生冰雹灾害，冰雹会造成无头棉、无叶光秆等，但由于棉花的再生能力强，所以不建议翻种。2001 年 6 月 15 日，山东省高唐县罕见的冰雹天气将棉花植株砸成了"一根筷子"，通过加强灾后管理，每亩收获了 150 多公斤籽棉，因此雹灾后一定要加强管理，及时止损。

一是抓紧时间排出田间积水，防止渍涝。

二是中耕松土，破除地膜散墒，每亩壅施尿素 10 公斤左右。

三是防治病虫害。首先喷一遍杀菌剂和叶面肥，每桶水（15 公斤）加 40 毫升氰烯菌酯和 75 克尿素。枝叶长出来后要及时防治盲椿象和一代棉铃虫，因为新长出来的枝叶嫩，很容易被害虫危害。

四是整枝打杈。无头棉叶枝出得多，等叶枝长到 6~8 厘米时，应保留一个健壮的叶枝，其余去掉。

五是科学化控。如果雨水多，要早化控，如果干旱，要适当晚控。化控时要轻控、勤控。

棉田雹灾、涝灾

23 花生播种的注意事项有哪些？

◆ **选种留种问题**

建议选用通过国家审定的抗逆性比较好、坐果比较集中、抗旱抗病能力比较强的品种，如花育 22、花育 25 等。也可以选高油酸花生品种。

◆ **一晒两选**

在花生播种过程中要做好一晒两选。

一晒 播种之前对花生进行暴晒，能够去除花生表面的一些病菌，也可以打破花生的休眠，增加花生的吸水性，减少影响芽势、出苗的干扰因素，降低病虫害的发生率。

两选 一是选择大小一致的种子进行播种，二是将坏粒、霉粒、虫口粒、脱皮粒、碎粒等剔除出去，这是花生一播全苗的前提条件。

◆ **播种时长**

有的种植大户播种时间比较长，脱壳时间比较长，甚至达到 15 天以上，这是不提倡的。对于种植大户，建议花生播种前 10 天之内进行拌种播种。如果播种时间过长，花生的呼吸消耗作用会导致花生芽势降低、出苗不齐。

地块小的农户建议在花生剥壳之后 3 天内进行播种，这样对促进花生种子发芽能起到很好的作用。

花生出苗

◆ 种子包衣

播种的时候建议对种子进行包衣，以防虫防病。包衣到播种的间隔时间不要过长，建议晾干之后及时播种。包衣的湿度不要过大，如果湿度过大，在拌种的过程中容易造成花生的种皮脱落，种皮脱落之后花生便不能正常出芽出苗。

◆ 防治蛴螬

在整地时可撒施辛硫磷或二嗪磷颗粒。每亩用5%二嗪磷1~2公斤，3%辛硫磷4~5公斤。

◆ 合适的播深

花生的播深要求是起垄覆膜。单粒精播的情况下要求深度为膜下2~3厘米，膜上覆土2~3厘米。如果播得过浅，容易形成落干，不能出苗；如果播得过深，不仅会导致出苗弱，容易感染病菌，引起茎腐病根腐病，还会导致种子不能出苗等问题。

◆ 播种密度

正常的情况下一亩地的播种量为皮果25公斤左右，如果是花生种子，建议17.5公斤左右。只有合适的密度才能形成高的产量，这就要求在播种过程中使用垄面比较小的播种机，保证垄沟和垄面的尺寸控制在85厘米之内。如果90厘米以上，便不能达到丰产条件。

◆ 播种期

北方地区，花生播种时期大多数集中在4月中旬到4月底，建议将播种期适当后移。山东地区建议移至5月1日前后，因为播种过早，花生的开花下针期在6月底，这一阶段正是干旱季节，影响开花下针，对花生产量影响非常大，而且后期花生膨大的过程中又遇到雨季，容易造成烂果。另外，播种过早的话开花下针时间过长，还容易形成老果、嫩果、三茬果。老果到后期如果收得过晚，容易出芽，影响花生的产量及商品率。5月1日前后播种，开花下针期正好集中在雨季，有利于花针下扎，提高花生成果率。而且，花生的膨果期正好处于秋高气爽的时期，对提高产量非常有利。另外，适当晚播有利于集中坐果，能够提高果实的产量以及商品率。

◆ 注意除草剂的使用

个别农户会选择乙草胺，但乙草胺对花生的出芽、出苗影响非常大，对产量也会造成一定影响，因此不允许用在花生上。最好选用地乐胺或二甲戊灵，按说明书选择用量。

24 春播花生苗期如何科学管理？

◆ 防治地下害虫

地下害虫严重的地块可以采取拌毒谷或者毒麸的方式进行防治。夜晚把毒谷或者毒麸撒到花生苗周围，诱导地下害虫钻出地表。毒谷和毒麸可以采用甲维盐或苏云金杆菌拌种。

◆ 防治根腐病、茎腐病和青枯病

这几种病害的防治最好先用种衣剂包衣，然后通过药剂灌根进行防治，防治药剂主要有芽孢杆菌和根腐灵，喷洒的时间在早晨或者晚上。注意要顺着花生的垄进行喷根，可以把喷雾器的喷头去掉，直接喷根淋根，使药液顺根茎部流入地面，这种施药方式效果比较好。

◆ 防治叶斑病

叶斑病主要以预防为主，采用的药剂有多菌灵、甲基硫菌灵、苯醚甲环唑和苯醚丙环唑等，以喷雾的方式进行施药。喷药时要喷匀，喷药的时间宜在早上或者晚上，避开中午温度高的时段。

◆ **防治虫害**

花生虫害主要有红蜘蛛、蓟马和蚜虫，苗期要经常去田间检查。防治蚜虫可以用吡虫啉，防治红蜘蛛可以用阿维菌素。施药时要喷均匀，不要漏喷。

25 花生中后期的管理要点有哪些？

◆ **水肥管理**

如果天气干旱，要浇好"三水"：一是开花下针水，这个时期如果遇上天气干旱，花生不容易下针，造成果针数量少，所以要浇开花下针水；二是结荚水，天气过旱的话，花生结的荚数少；三是饱果水，干旱容易引起饱果数量少、后期早衰等现象。

如果中后期水分过大，容易造成涝害。花生有"地干不下针、地湿不鼓粒"的特点，水分过大会导致花生饱果率下降。如果8月份雨水过多，要及时排涝，以免花生后期生长不良。

肥料管理方面，因为起垄覆膜的花生前期生长比较快，后期容易形成脱肥早衰的现象，因此建议在花针期施氮磷钾肥，每亩15公斤左右，在垄沟里进行穿施。后期为了防止早衰，可以在叶面上喷施磷酸二氢钾，加尿素和杀菌剂。如果地块缺铁、缺锌，叶面喷肥时可以适当掺一些微量元素肥。为了防止后期脱肥，最好使用滴灌带。

◆ **起垄中耕培土**

垄比较窄的话，花生下针的时候会形成大量的果针滑针、扎不到土里的现象，因此建议在春花生盛花期进行中耕起垄覆土。这一阶段垄的宽度增加，果针下针部位接触土壤，能够促进花生结荚。

◆ 灵活化控

花生化控是营养生长和生殖生长的转换,所以在生长中期花生的主茎达到 35 厘米左右时,就要开始进行适当的化控。化控要根据当时的天气条件进行,如果雨水比较大,要进行第二次化控,如果天气比较干燥,降雨少,可以稍微延后。根据花生的植株生长高度,使其最终高度达到 50 厘米左右。在化控药剂的选择上,一般提倡使用烯效唑或壮饱安等比较环保的药剂。

◆ 病虫害防治

七八月份是花生病虫害发生的重要时期,比如花生叶斑病、网斑病、疮痂病,以及蛴螬、棉铃虫、蚜虫等虫害。要根据花生的生长表现,提前进行预防。

◆ 适期晚收

9 月上旬,花生的主茎还有三四片叶是绿的,这三四片叶之下基本是黄叶,花生荚果的网纹清晰,内层呈现黑色层,这是花生成熟的标志。夏花生一般会延迟到 10 月上旬成熟,因此不要太早收获,否则会对花生的产量造成影响。

26 玉米-花生带状复合种植技术要点有哪些?

◆ 品种选择

玉米选择株高 2.7 米以下、叶片长度适合密植的品种如农大 372、登海或京科系列。花生选择大果、耐阴品种。

◆ 种植模式

根据播种和收获机械的适应性,可选择 3∶6 模式,即 3 行玉米、6 行花生。玉米和花生的间距为 60~65 厘米。玉米行距是 55 厘米,株距 12～14 厘米，两个边行的株距为 12 厘米，中间一行为 14 厘米。花生垄宽 50 厘米，垄间距为 35 厘米，每个垄面播种 2 行花生，株距 30 厘米。

◆ 科学使用底肥

玉米可种肥同播，选择 28-10-7 的缓控释肥，每亩用量为 40 公斤。花生需用 17-17-17 或 18-22-16 的硫基缓控释肥，每亩种肥同播用量为 40 公斤，最好每亩施颗粒状钙肥 20～30 公斤。为防止地下害虫，可随肥料每亩施二嗪磷颗粒 2 公斤。

◆ 建议使用滴灌带

可在玉米-花生播种时将滴灌带一并铺设好，每亩地投资 100 多元，便可省工省肥省水，减少杂草发生。

◆ 麦收后抢时播种

播种越早产量越高，最晚不迟于 6 月 25 日。铺滴灌带的播前不造墒，播后马上滴灌。播种前旋耕麦茬两遍，然后选择起垄覆膜单粒播种机播种。该播种机还可一次性完成施膜肥、喷除草剂、铺滴灌带作业。花生种子要进行包衣，播完花生再播玉米，也可花生、玉米同时播种，但不能用同一台播种机。

◆ 病虫草害防治

杂草的防治 播后苗前，就是在两种作物播完后，不盖地膜的部分可用二甲戊灵每亩 100～120 毫升，兑水 30 公斤均匀喷施地面。注意一定要多喷水防效才好，地面干时除草效果不好。播后 3 天内一定喷完，否则除草效果不好。苗后除草剂应用时一定要做好隔离，否则作物易中药害。

病虫害防治 两种作物可选用相同的药剂同时进行防治，如甲维盐、茚虫威、哒螨灵、噻虫嗪等。

◆ **做好化控工作**

花生和玉米的化控时期不同，用药也不同，因此要分开化控。玉米在 6～9 叶期用乙烯利化控，花生在株高 35 厘米时用烯效唑喷施化控。

◆ **科学管理肥水**

分作物管理。玉米抽雄前后，每亩追施尿素 20 公斤，花生在荚果膨大期每亩追施平衡肥 15 公斤，可随滴灌冲施。另外，在后期病虫害防治时加入硼、钙、钼、钾等叶面肥，可起到明显增产效果。

27 高油酸花生和普通花生种植技术有哪些不同？

近几年随着高油酸花生的推广应用，总结了高油酸花生在栽培管理方面与普通花育系列品种如花育 32、花育 251 的不同之处。

第一，播期不同。由于高油酸品种花育 963 出苗后耐低温能力差，所以不建议早播种，最好在 5 月 5 日至 15 日播种。

第二，化控时间和药量不同。由于高油酸花生前期长势旺，所以化控时间应略提前，并且用药量比普通花生要高，每亩应增加烯效唑 10 克左右。此外，要根据当时的天气情况，如果遇到连阴雨天气，要化控 2 次。

第三，底肥选用配方不同。高油酸花生品种由于苗期长势较旺，最好选低氮复合肥，如 12-18-15；一般花生品种可选 17-17-17 或 15-15-15，这样有利于花生稳长，提高产量。

第二章
蔬果种植

第一节 西红柿

1 秋冬茬冬暖大棚西红柿的栽培技术要点有哪些？

◆ 品种选择

要选择抗病毒、抗灰霉病、果形好、卖相好的品种，如罗拉、85、特美特36、申泰517等。

◆ 底肥准备

准备好腐熟的有机肥（每亩地8～10立方米），最好是牛粪和鸡粪各半混合发酵或鸡粪和稻糠各半混合发酵。另外，每亩地再施入100公斤饼肥或100公斤煮熟的豆粒、50公斤生物菌肥、75公斤硅钙肥、1～1.5公斤微量元素硼和锌肥、50公斤高钾的硫酸钾复合肥、25公斤磷酸二铵。

◆ 高温闷棚及肥料施用时间

前茬清秧后，高温闷棚7～10天，有根结线虫的老棚可施用氰铵化钙闷棚。闷棚后一定要深翻30～40厘米，深翻前要把有机肥翻入地下，其他肥料要在定植前7～10天施用。

◆ 定植时注意的问题

垄沟宽80厘米，垄宽70厘米，垄上10厘米处定植两行西红柿苗。

苗龄越小越好，3～4片真叶期最佳，选择下午栽苗。垄上定植两行，小行距50厘米，两行之间沟深8～10厘米。定植前一天最好用杀虫剂和杀菌剂浸根，防止苗期病虫害，同时用杀虫剂和杀菌剂混合喷药，对棚膜、立柱、地面、墙面进行全面杀菌消毒。

◆ 大棚降温防虫措施及地膜选择和应用

如果用杀虫剂蘸根，底风口处可不用防虫网。大棚膜可采用降温剂或遮阳网降低棚内温度。为了预防高温高湿影响根系发育，最好晚盖地膜，地膜种类有黑色、灰色、白色，杂草多可选黑膜，虫害多可选灰膜，冬季最好选白色膜。

◆ 点花药的应用

在没封膜之前由于温度高，不建议使用熊蜂授粉，可使用激素类点花药。但使用激素要因品种选择适宜的浓度，可先做小面积试验，因为浓度大易裂果，浓度小果实不发育。此外，温度高时建议浸花或喷花，也可抹花。

大棚西红柿

② 秋冬茬西红柿定植前后的管理措施有哪些？

◆ 适当增加生物菌剂或生物菌肥的用量

用熏蒸剂处理的土壤，要适当增加生物菌剂或生物菌肥的用量，每亩大棚增施5~10千克，因为熏蒸剂不仅能杀灭土壤中的有害菌，也会杀灭有益菌。

◆ 土壤消毒

休棚期没来得及进行土壤消毒的棚，可在蔬菜定植时将噻唑膦、阿维菌素等高效低毒农药施于定植穴内。注意使用噻唑膦要混土，不要与蔬菜根系直接接触，能有效控制根结线虫，保护根系。

◆ 选择好苗

一看品种，这个时期种植西红柿，苗期和定植后处于高温季节，一定要选择前期耐高温、后期耐低温的品种，还要抗病毒病和灰霉病等，并且要果形好、品质好、口感好，适应市场的需求。二看质量，好的苗长势一致，植株健壮，各个部位均表现良好；叶片没有任何病斑、害虫及虫卵，无畸形，表皮油亮，叶色绿中带黄；茎秆较为健壮，呈青绿色，表皮亮度较高；根系粗壮，颜色嫩白，毛细根多。

要做到三不选。首先，不选徒长苗。徒长苗主要表现为下胚轴较长，轴径较细，子叶偏小，给人以头重脚轻的感觉。这种苗抗逆性差，定植后遇到不良天气容易影响生长，发生死苗现象。

第二，不选小老苗。小老苗又称僵苗，叶片深绿色，是由于抑制剂用量过大导致的，表现为节间较短、根系发黄发锈。这种苗定植后不容易缓苗，前期产量低，并且很容易出现早衰现象。

第三，不选带虫、带病苗。

遇到以上三种苗，尽量协调更换。

◆ 蘸穴盘

定植前一天最好用杀虫剂和杀菌剂浸根，防止苗期病虫害，杀虫剂一般选用具有内吸性的吡虫啉或噻虫嗪等。药剂蘸盘后会将根系周围的有益菌、有害菌全部杀灭，因此待缓苗后要用生物菌剂灌根，以快速促进根系发育。

◆ 缓苗后短期管理

尽量保持植株健壮生长，促进花芽分化和正常结果。避免徒长，可叶面喷施磷酸二氢钾或每15千克水加75克左右磷酸二氢钾进行灌根，也可采用晚吊秧的方法抑制徒长。注意不要喷含激素的叶面肥，尤其是含赤霉素的叶面肥，否则影响花芽分化。

◆ 棚内降温

可采用降温剂、遮阳网或泼泥浆的方式降温，中午可在棚内喷水降温，或在大垄中浇小水降温。高温时段不要更换新棚膜。

◆ 防治烟粉虱

可在棚内挂黄蓝板防治烟粉虱，每亩地20～30张，均匀分布。还可以挂60日防虫网，或者栽苗后喷阿维菌素和吡虫啉、呋虫胺，间隔7～10天喷一次。

黄蓝板

3 深冬季节大棚西红柿的管理技术要点有哪些?

◆ **温度管理**

深冬季节,大棚温度管理要以保温、提温为主。此时白天温度保持在25～28℃,夜间不低于15℃,利于果实发育着色。可以采取以下几项措施。

首先,只要是晴天,太阳出来后就应该尽早升起棉被,让棚里温度回升。但有一个起棉被的标准,早晨起棉被后如棚内温度不下降,说明起的时间合适,如果棚内温度下降,则说明棉被起的过早。有的棚户担心天冷会冻坏植株,这点不用担心,只要有阳光,棚温就会逐步上升。要注意的是,只要棚里温度上升到15℃,就要开风口,开很短的时间即可,比如10～15分钟就可以,否则作物容易气体中毒。下午要早放下棉被,提高棚里夜间温度。

其次,为了提高棚里温度,可以在大棚入口处沿后排立柱挂一幅旧棚膜,阻挡冷风。

第三,夜间在棚前立一排草帘子,可起到一定的保温作用。

第四,如果遇到极寒天气,可在大棚内人工加温,但一定要注意安全或吊挂二膜。

◆ **湿度管理**

通过开关风口排湿、少浇水、使用水肥一体化膜下灌水、大行间铺设稻糠或秸秆等减少棚内湿度,从而减轻低温高湿病害的发生,如灰霉病、晚疫病等。如遇连阴天气,中午也要短时通风10～15分钟。

◆ **光照管理**

管理的重点是使棚里进入更多的阳光,增加光能用于植株的光合作用，制造更多养分。要选用透光性好的无滴膜，并保持棚膜清洁。上午尽量早起棉被，确保棚内早见光，延长光照时间，时间以起开棉被棚温无明显降低为准；下午棚温降到 18 ~ 20℃时放棉被。11 月上旬至 12 月下旬，棉被要早起晚放，12 月下旬至 2 月上旬，棉被要晚起早放。连续阴天时也要起开棉被，保证棚内有散射光，不要好几天都不起棉被。

◆ **水肥管理**

这个阶段气温低、光照弱，植株和果实生长都缓慢，必须适当控制浇水施肥。建议使用滴灌，随水冲施全营养水溶肥加腐殖酸肥料，禁止大水漫灌；保持土壤湿度均匀，避免土壤忽干忽湿，造成裂果。

大棚滴灌

◆ **防治病虫害**

主要防治白粉虱、灰霉病、叶霉病、叶斑病、晚疫病等，要按照"预防为主、综合防治"的植保方针，坚持以农业防治、物理防治、生物防治为主，化学防治为辅的原则。使用药剂防治病虫害要选用高效低毒、低残留、安全的农药进行防治，并且用药要科学合理：一是对症下药，没把握的不用，不清楚成分的不用；二是不随意加大用药浓度和用药次数，严格按照农药的安全间隔期采收；三是合理交替用药，避免重复使用一种农药，防止病虫抗药性的产生；四是不乱配农药，避免引起化学反应。

4 如何防治西红柿灰霉病？

西红柿灰霉病是一种真菌性病害，主要危害叶片、花和果实。叶片染病从叶尖开始，初侵染为水浸状、浅褐色的轮纹，后期表面产生灰色霉层。花部发病时花会腐烂脱落，脱落的花瓣落在茎叶果实上，造成再次侵染。果实染病时青果受害严重，先由花瓣发病，后向果面扩展，多在靠果柄处腐烂，病部可长出大量灰绿色的绒毛状霉。西红柿灰霉病多在低温（20℃左右）、高湿（97%以上）、光照差（弱光）时发病，特别是连阴雨天气发病会加重。防治方法有以下几种。

第一，清理田间病源，经常清理棚内残茬及病花、病果、老叶，可带到棚外深埋或烧掉，防止扩散传染，减少传染源。

第二，加强通风排湿。低温高湿是病害发生发展并扩散的主要条件。晴天白天应使棚温保持在25～35℃，下午当棚温降到20℃时关闭通风口，夜间保持在15～17℃。阴雨天须及时打开通风口，降低棚内湿度。高畦栽培滴灌供水，避免漫灌，浇水最好在晴天早上进行，浇后及时通风。

第三，用药以预防为主，综合防治。50%多菌灵、甲基硫菌灵、速克灵（腐霉剂）、扑海因（异菌脲）、菌核净等均有较好的防效。喷药时注意植株、地面、空中都喷到才有好的效果。

西红柿灰霉病

5 什么是西红柿根结线虫病？如何防治？

根结线虫病主要侵染西红柿根部，侧根受害多，根上会形成很多近球状瘤状物，似珠状相互连接，初为乳白色，后变为褐色，表面有龟裂，阻碍根系对水分、养分的吸收。受害植株前期的症状不明显，中期生长缓慢、叶色发黄、果实脱落、果小而少，后期遇旱植株可萎蔫，以至枯死。棚温越高，线虫危害越严重。

根结线虫病除了为害西红柿外，还为害黄瓜、茄子、莴苣、菜豆、芹菜、甘蓝、大白菜等，现已成为蔬菜根部的主要病害之一。该病害发生程度与环境条件有一定关系：地势高，干燥、疏松、透气的沙质土壤发病重；碱性或酸性土壤发病轻；土壤潮湿、黏重时发病轻或不发病；土壤墒情适中、通透性又好，线虫可以反复为害。

西红柿根结线虫病

该病属于土传病害，靠单一防治措施难以达到预期目的，必须贯彻"预防为主，综合防治"的方针，以农业防治为基础，配合化学防治，才能收到好的效果。

◆ **合理轮作倒茬**

轮作换茬可大大降低土壤中病原线虫的基数。西红柿可与禾本科或葱蒜类作物实行 2～3 年轮作，比如大葱、韭菜、蒜黄、辣椒等抗病蔬菜，有良好的防治效果，实行水旱轮作的防病效果更好。

◆ 选用无病秧苗

购苗时一定要进行检疫，严防病苗传入，这是防止病害传播的关键措施。育苗要选用无病土，使用无病肥，培育无病壮苗。

◆ 撒施药剂

在幼苗定植前的 15 天，每亩用 1.1% 苦参碱粉剂 3～5 公斤与细土拌匀，均匀撒施地面，然后耕翻入土。也可在定植后，每亩用 1.1% 苦参碱粉剂 3～5 公斤或 5% 根线灵颗粒剂 2.5 公斤，在定植行中间开沟撒入，然后覆土压实。

◆ 加强田间管理

种植期间要结合整地，将表土翻至 40 厘米以下，可有效控制线虫危害。合理施肥浇水，增强植株抗病性能。及时清理病株残体和田间寄主，集中焚烧或深埋，防止继续传播。

◆ 药剂灌根

幼苗期出现局部植株受害时，可用阿维菌素、辛硫磷或敌百虫浇灌发病植株，灌后 20～30 天可视情况再浇灌一次。

◆ 冷冻处理土壤

发病重的西红柿大棚，可在作物收获后、小雪节气前后灌一次透水，然后去掉棚膜，经两个月的冰冻，可有效杀灭病原线虫。

◆ 高温闷棚

夏季棚室休闲期可利用高温，在棚室地面挖沟起垄，将沟内灌满水，覆盖地膜，密闭棚室 15 天左右，使 30 厘米土层的温度达 55℃ 左右，时间保持 40 分钟以上，也可有效杀灭线虫。

6 如何防治西红柿晚疫病？

晚疫病是生长期间出现的一种真菌性病害，主要为害叶片、叶柄、茎秆和青果等。一般先从叶尖或叶缘出现水浸状病斑，初为暗绿色，进而变为褐色坏死病斑。湿度大时叶背面病斑边缘出现稀疏的白色霉层，并使叶片迅速腐烂。茎秆染病时呈褐色，病部凹陷，后变成黑褐色，腐烂状，生白霉，并引起主茎以上病部枝叶萎蔫。果实青果期为易发病期，染病呈暗褐色，病斑大，较硬，果皮表面粗糙，像油浸果，一般不变软，湿度大时染白霉，可迅速腐烂，整果脱落。

西红柿晚疫病

西红柿晚疫病属低温高湿型病害，对空气湿度要求高，一般要达到80%以上；对温度要求较低，在7～25℃之间均可发病，最适合的温度为18～22℃。该病多发生在温室大棚里，发病时间一般集中在11～12月和3～4月，因为该时期的气温、湿度等条件较适宜，温差大时易发此病。此外，氮肥过多、种植密度过大、放风不及时等也易诱发晚疫病。防治方法有下面几种。

◆ **选用抗病品种**

种植抗病品种，选用没有种植过茄科作物的土壤培育无病壮苗。

◆ 加强管理

及时清除病残体，减少侵染来源；防止连作，可与十字花科蔬菜实行3年以上轮作，避免和马铃薯相邻种植；不要在低洼处种植，种植密度合理，早搭架，及时整枝打杈，努力改善通风透光条件。

◆ 适当控制浇水

大棚西红柿要避免大水漫灌，尽量小水勤浇。选择晴天上午浇水，浇水后密闭棚室，待温度升起来后及时通风降低湿度。晴天中午高温，可短期放风，避免出现大温差的环境，阴天可于早晨放风半小时排雾。

◆ 合理施肥

避免偏施氮肥，增施磷、钾肥。定植前施足底肥，补充西红柿生长需要的中、微量元素。

◆ 药剂防治

发现病株时，要及时喷药防治，可用普利克、霜脲氰、银法利、杀毒矾或杜邦克露喷雾。

7 如何防治西红柿叶霉病？

叶霉病主要为害叶片，严重时也可为害茎、花和果实。病害常由下部叶片先发病，逐渐向上蔓延，发病严重时霉层布满叶背。嫩茎和果柄上也可产生病斑。果实发病时果蒂附近或果面上可形成黑色圆形或不规则斑块，硬化凹陷，不能食用。防治方法有以下几点。

◆ 选择抗病品种

选用适宜当地种植的高产、耐叶霉病的西红柿品种。露地番茄要注意田间的通风透光，不宜种植过密。

◆ **清理大棚**

及时整枝打杈，摘除病叶、老叶，增强通风。在西红柿收获结束以后，务必及时将枝叶残体清出棚外集中堆沤处理，切忌乱扔在田间地头，以防再次传播和侵染。

◆ **控制温度和湿度**

采用双垄覆盖地膜及膜下灌水的栽培方式，除可以提高土壤温度外，还可明显降低棚内空气湿度，抑制番茄叶霉病的发生。滴灌可降低棚室的相对湿度，勿大水漫灌。雨季及时排水，以降低田间湿度。温度高时一定放大风口或放底风，可明显减轻叶霉病的发生。

◆ **科学施肥**

适当增施磷钾肥，充分提高植株的抗病能力。轮作发病重的地区，应与非茄科作物实行3年以上轮作，比如黄瓜、甜瓜等。

◆ **药剂防治**

病害始发期用百菌清烟剂熏蒸，或喷洒叶霉净粉尘剂、百菌清粉尘剂或苯醚甲环唑，间隔8～10天喷1次，交替轮换施用。摘除下部病叶片后及时喷药保护，重点喷洒叶片背面。

西红柿叶霉病

8 如何防治西红柿脐腐病？

西红柿脐腐病又称蒂腐病、顶腐病，是常见的一种生理性病害，在西红柿如拇指大小到着色成熟前均可发病，病斑只发生在果实顶端的脐部，故称脐腐病。病斑初为水浸状暗绿色，不久变为暗褐色或黑色的直径1～2厘米或更大的坏死斑，其下部果肉干腐收缩，脐部凹陷，有时龟裂。严重时病斑扩大到西红柿半个果面，果实停止膨大，提早变红，果皮柔韧、无光，失去食用价值。

西红柿脐腐病属于生理性病害，发病原因有3种。一是水分供应失调，干旱时果实脐部最易失去水分引起组织坏死；二是多年连种，过量使用氮、磷肥，会抑制对钙的吸收，特别是苗期及旺长期施用尿素、碳胺等氮肥，缺钙较重，易引发脐腐病；三是土壤层浅、沙性大、盐碱地，此类土壤发病重；四是棚内积水，土壤湿度大，也可造成脐腐病。防治该病要注意做好大棚管理及科学施肥。

◆ 大棚管理

选富含有机质土层厚、保水强的土壤种植番茄。防止土壤时干时潮，尤其不可过于干旱。定植和坐果时水量均不能太大，待第三花序开完以后，第一穗果如鸡蛋大小时才浇大水。春、夏季灌水宜在清晨进行，速灌速排、勤浇浅浇。

◆ 科学施肥

西红柿坐果后1个月内是吸收钙的关键时期，因此从初花期就应注意喷洒绿芬威、高钙王等叶面肥补钙，追肥可追施钾钙镁宝冲施肥。对发病较重的田块，从幼果期就喷施氯化钙或绿芬威，5天1次，连喷3～5次。避免施氮肥过多，特别是速效氮肥。尿素、碳胺不要一次施用过量，春季最好不施用，并注意氮、磷、钾适当，要多施腐熟有机肥，提倡底肥使用钙肥。

9 什么是西红柿枯萎病？如何防治？

西红柿枯萎病又叫萎蔫病，是由真菌引起的，一般在花期或结果期开始发病。发病初期植株下部叶片变黄，以后萎蔫、干枯、下垂而死亡。有时半边发病干枯，半边正常。病株根部变褐色，病茎部维管束变褐色，湿度大时病株茎基部产生粉红色霉。

西红柿枯萎病

◆ 枯萎病的防治

土壤管理 移栽前或收获后清除杂草，集中烧毁或沤肥，然后深翻地灭茬、晒土，促使病残体分解，减少病源和虫源。育苗的营养土要选用无菌土，用前晒20天以上。土壤病菌多或地下害虫严重的田块，在播种前撒施或沟施灭菌杀虫的药土，或播种后用药土覆盖，移栽前喷施一次除虫灭菌剂。

轮作倒茬 重病田与十字花科、瓜类及葱蒜类等蔬菜实行3～5年轮作。如果种植黄瓜，必须用黑籽南瓜进行嫁接。

选用抗病品种 选用无病、包衣的种子，如未包衣则种子须用拌种剂或浸种剂灭菌。

排水灌溉 开好排水沟，降低地下水位，达到雨停无积水；大雨过后及时清理沟系，防止湿气滞留，降低田间湿度。

增施肥料 增施有机肥、磷钾肥，促使作物生长健壮，提高作物抗病能力。施肥时注意不用带菌肥料，施用的有机肥不得含有作物病残体。一定要用腐熟的有机肥，氮、磷、钾、钙、硼平衡施入，但切忌施肥量过大，否则会造成烧根，也容易感染枯萎病。

防治害虫 及时防治害虫，减少植株伤口，减少病菌传播途径。发病时及时清除病叶、病株，并带至田外烧毁，病穴施药或撒生石灰。发病初期喷氰烯菌酯、甲基硫菌灵进行防治，还可用氰烯菌酯喷根茎部，隔7～10天喷1次，连续喷3～4次。

10 什么是西红柿青枯病？如何防治？

青枯病又叫细菌性枯萎病，它的病原菌是细菌。苗期一般不发病，开花结果期开始发病。先是顶部叶片萎垂，继而下部叶片凋萎，最后中部叶片凋萎。但枯死植株仍保持绿色，横切病茎，用手挤压或经保湿，有乳白色黏液渗出，这是青枯病的主要特征，可与枯萎病区别。

◆ 青枯病的防治

种植管理 选用抗青枯病品种，用抗病砧木嫁接，防病效果显著。发病严重地块，提倡与非茄科作物葱、蒜、瓜类、十字花科蔬菜或水稻等实行4~5年以上轮作，或采用嫁接技术控制，可减少田间病菌来源。选用无病土壤及净肥，配制营养土育苗，培育无病壮苗。

选择排水良好的无病地块 地势低洼或地下水位高的地区采用高畦种植，开好排水沟，保证雨后及时排水。酸性土壤在整地时施适量生石灰，调节pH值至微碱性，以抑制病菌生存，减轻病害。

中耕除草 西红柿苗生长早期，中耕可以深一点。到西红柿生长旺盛期，停止中耕，同时避免践踏畦面，以防伤根。清除病源，若田间发现病株，应立即拔除烧毁，并在拔除部位撒施生石灰、草木灰，或在病穴灌注2%福尔马林液或20%石灰水。

温度管理 高温、高湿容易诱发青枯病。春季气温回升后，保留棚膜和裙膜。平时可将裙膜卷起，棚门打开；下雨时放下裙膜，关上棚门，避雨降湿，可预防茄果类及青枯病等土传病害。

药剂使用 发病后可采用新植霉素、农用链霉素、中生菌素等进行灌根，每次间隔7~10天，连续防治2~3次。重病大棚视病情发展，必要时可增加喷药次数。

另外，落秧时应防止茎秆受伤。给西红柿整枝时应避免在阴雨天或傍晚进行，否则容易造成伤口感染。

西红柿青枯病

11 西红柿芽枯病是什么原因造成的？如何防治？

西红柿芽枯病是西红柿常见的病害之一，高温天气多的年份发病较重。发生部位一般在植株第二、第三穗果的着生处附近。发病株腋芽处出现纵缝，形成裂痕，呈竖"一"字形或"Y"形，裂痕边缘有时不整齐。芽枯病发生严重的植株，生长点枯死不再向上生长，而是出现多分枝向上长的情况。

芽枯病是一种生理性病害，除了与品种有关外，高温导致生长点坏死是常见病因。西红柿定植后，正值高温干旱天气，光照强度好，棚内温度很难降下来，中午时棚内常出现35～40℃以上的高温，这是芽枯病发生的必备条件。

另外，有些大棚土壤盐渍化加重，营养匮乏，硼、钙等元素缺乏，加上浇水不及时，土壤干旱，导致根系对硼、钙等中微量元素的吸收受阻，也增加了芽枯病的发生概率。前期施入氮肥过多也易引发芽枯病。

防治芽枯病首要的措施就是温度调节。夜间可以把棚膜打开（无雨时），正午光照强度大时应提前遮阴避风。一般于每天上午10点拉好防晒网，下午5点后揭开见光，保证棚内温度不要超过35℃。中午可在叶面喷洒清水，以降低周围温度。

要确保棚内空气有较高的含水量，并减少水分蒸腾，确保植物嫩叶及成长点不因水分蒸腾作用而萎蔫，避免风口两边的植株叶片因强光直射而焦枯甚至被晒死。

芽枯病发生后，要去掉徒长的枝杈，并喷施新高脂膜形成保护膜，防止病菌侵入。同时在适当的位置留一穗生长较好的花序代替失去的果穗，以减少产量损失。必要时可用硼砂溶液加新高脂膜对植株进行叶面喷洒，每7～10天1次，连喷2～3次，以提高植株抗病能力。

12 秋冬茬西红柿定植期发生根腐病，怎么防治？

根腐病的发病原因有多种，常见的为肥料施用不足、土壤盐分超标等，导致土壤质量下降，土传病害增多。此外，连续多年种植西红柿，土壤有害菌积累太多，若未进行有效的杀菌消毒处理，上茬西红柿的病虫害便会继续侵染下茬作物。

针对根腐病，有以下几种防治方法。

药剂浸种和蘸根处理 育苗前用药剂浸种，定植时用杀菌药蘸根处理。

加强水肥管理 注意浇水时的水温、浇水量以及浇水时间。一般建议夏秋季节早上浇，冬季上午10点左右浇，傍晚一定不能浇；晴天适当多浇，阴天少浇或不浇，雨雪天不要浇。

浇水的时候可以随水冲施生物菌肥，生物菌肥有缓解盐害的作用。冲施生物菌肥，喷施生根的叶面肥，都可以加速秧苗的生长。

使用药剂 如果根腐病发现得比较早，可以用甲霜灵锰锌、恶霉灵、霉菌脂、烯酰吗啉等杀菌型药剂灌根，连续多灌两遍，然后再灌生根剂。如果发病后期才发现，则应立即拔除，并对病根周围土壤进行杀菌消毒，防止感染其他植株。

经过浇水、施药等处理措施后，可适当给病苗培土，促进生根和长势，预防冬天的低温。如果缺苗的位置无法补苗，可以在相邻的植株留双秆，弥补缺棵带来的减产。

茎基部腐烂

13 大棚西红柿定植后出现了僵苗，应该怎么处理？

大棚西红柿定植后出现僵苗有以下3个原因：一是底肥施的量大，定植水浇得少，水浇不透加上地温偏高，就会出现烧根、不扎新根等现象；二是西红柿苗买来的时候根系就已经老化，这种苗栽植后容易出现不扎根现象，导致僵苗；三是大棚温度低，新根发育慢，便形成了僵苗。

针对这些原因，要对症管理。

首先，栽苗的时候一定要注意，有机肥和化肥单次施用量不要太大。有机肥一定要选择腐熟的肥料。

其次，买苗的时候，一定要选根系是白色的苗。如果苗根已经发锈就不要买。

第三，水浇不透除了人为浇水少，也有地不平的原因，所以在定植前要把地整平，不要出现一边高一边低的情况。

第四，使用水肥一体化设施浇定植水。经常检查喷水带和滴灌带，是否有堵塞或者压力小的地方，堵塞要及时疏通。如果水压小，棚的面积比较大，建议一半一半地浇，可以提高水压。定植水应该连续浇2次，第一次浇透以后，间隔7~10天再浇一次，这两次都要求浇大水。

第五，喷施生根的叶面肥。夏天温度高，西红柿容易得茎基腐病，所以在栽苗时可喷上一遍杀菌药和促进生根的叶面肥，有利于西红柿苗长根。

有的棚会出现大小苗现象，有的苗特别小，有的苗又特别大。针对不长的僵苗，应该喷施叶面肥和杀菌药促进生长；针对长势比较好的苗，应采取化控措施，可用一袋海生素兑20公斤水进行喷施。

另外，低温时期一定要选择晴天栽苗，并注意做好保温工作。

14 早春大棚西红柿管理注意事项是什么？

早春时分要时刻关注天气的变化，防止倒春寒和大风天气对蔬菜生产造成不良影响。根据春天的气候特点，要注意以下4个方面。

◆ **温度管理**

随着外界气温的回升，棚里的温度和光照条件都得到了改善，所以要注意调节棚内温度。大棚的风口是调节温度的开关，通过开合风口和起放棉被来调节棚里的温度。一般白天的温度控制在25～28℃，夜间的温度控制在12～16℃比较适宜。棚内温度升到25℃的时候就可以打开风口排湿降温，尤其是授粉期，温度超过30℃以上，不利于西红柿开花坐果。下午温度降到20℃的时候就可以关闭风口，温度继续下降至18℃时就开始放棉被。放棉被主要是为了保好夜间温度，夜间温度太低不利于西红柿生长和果实膨大，以及影响上色。有的西红柿长得不小，但是颜色有点发黄，不红，也是因为夜间温度太低造成的。但温度太高又容易引起作物狂长，也不利于开花坐果和果实的膨大，所以要做好棚内温度管理。

心叶发黄

有的西红柿秧子上有黄头,即心叶发黄,遇到这种情况,首先要注意放晨风。放晨风就是起棉被后打开风口,尤其是施用未充分腐熟的有机肥和棚膜质量不过关的棚。二是喷施糖氮液,15公斤水加75克红糖和75克尿素进行喷施,有利于植株恢复生长。

◆ 注意大风天气的影响

早春的大风降温天气较多,一定要经常检查棚膜和棉被的固定情况,防止大风掀起棉被,引起棚内温度骤降。此外,要防止中午晴好天气时棚内温度过高。温度过高可导致西红柿上部叶片卷曲、不开叶,功能叶片发黄,因此要及时通风降温。

◆ 水肥管理

早春因为温度比较低,蒸发量比较小,所以不用浇太多水。坐果之前氮肥也不要施用太多,否则容易营养生长过旺,影响开花坐果。西红柿生长的中后期,外界温度已经升高了,此时可以增加灌水量和灌水次数,也可以随水冲施一些肥料。冲施肥料要少量多次,因为肥料施多了,不仅造成肥料浪费,还会引起功能叶片黄化。

有条件的棚户尽量安装水肥一体化设施。使用水肥一体化设施后一般10~15天随水冲施肥料一次,每亩地可冲施水溶性的氮磷钾平衡肥料5~10公斤,也可以冲施生物菌肥20~25公斤。对于植株长势比较弱的可以冲施甲壳素、氨基酸类的养根肥料,以促进植株恢复生长。

注意不要冲施不明成分的肥料,有些新型肥料里含有激素,会引起鸡爪叶等症状。另外,要经常喷硼肥和磷酸二氢钾,可以增加果皮的韧性,防止裂果。

◆ 病虫害的防治

春天是病虫害高发时期,防治病虫害要遵循"预防为主、综合防治"的原则。首先要创造不利于病虫害发生发展的环境。比如提高夜温，减少棚内的湿度，减少低温高湿性病害的发生；整枝打杈的时候尽量选择晴天的中午前后、温度比较高的时候，有利于植株伤口尽快愈合。另外，整枝打杈后要使用一遍杀菌剂，可以抑制病菌的繁殖和发展。

其次，可以在大棚里悬挂黄蓝板，诱杀一部分小型虫子，比如白粉虱、蓟马等。

第三，随着气温逐渐升高，大棚风口和底风都放开的时候棚里的湿度就降低了。此时低温高湿性的病害越来越轻，但喜欢高温和对湿度要求不严格的病害，比如叶霉病就有可能出现。可以采用醚菌酯、戊唑醇加春雷霉素混合喷雾进行防治，注意交替用药，防止产生抗药性。

15 大棚西红柿雪后出现闪苗怎么办？

阴雨雪天气放风不及时的话，就很容易导致小西红柿苗出现气体中毒，也叫闪苗现象，症状为西红柿苗功能叶片出现干枯，哪里温度高哪里干枯就比较严重。个别植株甚至出现叶片全部干枯，看上去跟死苗差不多，但实际上植株并没有死亡。

◆ 合理的温度控制

白天的温度最高不要超过30℃，可以适当晚起棉被，即太阳完全升起后再过一段时间再起。起棉被后要马上通风换气15分钟，然后关闭风口，继续升温。中午温度达到二十七八摄氏度的时候要及时打开通风口。下午可以根据天气好坏决定关闭风口的时间，棚温降到25℃时关闭风口。等温度降到18~20℃的时候，就可以放棉被了。

正常的大棚温度降到 18℃ 左右放棉被，已经发生闪苗的棚需要提前 20 分钟，这样夜间温度才能高一些，缓苗效果也会好一些。

◆ 施肥管理

小苗中气害以后，因为叶子比较干枯，此时不建议喷淋叶面肥，可以等到新叶长出后喷糖氮液，直接给小苗提供营养。喷糖氮液的时候可以加上杀菌药比如喹啉酮，可以预防干枯的叶片感染细菌，帮助小苗尽快恢复。

假如此时土壤比较干旱，应尽快浇水。浇水时适量加施高氮的肥料，量不要太大，因为水肥一体化属于微喷，一亩地 1.5～2.5 公斤即可，能够刺激根系的发育。

◆ 预防再次闪苗

如果小苗在恢复期间又遇到连阴雨天气，千万注意不要闷棚。只要不下雨、下雪，即使是阴天，中午也要短时间通风，千万不要再出现好几天闭棚、不通风的情况。

另外，如果持续连阴天，突然间变晴，不要马上把棉被全部揭起来，最好半遮阴管理，即棉被起到一半，一半遮阴一半光照，使棚内温度缓慢提升，以防再次闪苗。

◆ 摘除花序

气体中毒的西红柿苗，尤其是叶子干枯厉害的，如果已经长出第一个花序了，不建议留这一穗花序，可以留第二穗。即使保留了第一穗花序，因其没有功能叶片，后期发育也会出问题，并且还会影响正常的植株生长，不利于缓苗。

预防闪苗

16 什么是西红柿褪绿病毒病？如何防治？

西红柿感染褪绿病毒，主要症状为上部3～4片叶出现黄化，其中顶叶呈鲜黄色，从第2片叶开始呈斑驳黄化，越往下斑驳症状越明显。感染该病毒后，西红柿植株长势受影响，虽然没有停止生长，但果实品质和产量下降，果实小、口感差，商品性下降。

西红柿病毒病

◆ 适当调整播种和定植期

苗期和开花初期是防治病害的关键。可根据具体情况，适当提前春茬西红柿和延后秋茬西红柿的定植时间，避开病毒侵染高发期。

◆ 加强栽培管理

定植后加强肥水管理，促使番茄植株生长健壮，提高其抗病能力，注意通风换气，避免棚内高温。

◆ 药剂防治

种苗移栽前3天喷淋吡虫啉，防止带虫种苗移入棚室。定植后如发现粉虱零星发生，需及时使用噻嗪酮或吡虫啉等。每5～7天喷1次，交替用药，施药时必须做到喷施均匀，尽量每一片叶都要喷到。在番茄的生长前期，可以叶面喷施含锌、硼、钙的叶面肥，促使番茄生长旺盛，提高植株抗病能力。

第二节 西瓜

1 种植西瓜应该铺什么底肥？

种植西瓜提倡化肥和有机肥相结合。有机肥施用腐熟的农家肥。沟施的话一亩地用量为 1.5 立方米左右，撒施的话一亩地用量在 2 立方米左右。化肥可以选择硫酸钾复合肥，一亩地用量为 25～30 公斤，也可以施用硅钙肥，一亩地 30 公斤左右。此外，还可以在底肥中加一部分微生物肥。

施肥的时候，如果采用沟施，有机肥要铺在底层，上面覆一层土，用机器将其搅拌均匀，上面撒施化肥，最后大水浇透。

2 西瓜苗期如何施肥？

目前，在山东省部分地区如聊城高唐等，种植的西瓜多为地膜西瓜或小拱棚西瓜，苗期追肥一般在西瓜蔓长 40～50 厘米时进行第一次追肥，每亩追施硫酸钾 5 公斤、尿素 10 公斤，开沟施入。

西瓜叶片颜色的深浅可以显示出追肥的效果。如果西瓜植株基部叶深绿，中部叶绿色，顶部新叶浅绿色，表明生长正常，可正常追肥;如果整个植株的叶片,从上到下都是黄绿色,则表明缺肥,需要早追肥;如果整个植株的叶片都是深绿色,新叶也是深绿色,表明氮肥过多,有可能发生疯秧,需要注意控制氮肥的施用。

西瓜苗

当底肥不足或西瓜生育后期瓜藤满布时,可进行根外追肥,一般采用0.2% ~ 0.3%磷酸二氢钾,再添加0.2%尿素混合喷洒2 ~ 3次。缺锌的地块可喷施0.03%硫酸锌溶液。此外,在苗期和抽蔓期喷洒0.01%硼砂或硼酸溶液,及0.02% ~ 0.05%钼酸铵溶液叶面肥,也有较好的效果。

3 小拱棚西瓜什么时间撤棚比较合适?

西瓜最适宜的生长温度为18 ~ 32℃,比较耐高温不耐低温,低于15℃生长会非常缓慢。随着气温回升,5月中旬后外界气温趋于稳定,这个时候就可以撤掉小拱棚了,撤棚时间最好选择在一天中温度较高的下午。对于正处于伸蔓期的直播西瓜,要及时追肥浇水,促其生长,还可起到适应外界温度的作用。对于育苗移栽的西瓜,这个时期已到授粉期,不能进行施肥浇水了,以免瓜秧徒长,影响坐瓜。

4 如何给小拱棚西瓜整枝打杈？

小拱棚西瓜多采用双蔓整枝和三蔓整枝的方法，主要根据西瓜品种选择，小瓜型早熟西瓜可以采用双蔓整枝法，大瓜型中晚熟品种多采用三蔓整枝法。双蔓整枝除保留主蔓外，在基部 1～4 节上选留 1 条健壮的侧蔓，其余侧蔓及时摘除；三蔓整枝除保留主蔓外，在主蔓的第 3～5 节上选留 2 条健壮侧蔓，其余全部摘除。每条瓜蔓留 25～30 片叶，以保证具有足够的叶面积。

整枝打杈选择在晴天进行。不管哪种整枝方式，都要在坐瓜前进行，坐瓜后就不用整枝了。当西瓜开始迅速膨大时，为防止营养生长过旺，可以进行摘心。

5 西瓜水肥管理有哪些注意事项？

为促进根系下扎和防止植株徒长，坐瓜前一般不浇水。但遇到特殊高温干旱天气，土壤墒情严重不足，尤其是沙壤土，瓜秧会出现缺水症状，这种情况，会直接影响西瓜开花授粉，可以尽早浇一次小水。

果实坐稳后，在幼瓜鸡蛋大小时再浇一次膨瓜水，每亩追施硫酸钾型复合肥 12.5～15 公斤。

西瓜膨大期可视情况再灌一次小水，切忌大水漫灌，水太大容易造成烂秧死苗。在结瓜后期用 0.3% 磷酸二氢钾或 0.2%～0.3% 的尿素溶液叶面喷雾，进行根外追肥，也可喷施西瓜素、大丰素、氨基酸、有机生态肥等，每隔 10 天 1 次，以防植株早衰。

6 如何判断西瓜是否成熟？

采收前 7～10 天停止浇水，以提高西瓜的品质并防止裂瓜。

西瓜幼瓜坐稳后可添加明显标志，早熟品种一般在授粉后 26～30 天成熟。注意观察瓜丝，瓜丝干后，表明瓜已成熟，要及时收获上市。

7 什么时间给西瓜人工授粉？有哪些注意事项？

大拱棚和温室西瓜需要人工授粉。通常凌晨 5 时左右花冠开始松动，6 时左右散出花粉，花冠全部展开，上午 8～10 时是雌花柱头和雄花花粉生理活性最旺盛的时间，因此，上午 8～10 时是人工授粉的最佳时间。至 12 时，花冠颜色变淡，开始闭合。

通常西瓜人工授粉时间以 7 天为宜，最长不超过 10 天。如果 7～10 天内授完粉，则坐果期集中，管理方便，采收期集中，并且果实大小均匀，产量也高。如超过 10 天，相对坐瓜不整齐，有的瓜已长到鸡蛋大小，需马上浇水，而有的瓜才刚刚坐住，生长缓慢，不宜浇水，便会造成管理上的不方便，果实大小参差不齐，采收期不集中，产量也减少 10%～15%。

◆ 授粉雌花的选择

授粉雌花应选择花蕾发育好、个体大、生长旺盛的，对其授粉后易坐果、易长成优质大瓜。其主要特征是果柄粗、子房肥大，符合本品种的形态特征，皮色嫩绿有光泽、密生茸毛等。子房瘦弱短小、茸毛稀少的雌花，授粉后不易坐瓜，即使坐瓜也难发育成大瓜。

◆ 授粉雄花的选择

授粉雄花应选择健康无病、充分成熟、有大量花粉的。若是为了提高坐瓜率和减少畸形瓜,可就近选择当日开放的同株或异株、同品种或不同品种的雄花用来授粉。为了杂交制种和自交保纯时,则必须在授粉前后都应分别对雌花、雄花进行套袋,防止混杂。

西瓜的雄花在花冠展开后花药即破裂散粉,一般看不到开花前的花药开裂。授粉雄花可在开花当天早晨或前一天傍晚采摘,要先将摘好的雄花用盆盛好,盖上毛巾,然后再授粉。否则,雄花经风吹日晒,花粉会干枯散落,从而失效。如果天气不好,又正值授粉期,必须强制坐瓜。可于前一天傍晚采摘成熟的雄花蕾放在25~30℃的恒温环境中或放于灯泡下增温,使花药开裂。

◆ 授粉方法

在西瓜雌花完全开放时,即可进行人工授粉。先将雄花花瓣反转,露出花蕊,轻轻地将花粉涂在雌花柱头上,要肉眼能看到花粉.一般一朵雄花授粉1~2朵雌花,若一朵雄花授粉多朵雌花,则授粉量不够,结的瓜很可能会呈三角形,品质低劣,只有授足花粉,果实品质才佳。授粉时不可用力太猛,以免损伤柱头而落花。

授粉时必须做好纸帽,将授了粉的雌花用纸帽罩好,避免雨水浸湿柱头,使花粉失去活力。可在花柄处挂标记物,以便于以后判断西瓜的成熟度。

8 如何防治西瓜蔓枯病?

西瓜蔓枯病也称黑腐病、斑点病,主要侵染茎蔓,茎蔓节处会产生灰白色病斑,发病严重时病斑开裂。叶片染病会出现圆形或不规则圆形,有轮纹、黑褐色的病斑,且病斑上密生小黑点。果实染病时一开始会产生水渍状病斑，然后中央出现褐色枯死斑，呈星状开裂，果心发黑腐烂。

蔓枯病主要靠灌溉水、雨水传播蔓延，从伤口、自然孔口侵入。种子也可带菌，引起子叶发病。雨日多、雨量大、湿度高时病害易流行，重茬地、植株过密、通风透光差、生长势弱时发病重，早播地、连作地发病重，偏施氮肥有利于发病。因此，防治西瓜蔓枯病的措施有以下几项。

◆ **合理轮作**

与大田作物或非瓜类蔬菜作物实行 3~5 年轮作，可减轻西瓜蔓枯病的发生。

◆ **加强栽培管理**

施足基肥，多施腐熟有机肥和饼肥，氮、磷、钾配合施用，勿偏施氮肥。暴雨过后及时排出田间积水。盛果期及时追肥，防止植株脱肥早衰。植株发病后及时摘除病叶、病蔓。收获后彻底清理瓜园病株残体及杂草，并集中深埋销毁。

◆ **及时调节棚内温湿度**

春季多层覆盖时，棚内湿度偏大，应加大通风力度，降低棚内湿度。西瓜苗期温度不用太高，保持在 22~25℃，伸蔓期 25~28℃，结瓜期 30~35℃。

◆ **定植时避免地膜紧贴茎秆**

当温度高时，热气从地膜开口处涌出，导致茎秆基部湿度加大。所以，覆盖地膜时可将口留得大一些，避免紧贴茎秆，并用土压实，减少发病。

◆ **种子处理**

可用种衣剂进行种子包衣。先将种子用少量水均匀湿润后，加入所需木霉菌的量拌匀。拌后随即播种，注意不要闷种。

◆ 药剂防治

对于发病的植株可使用苯甲嘧菌酯喷雾防治,加链霉素。喷施的部位最好是根茎部,不要整个秧子漫喷。间隔3天喷1次,连续喷2~3次,喷药时间为上午露水消失以后及下午4点以后至起露水之前。没有发病的棚室,建议使用木霉菌、甲基硫菌灵喷雾预防,喷药时注意重点喷茎基部。

9 如何防治西瓜枯萎病?

西瓜枯萎病俗称"死秧病",表现为根茎部逐渐出现萎蔫,植株慢慢枯死。如果发现瓜苗枯萎,可以拔出来检查是不是出现了根腐病,或者看根茎部有没有褐色的病斑。一般枯萎病的病斑部位会出现凹陷,且出现像红糖水一样的流胶。

◆ 嫁接换根

用葫芦做砧木嫁接西瓜品种,注意要彻底断掉西瓜根。栽植时,嫁接口部位不要与土壤接触,可有效地防止西瓜枯萎病的发生。

◆ 水旱轮作

西瓜枯萎病在土壤中可存活10年,但在水中存活期限只有130多天。因此,水旱轮作是预防枯萎病的最佳方法。

◆ 选择抗病品种,做好种子处理

种植抗病西瓜品种是首选措施。用咪鲜胺500倍液浸泡30分钟后捞出并清洗干净,可杀死种子表面的枯萎病病菌及炭疽病病菌。

◆ 慎用育苗土

育苗用的营养土应选用塘土、稻田土或墙土,禁用瓜田、棉田或菜园土。农家肥要充分腐熟，不用带有病株残体的农家肥。

◆ **药剂防治**

播种前用木霉菌兑细干土200倍掺匀成药土，将1/3药土施入播种穴穴底，然后播种，播种后将其余2/3药土覆盖到种子上。如果育苗移栽，育苗土应进行药剂消毒。定植后可用菌毒清灌根，每次每株灌药500毫升，也可以起到较好的防治效果。

10 露地西瓜雹灾后如何管理？

◆ **如何选留瓜胎**

保留完整瓜胎和砸得较浅的瓜，伤痕较深的容易腐烂，建议摘掉。

◆ **留下来的瓜如何管理**

首先要清理瓜秧上的泥土，检查瓜胎、瓜蔓的受伤程度，为了防止细菌性病害侵染和炭疽病、蔓枯病的发生，建议用甲霜灵加链霉素＋咪鲜胺＋尿素（或氨基酸叶面肥）喷茎叶，保护瓜胎和瓜秧，促使西瓜尽快恢复生长。

◆ **晚瓜如何管理**

没坐住瓜或刚开始坐瓜的，可喷叶面肥，最好加上硼肥，可以促进瓜秧和瓜胎的生长。遇到雨季留瓜时，要做好防雨措施，听到天气预报有雨时，要用瓜叶子遮一下小瓜胎。

◆ **防治病虫害**

灾后要立即开始防治病毒病，一是喷防病毒药剂，二是防治蓟马、飞虱等传毒的小型虫子，三是防治第一代棉铃虫，可选用苏云金杆菌、茚虫威或氯虫苯甲酰胺等长效药剂。

◆ **肥水管理**

坐住瓜后，如遇高温干旱天气，可7～10天浇1次水，既可降温，又可减少病毒病的发生。

◆ **适当安排其他作物种植，增加效益**

早瓜可以在瓜地人工点播玉米，晚瓜如果不超过7月15日，可以种植晚茬玉米，晚于7月15日的瓜，可以种植白菜、鲜食黏玉米、萝卜等。

11 西瓜只长秧子不坐瓜怎么处理？

进入雨季，一些晚种的西瓜正值坐瓜期，湿度过大或干旱缺水、光照条件不良、水肥管理不当等因素均会导致不坐瓜现象。此外，一些瓜农经常过多地留花留瓜或者疏花疏瓜不及时，也会导致西瓜因为苗株营养负担过重而发生坐瓜数量变少、坐不住瓜、易落花落瓜的情况。遇到西瓜不坐瓜时，要做好以下几方面工作，促进西瓜坐瓜。

第一，授粉坐瓜期间如果遇到多雨天气，最好用西瓜叶子遮一遮小瓜胎，帮助西瓜授粉。雄花可在下雨前采下，集中收好。

第二，疯长的瓜秧在没坐住瓜之前千万不能浇水，越浇水秧子越长，秧子越长就越坐不住瓜，这属于营养生长和生殖生长失调问题。

第三，可以人工把瓜头捏扁或者把主蔓的瓜头掐掉，促使西瓜从侧蔓上再次坐瓜、留瓜。

第四，可以喷促使小瓜胎生长的微量元素肥，比如硼肥、钾肥。

第五，只要瓜秧上有瓜就保留，坐住瓜以后再疏瓜，以瓜坠秧，提高整体坐瓜率。

第三节 黄瓜

1 大棚黄瓜结瓜期的管理要点有哪些？

从黄瓜根瓜坐住到拔秧，这个时期属于结瓜期。此时，黄瓜营养生长和生殖生长齐头并进，管理上要防止营养生长过旺，又要防止生殖生长过盛出现早衰。

◆ **根瓜期管理**

头一个雌花开放到头一个瓜采收这段时间为根瓜期，这个时期要及时整蔓绑架，摘除老龄叶和病叶，进行落蔓盘秧。植株高度控制1.7～2.1米，功能叶维持在15～20片，下部叶距离地面13厘米。同时要保证温度和光照，白天温度要保持在12～18℃。此外，要注意肥水的施用，保持土壤干湿适度，原则是不旱不浇，浇水时可施入氮肥。

◆ **盛瓜期管理**

盛瓜期也称腰瓜期，是获得稳产、高产的关键时期。要注意适当疏果，一般情况下大果型黄瓜平均2～2.5节留一条商品瓜，小果型黄瓜平均1～1.5节留一条商品瓜。如果出现畸形瓜及过多雌花时及早疏掉，减少养分无效消耗。黄瓜进入结果盛期后，要及时追肥灌水，灌水在暗沟与明沟交替进行，施肥坚持少量多次的原则，可施尿素或复合肥。

盛瓜期要提高温度和湿度，白天保持在 25～30℃，夜间不低于 15℃。增加灌水量和浇水次数，保持土壤湿润。此外，这个时期要防止高温危害，一般当上午温度达 30℃时，要加强通风，下午降到 28℃左右时，逐渐关小通风口。

2 大棚黄瓜结瓜期有哪些灌溉要求？

在大棚黄瓜结果期的不同生长阶段内，有着不同的灌溉技巧。

◆ 注意墒情

要看土壤墒情，不旱时浇水，不但不利于提高地温，而且容易导致土壤透气性变差，致使根系缺氧，造成沤根，出现黄叶现象。

◆ 注意天气

浇水之前一定要看天气预报，选择晴天浇水，并保证浇水后有 2～3 天的晴天。连阴天后骤晴的前两天，不适宜浇水，应先提高棚温和地温，使大棚黄瓜基本恢复正常再浇水。

◆ 注意地温

适宜大棚黄瓜生长的日平均地温在 22℃左右，棚内地温多在 15～20℃，浇水可在上午拉开草苫后再进行。

◆ 注意浇水后的管理

浇水后，前两天中午升温至 40℃左右，闷棚 1 小时，提高棚内地温。然后加大通风量，降低棚内湿度。最后针对大棚黄瓜易发病害，喷药预防，以减少病虫害的发生。

3 瓜打顶是什么原因？如何防治？

"瓜打顶"也称"花打顶"，其典型症状为植株生长停滞，龙头紧聚，生长点附近的节间明显变短，形成雌雄杂合的花簇状，瓜秧顶端不能生成新叶，呈现花抱头，即"花打顶"；如顶端出现小瓜纽，而形成瓜胎抱头，俗称"瓜打顶"。如不及时采取措施，黄瓜会出现长期歇秧现象，造成严重减产。

瓜打顶

首先，要注意灵活调整棚室温度。白天把棚内温度提高到23℃以上，有条件的尽量采取增光措施，最大限度地利用太阳光，使黄瓜处于良好的光照环境中。晴天时早拉保温被或草帘，使植株多见光。冬季夜间温度低，向龙头处输送营养量少，植株营养生长受抑制，建议晚上早关风口，并及时放保温被或草帘保温，提高夜间棚内温度。

其次，留瓜别贪多。对于长势偏弱的植株，要及时摘除多余的雌花或小瓜纽，以减少养分消耗，并适当疏瓜、减少留瓜，调节营养流向，避免坠秧。在蘸花时有选择性地蘸2～3朵花，最后根据植株的长势留取1～2个，其余的要尽早摘除，这样既可降低植株体内激素的浓度，又可促进营养生长与生殖生长的平衡。当看到生长点抽出头后，再逐渐留瓜，以加快黄瓜"龙头"生长，预防瓜打顶的出现。

第三，"瓜打顶"时及时摘掉下面的成品瓜，不要留大瓜坠秧。

第四，注意防治霜霉病、角斑病、黑星病，避免光合产物不足。

第五，科学施用肥水，避免干旱缺肥引起瓜打顶。

11 黄瓜疯长该怎么办，如何化控？

◆ 适时浇水

浇水要控两头、促中间，即结瓜期以前以中耕保墒、提高地温为主，做到见湿见干；结瓜期每隔 7～10 天浇 1 次水，每次浇水应在摘瓜前进行，以控制疯长；顶瓜收完后控制浇水，促新根发生。回头瓜膨大时及时浇水。

◆ 合理追肥

在保证土壤氮素供应的前提下，适当多施磷肥和钾肥。追肥用液态形式，以水带肥。一般根瓜膨大前每亩追尿素 15～20 公斤、硫酸钾 10 公斤、磷酸二铵 15 公斤，以后每收 2 次瓜便追 1 次肥。中后期随水追腐熟粪，稀施 2～3 次，每次每亩 1000 公斤左右。

◆ 控制温度

黄瓜生长发育的适宜温度为 25～30℃，超过 30℃植株生长加快，容易疯长。因此，棚室温度白天应控制在 25～30℃，不宜超过 30℃，夜间温度保持 18℃左右，以降低呼吸作用，增加干物质积累。

◆ 控制湿度

黄瓜生长发育适宜的空气湿度为 60%～80%，当棚内湿度超过 85% 时应立即通风排湿。傍晚外界气温在 10～15℃时，通风 1～2 小时，以降低夜间温湿度，防止疯长，控制病害，促进开花结瓜。

◆ 看秧绑蔓

瓜蔓长到 30 厘米左右时开始绑蔓。第一次可直立绑于架上，瓜蔓生长旺盛时可左右弯曲绑架，弯曲度与松紧度依瓜秧的长势而定，如秧旺瓜少时弯曲度要大，且要绑紧。

◆ 激素保瓜

黄瓜结瓜后，植株的营养生长便受到控制，因此要设法使第一批花多坐瓜。如果第一批花坐瓜少，易导致疯长。可使用保果灵激素 100 倍液蘸花、喷花，促使黄瓜多坐瓜，促进小瓜迅速膨大，既可提早上市，增加早期的产量，又能有效防止瓜秧疯长。

◆ **看秧收根瓜**

根瓜对瓜秧有明显的影响。根瓜采收较晚会使瓜秧生长受到抑制，因此疯长瓜秧应适当晚摘根瓜，以起到坠秧作用，缓解疯长；瓜秧生长弱时要早收根瓜，以防坠秧，尽快采取措施促秧生长。

4 如何防治黄瓜细菌性角斑病？

黄瓜角斑病在黄瓜苗期至成株期均能发病，主要为害叶片，偶尔发生在瓜和蔓上。叶片染病先出现褪绿小点，以后扩大，病斑受叶脉限制呈灰白色或黄褐色多角斑，后期病斑干裂穿孔。发病严重时病斑相互连接，呈淡褐色油纸状斑块。

黄瓜细菌性缘斑病

细菌性角斑病的发病适宜温度范围为 10～30℃，当气温在 24～28℃、空气相对湿度大于 85% 时易流行。地势低洼、高温多雨、多年连作、肥水管理不严、栽植密度过大时，也易引发黄瓜角斑病。

防治黄瓜细菌性角斑病有以下几点注意事项。

◆ 种子消毒

用农用链霉素浸种2小时,或用福尔马林液浸种90分钟,洗净后催芽播种。用温汤浸种灭菌效果也较好,即播前用55℃温水浸种15分钟,捞出放入冷水中降温后再播种。

◆ 无病土育苗及高垄覆膜栽培

采用大田土育苗防病效果好,可保证苗期不带病。同时,定植时以高垄覆盖地膜栽培防病效果较明显。

◆ 实行轮作

与非瓜类作物实行2年以上轮作可大大减少土壤中的病菌量,角斑病发病率可显著下降。

◆ 加强田间管理

采用深沟窄垄栽培有利于排渍降湿,可在瓜地周围开好排水沟,做到围沟、垄沟和腰沟相通,提高雨季防涝排渍能力。施肥时,注意施用腐熟的农家肥作基肥,增施磷钾肥,不偏施氮肥,以提高植株的抗病能力。

露地黄瓜推广避雨栽培。大棚黄瓜做到合理通风散湿,开花结瓜前少浇水、勤中耕、多通风,降低棚内湿度,减少结露和滴水。

◆ 药剂防治

发病初期可选用农用链霉素、中生菌素、新植霉素等药剂进行喷雾,每7~10天喷1次,连续喷2~3次。如果黄瓜角斑病与霜霉病混合发生,或两种病害无法区分时,可采用50%甲霜灵喷雾,二者兼治。施药间隔期为5~7天,视病情决定施药次数,注意含铜制剂的杀菌剂,不能连续使用3次及以上,否则容易引起叶片老化。

另外,整枝、去叶、落蔓应禁止在阴雨天进行。

5 如何防治黄瓜靶斑病？

黄瓜靶斑病是由真菌和细菌混合侵染引起的病害，以为害叶片为主。发病时从下部叶开始，逐渐向上部蔓延，严重时蔓延至叶柄、茎蔓，叶正、背面均可受害。黄瓜叶片上有大小不一的枯斑，小的斑为多角形，受叶脉限制，大的斑直径为1.5～2厘米，近圆形且凹陷。

仔细观察，可发现这种斑有一个略白的靶心，湿度大时病斑靶心外围可形成一个黑色霉菌组成的菌圈，在叶片正反两面均可出现。病斑可以连成片，造成叶片干枯。重病株中下部叶片可相继枯死，造成提早拉秧。防治方法有以下几种。

黄瓜靶斑病

◆ 切断传染源

靶斑病病菌随病残体在土中或其他寄主植物上越冬，条件适宜时借气流或雨水飞溅传播，所以最根本的防治方法是切断第一侵染源，严格栽培管理，同时辅以化学防治措施。

◆ 轮作

发病田应与非寄主作物（如番茄、辣椒等）进行2年以上轮作，彻底清除前茬作物病残体，减少初侵染源。

◆ 温汤浸种

该病菌的致死温度为55℃持续10分钟，因此可将种子用温水浸种15分钟后，转入55℃～60℃热水中浸种10～15分钟，并不断搅拌，然后让水温降至30℃，继续浸种3～4小时，捞起沥干后置于25℃～28℃处催芽，可有效消除种皮病菌。用温汤浸种最好结合药液浸种，杀菌效果更好。

◆ **加强种植管理**

温暖、高湿的环境有利于该病发生。靶斑病的适宜发病温度为20℃~30℃，相对湿度为90%以上，因此生产中严格控制棚内温度和湿度可有效降低发病概率。可采取起垄定植、地膜覆盖栽培、膜下沟里浇暗水等方式降低棚内湿度，减少水分蒸发，同时要小水勤灌，避免大水漫灌，并注意通风排湿。

◆ **药剂防治**

由于病菌侵染率高，因此要做好早期预防，重点喷中、下部叶片。发病前可用氨基寡糖素、甲基硫菌灵喷施。发病后用咪鲜胺或戊唑醇等喷雾，每隔7~10天喷1次，连喷2~3次，轮换用药。在药液中加入适量的叶面肥效果更好。

6 如何防治黄瓜霜霉病？

霜霉病对黄瓜是一种毁灭性病害。发病初期，叶片背面上出现暗绿色水浸状的斑点，在适宜的环境条件下，斑点迅速扩大为受叶脉限制的多角形病斑。湿度较大时，病斑上会出现灰褐色的霉状物，叶片正面出现黄色的斑点，逐渐扩大为边缘不明显的黄褐色病斑。发病后期，多个病斑相连，叶片上出现干枯的病斑，严重时造成整个叶片完全干枯。主要防治措施有以下几项。

黄瓜霜霉病

◆ 选择抗病品种，加强种植管理

霜霉病在黄瓜的整个生育期均可发生，因此应选用抗病品种。同时要加强管理，定期摘除下部的老叶等降低田间湿度，创造不利于病害发生的环境。

◆ 升温降湿

提高大棚内地温和降低棚内湿度，以及提高夜间温度，缩小温差，都有利于抑制霜霉病的发生。上午应密封大棚，使棚内温度升至 30~32℃；午后放风，使温度降至 20~22℃，棚内湿度降到 60%~70%。另外，还可采用地膜、炉灰等全部或部分覆盖的方法，提高棚内地温和降低棚内湿度。

◆ 叶面喷肥

一般每隔 10 天左右喷施 1 次，每次每亩喷氮磷钾硼混合溶液 50 公斤。溶液的配制为每 50 公斤水中加尿素 50 克、磷酸二氢钾 100 克、硼砂 100 克。硼砂在配液前要先用少量的热水溶化。

◆ 喷施糖氮液

霜霉病发病的轻重与黄瓜体内的糖氮比值有很大关系。在黄瓜生长中后期，可使用尿素∶糖∶水为 1∶2∶2000 的溶液进行叶面喷施。此外，在生长期间可喷 0.3% 的尿素、0.3% 的白糖、0.2% 的食醋混合液，于晴天上午喷在叶背，每 5 天喷 1 次，连续喷 4~5 次，防止病害的发生。

◆ 药剂防治

药剂防治是快速控制霜霉病最有效的方法。在生长期间要定期预防，发病前可选用吡唑醚菌酯或噁唑菌酮进行防治。发病严重时，可选用氟菌霜霉威治疗，每 3 天喷 1 次，连喷 2~3 次，即可控制住霜霉病的为害和蔓延。

7 如何防治黄瓜蔓枯病？

蔓枯病是为害较为严重的病害之一，主要为害黄瓜茎蔓，也为害叶片和果实等部位。

茎蔓发病时，靠近节部呈现油渍状病斑，椭圆形或菱形，灰白色，稍凹陷，有时溢出琥珀色树脂样胶状物。干燥时病部干缩纵裂，表面散生大量小黑点。潮湿时病斑扩散较快，绕茎一圈便使上半部植株萎蔫枯死，病部腐烂。

叶片受害时可产生近圆形或不规则形的大病斑，有的病斑自叶缘向内发展呈"V"字形或半圆形，淡褐色，后期病斑易破碎，常龟裂，干枯后呈黄褐色至红褐色，病斑上密生黑色小点。

果实多在幼瓜期感染，果肉淡褐色软化，呈心腐症。蔓枯病多从茎蔓的表皮向内部扩展，但维管束不变色，这与枯萎病不同。

◆ **农业防治**

采用配方施肥技术，施足充分腐熟的有机肥。收获后及时彻底清除病残体，烧毁或深埋。大棚栽培要以降低湿度为中心，实行垄作，进行全膜覆盖，膜下暗灌，有条件的可以采用滴灌。同时应合理密植，加强通风透光，减少棚内湿度和滴水，及时摘除病叶。露地栽培避免大水漫灌，雨季加强防涝，降低土壤含水量，发病后适当控制浇水。

◆ **药剂防治**

发病前可用木霉菌进行预防，也可以选用百菌清或甲基硫菌灵等进行喷药预防，3～4天后再喷一次，发病后可用霜脲锰锌、苯醚甲环唑防治，以后根据病情进行科学用药。

8 如何防治黄瓜炭疽病？

黄瓜炭疽病是黄瓜种植过程中经常发生的一种病害，发病时期较长，无论是在苗期，还是在成株期都可发生。叶上的病斑呈近圆形或圆形，初为水渍状，后变为黄褐色，边缘有黄色晕圈，严重时病斑相互连接，呈不规则的大病斑，叶片干枯。瓜条在病变开始时产生水渍状浅绿色的病斑，后变为黑褐色稍凹陷的圆形或近圆形病斑，上有粉红色黏质物。防治方法有以下几种。

◆ 种子消毒

自留种子时应从无病瓜株上选留种子。播种前对种子要进行消毒处理，可用55℃温水浸种15分钟，也可用多菌灵药剂浸种，但要注意浸种后要洗净药剂后再播种。

◆ 轮作

在条件允许的情况下最好与非瓜类作物进行2～3年的轮作。对苗床应选用无病土或进行苗床土壤消毒，以减少侵染源。有条件的地方，夏季可使用石灰氮、威百亩等土壤消毒剂结合太阳能进行土壤消毒。

◆ 加强田间管理

在田间收获后应及时清除田间病残植株，施用的有机肥应充分腐熟。棚室栽培黄瓜时应注意适时通风排湿，避免在阴雨天气整枝打杈。同时要及时防治害虫，发现病叶及时摘除，带至田外集中销毁。

◆ 药剂防治

发病初期可用咪鲜胺、甲基硫菌灵或炭疽福美进行喷施防治。施药前一定要摘除病叶，拔除重病株于田外销毁。一般隔6～8天喷1次，连续用药2～3次。

9 黄瓜长了畸形瓜怎么办？

◆ **均衡供应肥水**

合理施肥。施足底肥，增施有机肥和磷钾肥。追肥采取少量多次的方法，严格控制氮肥施用量，防止植株徒长。在生育中后期可叶面喷施磷酸二氢钾3~4次，防止植株早衰，增强后劲。

为节省养分，在绑蔓的同时应随时摘掉下部的老叶、黄叶，掐去卷须，摘除雄花，带到田外处理。如有缺肥现象，可结合喷药根外追施磷酸二氢钾2~3次。结果盛期要增加追肥次数，在畦或两株中间每10~15天亩追15公斤复合肥，勿在株边施肥，以免产生肥害。如遇土壤干旱，可在傍晚开沟浇少量水或半沟灌跑水，忌大水漫灌，以保持土壤湿润为度。如夏季阵雨多，应及时开沟、清沟排水，防止积水。

黄瓜畸形瓜

◆ **及时整枝**

及时调整瓜条的生长方位，避免生长受阻，使黄瓜正常生长。在主蔓未封顶前摘除各侧枝，集中养分长好主蔓，促进结瓜。主蔓封顶后摘心，保留10节以上的侧枝，子蔓上见瓜后留1~2叶然后打顶，促进其他子蔓、孙蔓结瓜。

◆ 病虫害防治

对黄瓜霜霉病、疫病、灰霉病等病害,可采取施放烟雾剂的方法,不增加棚内湿度,防病较为彻底。每亩用百菌清250克,分点布施在棚内安全处,于傍晚从里往外逐一点燃,着烟后闭棚烟熏,一般7~10天烟熏1次,连用2~3次。对蚜虫、白粉虱可选用吡虫啉喷杀。

◆ 及时采摘,提高产量

发现畸形果应及时摘除,以免消耗养分影响蔓叶和后续瓜的生长。果实达到商品成熟度以后立即采摘,为后续瓜的生长提供空间和养分。

◆ 喷施生长调节剂

在黄瓜结瓜期喷施芸苔素或叶面肥,可以有效促进黄瓜生长,调节生长代谢水平,提高黄瓜的抗逆能力,改善瓜型和品质。

10 黄瓜早衰的原因有哪些?如何预防?

黄瓜生长中后期,植株常常出现早衰现象,主要表现为根系衰老、叶片黄化、植株萎缩、瓜条发育迟缓,严重的植株甚至枯死,导致黄瓜产量和品质大大降低,从而影响收益。

◆ 早衰的原因

根系老化 随着生长时间的增加,黄瓜根系随之老化,加上春季温度不断升高,浇水不当也会伤害根系。根系是黄瓜吸收水分和养分的唯一通道,根系好吸收的水分和养分就多,根系差吸收的水分和养分就少。黄瓜根系生长的最适宜温度为20~23℃,超过

25℃便易受伤。若在中午以后土壤温度较高时浇灌冷水，土壤温度与灌溉水温度相差较大，极易损伤根系，造成水分和养分供应受阻。根系老化或受伤，都会导致植株吸收能力下降，枯叶、老化叶增多，这是黄瓜早衰的主要原因。

肥水不当 大量施用化肥，使得土壤溶液浓度过高，造成根部受害，根尖变成铁锈色或局部坏死，根的吸收能力减弱，影响了植株正常生长，或者减少浇水施肥次数，导致肥水不足，这些都会引起黄瓜早衰。

棚温过高 黄瓜植株生长的最适宜温度为 25～30℃。随着春季气温的不断升高，棚内温度时常过高，当温度超过 35℃时就会发生热害，致使黄瓜茎叶灼伤，出现白斑。严重的叶片干枯，光合作用受到影响，有机营养物质制造减少，植株生长不良。

药剂施用不当 随着黄瓜生长时间的增加，棚内病菌和虫卵不断增加。如果只注重化学防治，而忽视农业措施，施药间隔时间短、浓度严重超标，造成农药施用过量，形成药害，植株叶片变得皱缩不平，光合作用下降。

管理放松 黄瓜生长后期，产量降低、价格下降，效益有所降低，若此时管理放松，秧蔓已到顶还不落，或者落蔓幅度过大，营养物质无法满足黄瓜正常生长发育的需求，便常常引起瓜秧长势衰弱，瓜条畸形。

◆ 预防措施

养根护根 棚内地温不宜超过 25℃，以养护好根系，促进根系生长；在浇水时间上，应掌握在上午 10 时前进行，注意不要在午后浇水，以防地温过高、水温过低对根系造成伤害；对于土壤板结的大棚，可揭掉地膜，进行中耕浅划锄增强土壤透气性，促进根系深扎和正常生长。

加强肥水管理 在黄瓜生长后期，根据长势，结合浇水每亩每次随水冲施高氮高钾三元复合肥7.5~10公斤，一次性用量不宜过多，以防烧根，一般15~20天施用1次，促进植株和果实生长。对于后期根系已出现衰老的黄瓜大棚，可增施叶面肥，如磷酸二氢钾+腐殖酸叶面肥，每隔7~10天喷1次，以弥补根系吸收的不足，延缓植株衰老进程。

预防高温热害 一是防风降温，当棚内温度超过30℃时就应放风降温，在午后气温较高时段还要加大通风口。二是灌水降温，可结合天气情况和土壤墒情进行灌水降温，灌水降温应提前进行，采取小水勤灌的方法，以防发生热害。三是覆盖遮阳网，覆盖遮阳网后能降低棚温5℃左右。但要注意，此法只能在高温强光下使用，下午光照减弱或阴天弱光时要及时将遮阳网拉起。

防治病虫害 对于病害防治，要坚持"以防为主、综合防治"的宗旨。在植株发生病虫害时，应在发生初期就防治，要严格控制农药的使用浓度，不得随意加大用药量，更不要将三五种农药混配使用，避免发生药害发生伤害茎叶，减缓黄瓜早衰的进程。

加强植株调整 及时调整植株高度，茎蔓高度接近棚顶或超过操作高度时就要落蔓。黄瓜落蔓时不能一次落得太低，太低不利于黄瓜的正常生长，落蔓后黄瓜植株高度应维持在1.5米左右，保证植株上有20片以上的功能叶，同时要掌握叶片均匀分布，保持合理采光位置，维持最佳叶面积系数，提高光合效率。落蔓前7天最好不要浇水，以降低茎蔓组织的含水量，增强柔韧性，减少病原菌从伤口侵入的机会。

摘除病虫叶瓜 对于植株出现的枯叶、老化叶、病虫叶和病虫瓜、畸形瓜要及时摘除，以减少营养消耗，促使养分集中向正常果实供应，控制病虫害的传播和蔓延，促进通风透光和植株生长。

第四节 其他蔬菜及大棚管理

1 高温干旱天气甜椒的管理技术有哪些？

连续高温干旱少雨对正处于坐果期的露地甜椒会造成不小的危害，比如会出现大量的灰白色、褐色斑块，出现斑块的甜椒应直接摘除，这便会导致前期产量受损严重。所以，高温干旱天气应预防以下病虫害。

◆ 日灼病和脐腐病

出现斑块的甜椒有两种情况，即日灼病和脐腐病，这两种都属于生理性病害。日灼病是由于强烈的日光照射，果面局部温度过高从而被灼伤，多发生在向阳面；脐腐病是高温干旱的情况下，果实突然缺水引起的生理性缺钙，多发生在果实脐部。

辣椒日灼病

虽然日灼病和脐腐病发病机理不同,但采取的预防措施基本相同。可采用双株密植栽培或种植玉米等高秆作物遮阴,避免果实暴露在强日光下,有条件的可以用遮阳网覆盖栽培。加强肥水管理,尤其在开花坐果期应及时均匀浇水,保持地面湿润,改善田间小气候,避免高温伤害。同时,叶面喷施钙肥、硼肥,既能预防脐腐病的发生,又能提高细胞壁的韧性及厚度,增强植株抵抗日灼的能力。

◆ **蓟马**

蓟马具有趋嫩性,主要为害甜椒的嫩茎、嫩芽、花和幼果等幼嫩组织,可每桶水(15公斤)加5%的甲维盐20~30毫升及适量菊酯类农药进行防治。喷雾时注意要喷匀喷透,地面也要一并喷施。

◆ **病毒病**

高温干旱天气,很容易引起病毒病的发生。高温季节应适当多浇水,以降低地温,增加空气湿度,减轻病毒病的发生。蓟马是传播病毒的主要媒介,及时防治蓟马也是防治病毒病的重要方法。药剂可选用氨基寡糖素、香菇多糖、宁南霉素等,搭配尿素进行喷施,可提高防治效果,促进植株尽快恢复生长。

2 辣椒进入结椒期如何科学管理,提高产量?

辣椒进入结椒期以后,为了提高商品性和提高产量,要注意以下几点。

◆ **水肥管理**

辣椒喜钾肥,这个时期追肥可以每亩追10~12.5公斤高钾的复合肥。如果雨水比较多,要及时排出田间积水,防涝防浸泡。及时浇井水。浇水时不要浇大水,保证田间不要有存水。因为结椒期处在高温季节，高温高湿容易诱发辣椒发生疫病。

◆ 虫害的防治

夜蛾科的幼虫，比如棉铃虫、甜菜夜蛾和银纹夜蛾等可为害辣椒，这类害虫啃食花蕾和叶片比较严重。另外，还有3种小型的虫子，即烟粉虱、蓟马和茶黄螨，可引起辣椒落花、落椒，影响辣椒的生长及品质。

首先防治咀嚼式口器害虫，也就是夜蛾科害虫，建议用甲维盐和烯啶虫胺混合喷施，喷施2遍。针对茶黄螨可用螺螨酯和阿维菌素混合喷雾。粉虱、蚜虫等害虫对黄色具有较强的趋性，而蓟马则具有趋蓝色的习性，因此可以放置黄板粘杀粉虱和蚜虫，放置蓝板诱杀蓟马。

粘虫板使用方法简单，成本低廉，对环境污染小，效果也不错，但不管黄板还是蓝板，诱捕时悬挂的高度很重要。蔬菜在幼苗时，黄板悬挂的高度应高于幼苗10～15厘米，当植株高度接近粘虫板时，粘虫板要随着植株的增高而提高；设置蓝板时，悬挂高度应与作物持平。另外，粘虫板悬挂时间较长及粘满害虫后，其粘虫能力大大降低，此时应及时更换粘虫板。

◆ 病害的防治

辣椒生长前期的病害主要是病毒病，要及时防治传毒昆虫，同时用宁南霉素喷雾进行预防。辣椒生长后期的病害主要有疫病和炭疽病，这两种病可以造成辣椒烂果，因此要及时防治。每次下雨后都要及时喷一遍杀菌药预防疫病，比如烯酰吗啉、霜脲锰锌，可以加上咪鲜胺。咪鲜胺对炭疽病效果比较好。另外，细菌性的疫病可以用链霉素或者喹啉酮预防。

杀虫药、杀菌药要间隔7～10天喷1次，一直喷施到收获期，以保证辣椒的产量。

3 辣椒叶黄化是什么原因？该如何防治？

辣椒在种植过程中，很容易出现辣椒叶黄化的现象，大多是生理性病害，尤其是早春茬辣椒，如果管理不当，就很容易引起辣椒叶片发黄。

◆ 浇水过多

天气好转，辣椒进入正常生长阶段。有的菜农为了促棵，一次性浇水过大，导致土壤中缺氧，毛细根死亡或受伤，使得水分和养分供应不足，造成辣椒顶部嫩叶呈浅黄萎蔫，老叶暗黄。另外，浇水量过大导致铁、锌元素供应不足，或土壤中缺乏铁、锌，也会导致顶叶发黄。

防治方法 浇水应根据辣椒不同生育期的需求和土壤墒情进行，应该浇小水，不能大水漫灌。因浇水过大出现黄叶时，及时中耕划锄，以降低土壤湿度，并及时喷施含铁、含锌的叶肥。

◆ 土壤过干

受连续阴雨雪天气的影响，栽植时间偏早的辣椒由于前期温度低而不能及时浇水，新根生长慢，导致下部老叶片逐渐向上发黄卷曲枯萎。

防治方法 天气好转后，及时浇水保证辣椒生长所需的水分，但浇水不宜过大，否则毛细根受伤会引起新叶发黄。

◆ 施肥不当

正常老叶肥厚、富有光泽，叶色墨绿，大量施肥后叶背面皱缩凸起，叶片不舒展，老叶逐渐脱落，严重时新叶卷曲闭合，全株叶变黄脱落。

防治方法 及时浇水稀释肥料浓度，结合灌施生根剂，同时喷施芸苔素内酯和糖氮液缓解肥害。

◆ 病虫害

辣椒黄叶有可能是由药害或虫害等原因引起的，比如蓟马和烟粉虱。

防治方法 防治蓟马和烟粉虱可以使用黄蓝板，黄板粘烟粉虱，蓝板粘蓟马，能够减轻棚里虫害的发生。同时，叶面可以喷施芸苔素，配合杀菌药和杀虫药，有促进叶片由黄转绿的作用。注意，杀菌药和杀虫药最好不要混合在一起喷，并且要避开高温时段。

◆ 缺乏微量元素

辣椒缺乏微量元素主要是指缺铁。缺铁会引起叶片发黄，主要是上部新叶发黄，下部叶片较少发黄。

防治方法 辣椒出现缺铁症状时，要及时补充铁元素，可以喷施螯合铁，或者0.05%~0.1%的硫酸亚铁溶液，建议5~7天喷1次，连续喷施2~3次。

4 如何防治辣椒茎基腐病？

茎基腐病是辣椒生长期间出现的一种病害，表现为茎基部近地面处出现暗褐色不规则病斑，向上下左右扩展，使茎基部皮层坏死，缢缩变细，地上部叶片萎蔫变黄，直至整株枯死。

辣椒茎基腐病病菌以菌丝或菌核在土中越冬，腐生性强，能在土中存活2~3年，发育适温20~40℃，最高42℃，最低14~15℃。在高温高湿、通风不畅、幼苗生长衰弱情况下，均易引起病害发生。此外，同一地块长期种植辣椒，可导致病原菌不断积累繁殖，也容易引发该病。防治辣椒茎基腐病应注意以下几点。

◆ **合理施肥**

整地时增加菌肥使用量,抑制土壤病原菌的进一步积累和繁殖,并起到改良土壤的作用。同时合理使用复合肥,切忌偏施氮肥,增施磷钾肥。移栽后定根水加入生物菌剂,促进辣椒快速缓苗,增强生根能力和抗病虫害能力。

◆ **合理轮作**

根据辣椒种植过程中病害的情况,合理安排轮作,尽量不与茄子、西红柿等茄果类轮作,可与玉米等进行轮作。

◆ **加强管理**

选择抗病品种,移栽时选择健壮植株,在移栽前对地块进行深翻消毒,移栽时用多菌灵对辣椒根部进行浸泡消毒,均可增强辣椒抵抗能力。平时要做好田间排水工作,雨季及时排水,旱季及时浇水,切忌大水漫灌,长时间浸泡根系。注意浇水时要浇井水,不要浇河水。

◆ **合理用药**

发病初期可以交替使用大蒜油、福美双、多菌灵等,5~7天喷雾1次,连续喷施2~3次,注意喷根茎部,或者使用甲霜灵或恶霉灵+有机铜+生根剂进行灌根处理,2~3次。

辣椒茎基腐病

5 辣椒缺硼有哪些表现？如何补救？

辣椒缺硼主要表现为植株的上部、顶芽停止生长，植株发育受阻，根系不发达，最后逐渐枯萎死亡。顶部叶片黄绿、扭曲、肥厚、皱缩，植株矮化，花蕾脱落。

缺硼常发生在大棚重茬种植及土壤中硼素的有效含量低时。此外，土壤酸化，硼素流失，或有机肥施用少、钾肥使用过量，也会造成缺硼。

◆ **预防措施**

合理轮作 大棚种植可选择葱蒜类、豆类、叶菜类、根菜类等轮作。

注重平衡施肥 定植前基施有机肥，并合理施用氮磷钾肥，施硼砂0.5公斤或持力硼200克。

防止土壤过干或过湿 注意科学肥水管理，灌水过多易导致水溶性硼流失。

辣椒缺硼

◆ **补救措施**

及时叶面喷施0.1%～0.2%的硼砂或持力硼、速乐硼等硼肥，每隔5～7天1次，连续用药2～3次。

喷施硼砂时，可先用温水将其化开。喷施的重点部位是辣椒植株上部的幼嫩茎叶，并且叶片的正、反两面都要喷到，不要漏喷或重喷。

缺硼时还应注意补钙。缺硼时辣椒根系不发达，生长点萎缩死亡，会影响钙的吸收，结果表现出缺硼缺钙的症状。

6 辣椒缺钙的表现有哪些？如何解决？

辣椒开花期缺钙的表现为植株矮小，下部叶片保持绿色，顶叶黄化，生长点枯死或停止生长，叶片卷曲呈畸形；结椒期缺钙，表现为叶片出现黄白色圆形小斑，边缘褐色，叶片从上向下脱落，后全株光杆，果实表面出现坏死斑点或腐烂病斑。

◆ 缺钙原因

土壤缺钙 钙元素在北方碱性土壤中易形成沉淀而降低有效钙含量，而在南方酸性土壤中溶解性高，在降雨量大的情况下也极易随雨水流失。

施肥结构不合理 辣椒生长过程中氮、磷、钾投入量过高，而植物对氮、钾的吸收会与钙形成竞争性拮抗，抑制辣椒对钙元素的吸收。磷投入过高也会降低土壤的有效钙含量。

水肥不协调 钙元素的吸收主要依靠叶片蒸腾作用，土壤干燥会影响钙的吸收，或环境温度高、叶片蒸腾作用强、水分补充不及时也会造成缺钙。土壤水分过大时也会造成辣椒缺钙。

◆ 解决方法

基施钙肥 辣椒对钙元素需要量较大，在缺钙的土壤上应以基施钙肥为主，追施为辅。同时，钙元素在土壤中容易被固定，可配合海藻微生物菌剂以提高钙的有效性。

叶面追施钙肥 辣椒在花期至果实成熟期对钙元素的需求量较大，可叶面喷施螯合态钙肥，提高叶片吸收利用效率，推荐使用聚谷氨酸钙或复合糖醇钙。

水肥协调 辣椒生长要求湿润的土壤环境，土壤干旱时应及时补充水，降雨量大时应注意防涝，以免根系受损阻碍钙元素的吸收。

7 晚播白菜的中后期管理注意事项有哪些？

晚播白菜中后期一定要以促为主，有以下几个关键性问题。

◆ 水肥管理

白菜生长的中后期一定要注意水肥管理。第一次追肥要在莲座期的后期结合灌水进行，以速效性氮肥为主，配施钾肥。水肥之后即进入包心期，第2~3次追肥在包心初期和中期进行，主要追施氮肥，最多追施2次，控制用量。包心后期停止追氮肥。每次追肥的氮肥量应视白菜生长情况而定。

除了追施氮肥，一些中、微量元素肥也应该考虑施用。中、微量元素肥料可以采用叶面喷施的方式，比如磷酸二氢钾、钙肥、硼肥等，有利于促进白菜包心。

◆ 防治病害

前期白菜容易得病毒病，所以前期药剂应以防病毒、虫害为主。后期气候温差大，白菜容易得霜霉病和黑斑病，要提前预防。预防性药剂可以选择霜脲锰锌和烯酰吗啉，加上春雷霉素或者中生菌素，每7~10天喷1次，可以防治病害侵染白菜的功能叶。

◆ 小棵偏管

有的白菜地因为前茬作物的影响，会出现大小棵、生长不均匀的现象，可以采取"小棵偏管"的方式，即针对白菜棵长得比较慢的，可以偏施肥或者喷施叶面肥，最好施氮肥，以促进小棵的追赶性生长，增加产量。

晚播白菜

8 如何防治大白菜干烧心？

大白菜干烧心一般始发于莲座期，发病初期大白菜叶球顶部向外翻卷，外部叶片表现正常，不易发现，但食用时可发现内部叶片顶部叶缘干枯黄化，叶肉呈干纸状。重病株叶片大部干枯黄化，根本无法食用。贮藏期该病会继续发展。

这种病害主要是由于缺钙引起的。天气干旱时水分蒸发量加大，造成地下盐分上升，便大大阻碍了植株对钙的吸收。此外，农田长期使用大量氮肥如尿素，使土壤酸化，也会影响植株对钙的吸收。

防治大白菜干烧心的措施有以下几种。

注重茬口选择 种植大白菜时尽量避免与甘蓝、番茄等需钙量大的作物连茬。有轻度盐碱地的地块不宜种白菜。

选用抗（耐）病品种 如津绿4号等直筒型青帮白菜品种。

合理施肥 增施草木灰、腐熟的有机肥等。切忌过量施用氮肥。同时叶面喷施磷酸二氢钾，可使植株叶片肥厚，叶色鲜嫩。

适期晚播 可在8月上中旬进行播种。

科学管理 播种前浇透水，整个生育期本着小水勤浇、及时中耕的原则。莲座期依天气、墒情和植株长势适度蹲苗，蹲苗后应浇1次透水。包心期应保持土面湿润，注意及时中耕，防止土壤板结，盐碱含量上升，造成植株缺钙。

大白菜干烧心

9 大棚芸豆烂根是怎么回事？如何防治？

芸豆根腐病早期症状不明显，一般从复叶出现后开始发病，植株明显矮小，开花结荚后症状逐渐加重，表现为植株下部叶片枯黄，叶片边缘枯萎但不脱落，植株易拔出，主根上部、茎下部变褐色或黑色，主根全部染病后，地上的茎叶萎蔫枯死。棚内湿度大时，病部会产生粉红色霉状物。

芸豆出现根腐病的原因有3个，一是连作，重茬栽培造成土壤内病菌不断积累，增加了病菌侵染的概率；二是机械损伤，尤其是移苗定植过程容易损伤根系，如果根系断裂，伤口较大，便难以愈合；三是苗期低温冻害，芸豆苗出土不久后如果温度管理不好，出现气温突然降低的情况，便可能造成根腐病菌侵染；四是施肥过多，造成烧根现象；五是播种过早，地温低造成烂根。

针对芸豆根腐病发生的原因，要做好以下预防措施。

首先，应合理轮作，芸豆可以与十字花科、百合科蔬菜轮作3～5年，减少病菌积累，提高土壤质量。其次，挖沟整地，增加土壤通透性，沟的深度为80厘米，宽度为1米，将土壤和有机肥混合填入沟内，有机肥可以用秸秆肥。第三，地温稳定在12℃以上时再播种育苗。第四，及时拔除病株并带至田外深埋或烧毁，病穴及四周撒生石灰消毒。第五，使用药剂及时进行田间冲施或灌根，在三叶前和初花期各进行一次，可使用金雷加咪鲜胺进行灌根，防治根部病害。

已经发生根腐病的芸豆，可以多喷叶面肥，7～10天喷1次，弥补根部吸收不了的肥效，尽量保护产量。此外，棚内应避免大温差，大温差对已经有损伤的根系伤害很大，应尽量使白天温度降得低一点，晚上温度高一些，减小温差，保护根系。

10 如何防治西葫芦病毒病？

病毒病在西葫芦的幼苗期至成株期均可发病，主要表现在叶片和果实上。病株上部叶片出现黄绿斑点，或有高低不平的斑驳，有的叶片有深绿色疱斑。随之整个叶片成花叶，有的新叶先呈明脉，继而出现褪绿斑，后期叶片变小变灰，呈鸡爪状。病株矮化，不能结瓜或结瓜小，且表面布满大小不等的瘤状突起。

西葫芦病毒病

◆ 避免重茬种植

重茬严重的田块不仅病菌多，还易发生线虫病害。线虫是传播病毒病的"使者"之一，所以一定要避免重茬种植。

◆ 培育壮苗

一定要选择抗病的西葫芦品种，适时早定植，施足底肥，增施钾肥，适时追肥，做到配方施肥，提高植株抗逆性。

◆ 调酸补钙

大棚内复种指数高，产量高，连年的化肥超量使用，多数土壤的pH值偏低，土壤酸化和盐化较普遍。建议在整地时使用土壤调理剂进行调酸补钙，从而提高作物免疫力，增加植物抗性，抑制土传病害。

◆ 及时防治传毒昆虫

主要是防治蚜虫和飞虱。缓苗后，由于棚室温度上升，蚜虫和飞虱开始发生，及时防治迁飞害虫是切断病毒病传播和发生的一项重要措施。

◆ 药剂防治

发病初期选用菇类蛋白多糖或植病灵喷施防治，加50克尿素，隔7～10天喷1次，连喷3～4次。

◆ 春提早或秋延迟

尽量避开高温季节种植，大棚栽培时要降低棚内温度。

11 如何防治甜瓜白粉病？

白粉病是甜瓜生长期间经常出现的病害之一，主要为害叶片，也为害叶柄、茎蔓。

发病初期，叶片正面出现白粉状小霉斑，然后蔓延到叶背面，很快扩大形成白粉层，严重时会扩展至叶片背面、茎和叶柄等处。茎蔓染病和叶片一样，开始时茎蔓上出现白色粉状小点，最后整个茎蔓布满白粉。

甜瓜白粉病

发病后期整个植株被白粉层覆盖，后白粉层变为灰白色，出现散生或堆生的黄褐色、小粒点，以后变成黑色，即病菌有性世代的闭囊壳，病叶枯焦发脆，致使果实早期生长缓慢。该病治愈后也会在病斑处留下痕迹。

该病害能够影响甜瓜的品质和产量，严重时可减产40%以上，因此应该做好防治工作。

◆ 选用抗病品种

甜瓜不同品种间的抗病性有明显差异，因此选用抗病品种是控制病害发生的关键。

◆ 清洁田园

作物收获后应及时清除杂草及残留物，在甜瓜生长期及时除草，摘除病叶，并将杂草、残留物、病叶带到田外集中烧毁。

◆ 科学管理，增强植株抗病性

施足底肥，特别要重施腐熟有机肥，深翻细耙；防止植株徒长和早衰，及时整理枝蔓，加强通风透光；生长中期注意追施磷、钾肥，并用好叶面肥，培育健壮枝蔓，增强群体抗病性。

◆ 科学灌水

创造适宜甜瓜生长而不利于白粉病发生的环境条件。灌水要掌握4个原则：阴天不浇晴天浇，下午不浇上午浇，不浇大水浇小水，不浇明水浇暗水（即膜下暗灌）。

◆ 药物防治

选用三唑酮、苯醚甲环唑、己唑醇、甲基硫菌灵等轮流交替进行喷施防治，7~10天喷1次，连喷2~3次。甜瓜收获前7天禁止用药，以便安全采收。在瓜苗定植前，最好全田喷一遍苯醚甲环唑和阿维菌素。

12 豆角旺长不结荚怎么办？

◆ 温度过高

豆角适宜生长温度为 25 ~ 35℃，超过 30℃时生长速度明显提高，4 月底气候转暖，如果夜间温度也高的话豆角很容易导致秧苗徒长。

防治措施 控制豆角生长环境温度，特别是夜间温度控制在 25℃以下，保持早晚有适当温差，但温差不要超过 15℃。

◆ 水肥管理不当

有的农户为了提高产量、追求长势，氮肥施用量过多，会导致植株旺长而不开花。此外，使用了含激素的叶面肥，如芸苔素等也会造成植株旺长；若开花前后浇水过多也会造成落花、枝蔓徒长，注意应浇荚不浇花。

防治措施 减少氮肥施用量，豆科植物本身就有固氮作用，管理过程中应减少氮肥的施用量，基肥以腐熟农家肥或有机肥为主。

合理使用含有植物激素的功能性肥料，使用前要弄清楚肥料的成分和功能，注意使用时间和剂量。腐殖酸和氨基酸类叶面肥在一定浓度下能控制生长势的特性，可适当施用，控制植株旺长。

在水肥供应充足的情况下豆角生长速度很快，要根据植株的长势适当控制浇水量，尽量不要大水漫灌，应采用小水淋浇的方式。在结荚前，配合间苗浇一次透水后就不再浇水，等大部分嫩荚长出后再浇水，如果期间土壤较干燥可适当淋浇，保持土壤湿润即可。

◆ 栽植密度过大

豆角可直接播种也可移栽，播种或移栽时密度过大，幼苗生长后植株间空隙太小，就会相互遮阴、不透气，造成二氧化碳含量和光照不足，在花期容易导致落花落果、枝蔓徒长。

防治措施 播种或移栽时一般每穴两株，株距40～45厘米。在幼苗期应根据苗株的密度适当间苗，拔除病残株和弱小株。可根据实际情况适当提高豆架高度，充分利用立体空间，增加通风透光性，增强光合作用。

13 如何防治茄子绵疫病？

茄子绵疫病主要为害果实，在果面上初生水浸状圆形病斑，并逐步扩展蔓延至整个果面，病部稍凹陷，黄褐色或暗褐色。高湿条件下密生白色绵状菌丝体，内部果实变黑腐烂，病果易与花萼脱落产生落果。落在地面上的病果表面遍生白色绵状菌丝，枝上的病果水分逐渐消失形成黑褐色僵果。该病发生快、损失大，因此必须做好防治工作。

茄子绵疫病

◆ **选用抗病品种**

不同品种对绵疫病的抗病性有很大差异，种植抗病品种可大大减轻发病。一般圆茄类型的品种比长茄类型较抗病，因为水珠、水雾不易留存于圆滑的果面，在无水滴、水雾的情况下，即便有孢子囊存在，也不具备萌芽的条件。另外，厚皮品种比薄皮品种较抗病，早熟品种比晚熟品种较抗病。

◆ 实行轮作

避免茄子、西红柿、辣椒等茄科、葫芦科作物在大棚内连作。因为绵疫病菌除为害茄子外,还可为害番茄、辣椒、马铃薯、黄瓜、南瓜等作物,故一般实行3年以上的轮作倒茬,水旱轮作效果更为理想。

◆ 加强栽培管理

要注意选择地势高、干燥、排水良好的地块,并且采用深沟高畦栽培方式,有利于雨后排水。防止在洼地栽培,尽量避开土壤黏重、雨后易积水的地块,大棚四周要开挖深沟排水。移栽时采用黑色地膜覆盖地面或铺于行间,能够阻断土壤中病菌孢子在茄果之间传播,起到较好的防病效果,还可以借日光进行高温灭菌及阻止杂草生长。施足腐熟农家肥,增施磷、钾肥,适时追肥。适时整枝,打去下部老叶,改善田间通风透光条件,及时摘除病叶、病果,并将病残体带至田外,防止再侵染。

深沟高畦栽培

◆ 药剂防治

一是土壤消毒灭菌,栽培定植前用甲霜灵、百菌清等喷地面。二是种子药剂浸种消毒,可用福尔马林药液浸种15分钟,清水洗净后播种。三是幼苗期选用百菌清、乙磷铝等喷施防治,7天左右喷1次,连续2~3次。四是发病前用甲霜灵灌根,每隔10天左右灌1次。五是发现病株后,立即采用百菌清烟熏剂进行大棚熏蒸防治。每次每个标准大棚用百菌清烟熏剂100克,傍晚点燃,闷棚防治,翌日早晨通风,隔5~7天熏1次,连续熏3~5次。

14 如何防治大葱紫斑病？

大葱紫斑病又称黑斑病，主要为害大葱的叶片和花梗，多从叶尖和花梗中部发病，后向上蔓延，出现紫褐色小斑点或纺锤形稍凹陷斑。病斑初期呈水渍状白色小点，后变为淡褐色圆形或纺锤形，继续扩大呈褐色或暗紫色。叶片和花梗受病部位软化易折断，严重时葱叶大量枯死。防治方法有以下几种。

◆ **实行轮作**

实行 2 年以上轮作。

◆ **选用无病种子**

从无病或发病较轻的地里选留种。

◆ **种子消毒**

种子可用 40% 甲醛 300 倍液浸种 3 小时进行消毒，浸后及时洗净。鳞茎可用 40～45℃温水浸 90 分钟进行消毒。

大葱紫斑病

◆ **田间管理**

选择地势平坦、排水方便的土壤种植，在施足腐熟优质有机肥作底肥的基础上，适当增施磷钾肥和控制灌水，以增强作物的抵抗力。经常检查病害发展情况，及时拔除病株或摘除老叶、病叶、病花梗，并将其深埋或烧毁，收获后及时清除病残体并深耕。

◆ **药剂防治**

重茬地移栽前使用百菌清、多菌灵喷雾后带药移栽。田间发病初期可用百菌清或 64% 杀毒矾、代森锰锌、多抗霉素等进行防治，每 7～10 天喷 1 次，连续喷 2～4 次。喷药时注意喷匀，最好喷一遍地面。大葱喷药时最好加有机硅，以增加黏着性。

15 如何防治大蒜根腐病？

大蒜根腐病主要为害地下部分，地上部分初期不明显，发病严重时可影响大蒜植株的正常生长，表现为植株矮化，下部分叶片干尖黄叶等，甚至整株枯死。在日常管理过程中，要时常将大蒜拔出来看一下，发病初期的大蒜根系上会出现水浸状淡褐色的腐烂，随着病情的加重，病斑逐渐向上发展，造成根系腐烂。

防治措施有以下几点。

◆ **轮作**

2~3年大蒜轮作1年小麦可大大降低根腐病的发生率。同时要整地作畦，合理密植，在定植管理中尽量减少对根系的影响。

◆ **土壤翻耕**

对土地进行翻耕＋施肥，配合撒施复合微生物菌肥，对根腐病、叶枯病、青枯病及根结线虫病等土传病害有较好的防控效果。连续种植蔬菜的大棚，可借助夏季高温天气配合闷棚药进行杀菌，这是常见的大棚蔬菜防病方式。

◆ **选择抗病品种**

种蒜带菌是导致大蒜沤根、根腐死棵的原因之一，如果自留种不是特别好，建议购买优质大蒜品种，并于种植前用多菌灵（或木霉菌）拌种。

◆ **喷施药剂**

发病初期可用噻菌铜、氯溴异尿酸盐防治，5~7天防治1次，连续防治2~3次，用药同时可加用增效剂或生长调节剂。对于病重及死亡植株要及时拔除带至田外，防止病害传染蔓延。玉米苗后除草剂用量多或喷施晚的最好不要种大蒜，会导致大蒜根腐病加重。

16 如何防治冬瓜叶枯病？

冬瓜叶枯病先从基部叶片发病，叶面先呈黄色小点，继而凸起呈水渍状。随着病菌的蔓延，病斑轮纹逐渐清晰，继而合成大的斑块，致使叶片枯焦。瓜蔓受害时病斑部凹陷呈灰褐色，果实受害时病斑变褐略凹陷，严重病变时易发裂腐烂。

叶枯病在病叶上越冬，翌年在温度适宜时，病菌的孢子可借风、雨传播到寄主植物上发生侵染。该病在7～10月均可发生，植株下部叶片发病重，生长势弱的发病重。高温多湿、通风不良均有利于病害的发生。

冬瓜叶枯病的防治方法有以下几种。

第一，秋季病落叶应集中烧毁，减少翌年的侵染来源。

第二，加强栽培管理，控制病害的发生。栽植地要排水良好，土壤肥沃，增施有机肥料及磷、钾肥。控制栽植密度，使其通风透光，降低叶面湿度，减少侵染机会。改喷浇为滴灌或流水浇灌，减少病菌的传播。定植后用苯醚甲环唑喷地面，提前预防发病。

第三，生长季节在发病严重的区域，从6月下旬发病初期到10月间，每隔10天左右喷1次药，连喷几次可有效防治。常用药剂有波尔多液、甲基硫菌灵、多菌灵等。

冬瓜叶枯病

17 如何防治丝瓜斑潜蝇？

斑潜蝇又叫蔬菜斑潜蝇，是一种严重为害蔬菜生产的害虫，以幼虫为害为主。雌成虫刺伤叶片取食和产卵，幼虫在蔬菜叶片内取食叶肉，使叶片布满不规则蛇形白色虫道。受害后叶片逐渐萎蔫，上下表皮分离、枯落，最后全株死亡。因此，应重视斑潜蝇的防治工作。

◆ **农业防治**

及时清除菜园残株、残叶及杂草，处理虫害残体。合理布局瓜菜品种，间作套种美洲斑潜蝇非寄主植物或不易感虫的苦瓜、葱、蒜等。

丝瓜斑潜蝇

◆ **药物防治**

可选用阿维菌素类、沙蚕毒素类、甲维盐、茚虫威以及拟除虫菊酯类的高效氯氰菊酯、甲氰菊酯等，有较好的防治效果。

◆ **生物防治**

往棚内释放姬小蜂、潜蝇茧蜂等寄生蜂。生物防治目前主要致力于保护和助长寄生蜂等天敌，以充分发挥其对美洲斑潜蝇的自然控制作用，主要防治措施还是使用农药。

◆ **物理防治**

利用斑潜蝇对黄色的强烈趋性，在田间设置黄板可诱杀大量成虫。每隔2米吊1片黄板（规格20厘米×2厘米）于作物叶片顶端略高10厘米处，黄板上涂凡士林和林丹粉的混合物以诱杀成虫。

第三章

林果种植

1 果树花期的管理要点有哪些？

果树花前期的管理要点主要有防止冻害、提高坐果率和肥水管理。

◆ **防止冻害**

果树受冻后会产生病斑，所以要进行冬天的涂白，一方面保护树干不受冻害，另一方面可以减少低温的辐射，保护上面的花芽。涂白是指将石灰水加上石硫合剂、食盐、水和淀粉，和成糊状，涂于果树主干以及主枝。

低于-4℃铃铛花就可能就受到冻害，因此可以进行喷水，延迟果树开花的速度，以延缓花期。另外，地面灌水可以防止地温提升过快，也可以延迟花期，避开冻害高发时期。如果冻害已经发生，可以喷芸苔素内酯或者硼砂，提高果树的坐果率。

◆ **提高坐果率**

硼砂加上白糖、赤霉素，在花期喷1~2遍。硼砂选择0.3%浓度，也可以用硼酸。放风或人工授粉也可以提高坐果率。此外，花期尽量不要喷杀菌药或者杀虫药，否则会影响蜜蜂或有益昆虫授粉。如果花量较大，需要疏花和保花，疏去多余的花，包括花芽、花蕾，可以节省大量有机养分，供留下的花果生长，这是保持健壮树势、增大果个和克服大小年结果现象的重要措施。

苹果疏花 宜在花序伸出期至花蕾分离期进行，此期至少有7天时间便于识别优劣和进行疏花操作。按间距删除过多、过密的瘦弱花序，保留间距20~25厘米的健壮花序。可以进一步对剩余的健壮花序只保留完好的1个中心花蕾和1个侧花蕾，或2个完好的边花蕾，疏除其他花蕾。

梨树疏花 梨树1个花序中边花先开，因此应保留边花。一般来说，疏蕾比疏花好，疏花比疏果好，但实际操作中要注意，在花量大、树势强、天气好的情况下，可早疏蕾、疏花。

落花以后可以使用杀菌药以及硼肥和钙肥。杀菌药主要预防霉心病，落花后7～10天就喷施第一遍药。如果有虫害，可以加上杀虫药。果实幼果期一定要补钙，可以在叶面喷施的时候一并补钙，以氨基酸钙为主，至少使用2～3遍。

◆ 肥水管理

盛花期尽量不要浇大水，花落以后再适当增加水分。浇水前先施一遍肥，等小果膨大的时候再追第二遍肥。前期以氮肥和磷肥为主，后期以磷肥、钾肥为主，可以多喷几遍叶面肥作为追肥的补充。

2 盐碱地苹果树套种棉花的注意事项有哪些？

◆ 行距和株距

盐碱地果树套种棉花，棉花行距别超过50厘米，保持在40～50厘米即可。株距可以缩小，尤其是果树行距比较大、通风透光条件比较好的情况下，棉花株距可以缩小到15厘米。

对于大行距套种棉花，建议保留果树下部第一个果枝的果实。这一枝果实可以压一压棉花植株，阻止其生长过旺、长得太高而影响果树生长。

◆ 不能施除草剂

苹果地套种棉花不建议施除草剂，因为除草剂会影响苹果树的根系发育。此外，盐碱地土质种苹果树，本身果树的根系发育就不好，再用除草剂的话，势必会造成苹果减产。

果树套种棉花需要人工拔草，前期可先盖地膜，等杂草钻透地膜，可人工拔除，不建议施用除草剂。

◆ 及早化控

根据天气情况进行化控。如果天气干旱，棉花长得太慢，化控药剂可以少放甚至减半施用；如果雨水较多，长得比较快，药剂的浓度要大一点，要做到轻控、勤控。施化控药剂时可以加上磷酸二氢钾，有利于花、桃发育。

◆ 虫害防治

苹果树跟棉花的共生害虫为盲椿象。盲椿象喜欢植株较高的地方，不管是苹果树还是棉花，都会被盲椿象为害。如果前期持续高温干旱、不下雨，蓟马也会为害棉花苗和果树。

防治这两种共生害虫时，药液一定要喷到棉花叶正反两面，特别是被害棉株叶面、茎秆上下及地面周围裂缝都要喷施药液。防治时间以下午5～7时最佳，防治药品要轮换使用，喷药时应先喷外围，转着圈往里喷施，集中歼灭害虫。药剂可以选择内吸性、熏蒸性、触杀性或复配剂型药剂，如辛硫磷、毒死蜱等。

◆ 适当促进生长

盐碱地的棉花前期长势比较慢，后期根系扎下去可以适当促进生长。可以喷施含黄腐酸和氨基酸的叶面肥，不仅能促进棉花生长，还能对土壤起到改碱的作用。

◆ 掐边心

大田里棉花一般不用掐边心，但是果树套种时担心影响果树生长，因此最好对棉花进行掐边心处理，有利于果树花芽分化。如果棉花不掐边心，枝条过长过大，遮阴严重，会导致果树花芽不分化，第二年不形成花芽。

3 苹果树苗的种植与管理技术要点有哪些？

种植苹果树苗需要在土壤的配制、树苗的处理、栽种的手法和栽种后的养护上下功夫。土壤以选用疏松肥沃的偏酸性土壤为宜，苹果树苗要保留根部的土团以便于适应环境，栽种时注意压实土壤防倒，浇水浇足浇透即可。

◆ 土壤配制

种植苹果树苗之前，要先配制好适宜苹果树生长发育的土壤。这种果树适宜在偏酸性的肥沃土壤中生长，且土壤最好还具有疏松多孔的结构、较强的排水透气性，因此通常使用腐殖土、园土和泥炭土混合调配制成。

◆ 处理树苗

要想让种植下去的苹果树苗尽快适应环境，提高成活率，树苗的根部就必须带有旧有栽种地点的土壤形成的土团，以避免运输过程对根系造成严重损伤，也能让种植的树苗尽快适应新地区的土壤性质。

◆ 栽种手法

种植树苗需要在准备好的土壤上挖掘出比土团深大约一倍的坑洞，在底部铺上熟化的饼肥作为基肥，注意不能使用生肥，然后再放入准备好的苹果树苗，填土至与地面齐平，压紧土壤不会倒伏即可。

◆ 养护工作

栽种完成之后浇水一次，这一次的浇水称为定根水，一定要浇足浇透，保证栽种下去的苹果树上的土团和土壤都完全湿透才行。此后的浇水要做到见干见湿，适当遮光一段时间，等到苹果树苗适应之后再进行光照。

4 梨树的主要病虫害有哪些？防治措施有哪些？

◆ 休眠期

休眠期主要防治腐烂病、干腐病、轮纹病、黑星病、白粉病、叶斑病、梨小食心虫、梨木虱等。

防治方法 冬天浇封冻水，提高果实抗逆能力。清理树上的浆果，剪除病虫枝，刮粗翘皮，清扫落叶、浆果、粗翘皮、病皮组织并深埋。刮治腐烂病，涂抹腐必清、石硫合剂、康复剂、菌毒清等药剂。树干涂白防冻以及防日灼。萌芽前树上喷5度石硫合剂，地下追施果树复合肥，果园进行春灌。

◆ 开花期

这个时期主要防治腐烂病、黑星病、黄粉蚜、梨瘤蛾、梨花网蝽、山楂叶螨、梨小食心虫等。

防治方法 挂梨小食心虫诱捕器每亩3~4个，可大量诱杀成虫。继续检查刮治新发现的腐烂病病疤。开花前喷5%溴氰菊酯或氯氰菊酯3000倍液。花后喷2%阿维菌素5000倍混甲基硫菌灵1000倍液。开花后检查黑星病、白粉病的初发病梢，并及时摘除。

◆ 幼果期

幼果期主要防治黑星病、梨锈病、白粉病、黄粉蚜、叶螨、叶蝉、棉盲蝽、梨象甲、金龟子等。

防治方法 遇中、大雨时，雨后喷15%三唑酮1500倍或50%多菌灵粉剂1000倍液。落花后40天开始给果实套袋，套袋前喷10%吡虫啉或10%啶虫脒200倍混80%大生1000倍液。整树捕杀梨象甲、金龟子、棉盲蝽，剪除梨茎蜂虫梢。套袋结束后立即喷石灰倍量式波尔多液200倍保护叶片，同时挂桃小食心虫诱捕器每亩3~4个。

◆ **果实膨大期**

此时期主要防治黑星病、白粉病、轮纹病、黄粉蚜、梨木虱、桃小食心虫、梨小食心虫等。

防治方法 桃小食心虫卵果率达1%时喷15%桃小灵2000倍液或阿维菌素4000倍混甲基硫菌灵1000倍液。梨小食心虫蛀果达1%时喷15%桃小灵或10%吡虫啉2000倍混50%多菌灵1000倍液，遇雨补喷。多雨年份增喷1～2次石灰倍量式波尔多液。

◆ **采收前期**

采收前主要防治黑星病、轮纹病、黄粉蚜、梨木虱、桃小食心虫、梨小食心虫等。

防治方法 采前20天喷5%溴氰菊酯或氯氰菊酯3000倍混80%大生1000倍液。扩穴法施腐熟农家肥每亩3000～5000公斤，为下一年果树健康生长打好基础。

◆ **采收期**

主要防治贮藏期烂果病、生理病。

防治方法 采果时尽量避免机械损伤，采收后尽快入库。土窖洞贮藏时间尽可能利用夜间地温通风降温，冷库贮藏每天降温2℃，一周时间降到0℃。

梨树

5 果树缺铁性黄叶病的症状和防治措施有哪些？

◆ **症状**

新梢幼叶叶片失绿发黄，但是叶脉仍然发绿，呈现绿色网状，比较严重的幼叶叶片变白，边缘干枯，病害继续发展可致新梢顶端枯死。一般的苹果、梨、桃等多种果树普遍存在此病害，以核果类较重，盐碱地和土壤黏重的果园发生也较重。

◆ **原因分析**

这是因缺铁引起的生理性病害，导致这种病害的因素有多种。由于果树是多年生植物，其根系每年在固定位置和土壤中吸收养分，如果土壤中养分供应不及时或者流失严重，便极易导致缺铁症的发生，这是主要的原因。也有的土壤中并不缺铁，但由于土壤和根系的问题，不能很好地吸收微量元素，例如盐碱地、浇的水含盐量高、pH值高、土壤板结透气性差、不能及时排水、地势低洼或者地下水位高、果树根系发育不良、夏季高温干旱等，都有可能造成铁元素无法被吸收。由于铁元素在树体中流动性差，所以缺铁性黄叶病主要表现在幼叶和新梢上。

◆ **防治措施**

防治缺铁性生理性病害一定要树上和地下综合防治才能取得较好的效果。改良土壤是最根本的措施，可以结合秋季施基肥进行。基肥选择土杂肥或者有机复混肥，盛果期果树土杂肥每亩2立方米左右，再加上硫酸亚铁或者柠檬酸铁每亩15公斤左右，混匀后施入，以树两侧开沟施入为好。盐碱地和土壤黏

黄叶

重的地块除了增施有机肥和硫酸亚铁，还要以含盐低的水灌溉压碱。建议采取安装喷灌滴灌设施或者水肥一体化设施。

在生长季节，结合地下施肥，树上要进行叶面施肥，作为缺铁性黄叶病的补救应急措施。叶面施肥见效快，但是持效期短，可以每间隔20天左右喷施1次。发芽前喷施1%的硫酸亚铁，发芽后喷施黄腐酸二铵铁200倍液或者0.3%硫酸亚铁加上0.1%的尿素效果较好。此外，应选择抗黄化的品种和砧木，可以减轻果树的发病率。

6 果树缺镁性黄叶病的症状和防治措施有哪些？

◆ **症状**

枝条基部老叶先发黄，叶脉间出现褐色斑点，叶片卷缩容易脱落，新梢细长，柔软，但是幼叶颜色为正常绿色。

◆ **原因分析**

砂质土和酸性土壤中镁元素和其他微量元素容易流失，易造成缺镁性黄叶病。此外，如果氮元素施用量过多，也会影响镁元素的吸收。

◆ **防治措施**

防治该病应该从改良土壤着手，砂质土要增施有机肥，酸性土壤在施基肥时加入石灰或者草木灰进行改良。生长季节可以用1%～2%的硫酸镁加上0.3%的尿素进行叶面喷施，每隔15天左右喷1次，可改善症状。

其他的生理性缺素症可以参考缺铁性黄叶病和缺镁性黄叶病的防治措施进行综合防治。

7 果树叶部病害有哪些？如何防治？

◆ **症状**

叶片在发黄干枯的同时，会出现各种大小不一、颜色不同的病斑或者干枯、卷边、穿孔、落叶等症状。在真菌感染的病斑上，后期会着生小黑点等分生孢子。

叶斑

◆ **原因分析**

叶部病害大部分是真菌感染引起的，包括褐斑病、黑斑病、灰斑病、圆斑病、斑点落叶病等。少数是细菌感染引起的，如桃树细菌性穿孔病、溃疡病。还有病毒感染的叶部病害，如花叶病、银叶病等。以上叶部病害都是由病原体感染引起的，发病因素受到环境和管理技术水平的影响。高温、多雨的季节是病害高发期，真菌发育合适的温度为 25℃ 左右，雨水利于病害迅速传染扩大。果园管理粗放、不通风透光、树势衰弱也会加重病害的发生程度。此外，用药防治方面抓不到关键时机、选择农药种类不对症等也会导致病害加重。

叶部病毒性病害与品种和砧木密切相关，还与育苗苗圃有关。有的苗圃连年育苗，导致病毒积累，苗木出圃前已经感病，通过运输和虫害传播到各处。

◆ **防治措施**

针对不同感染原因采取不同的措施，首先应该从农业防治和物理防治两方面着手。

农业防治 精细管理，合理修剪，改善光照，通风透光。冬春季应清理果园，减轻病虫害的基数。

物理防治 从病害初发期开始早喷药早预防，一般从5月初落花后一周开始喷药，内吸性和保护性药物交替使用，可以延长时效期。七八月份雨季要先喷施内吸性杀菌剂，再喷保护性、黏着力强的杀菌剂，如波尔多液等。雨后及时补喷内吸性杀菌剂。

对于病毒类叶部病害，目前还没有特效药剂，但是可以从栽植苗木开始预防，选择抗病毒的品种和砧木，选择无毒化处理过的苗木最好。针对细菌类病害，可以选择农用链霉素、井冈霉素等药剂防治，与真菌类病害一同防治效果更好。

8 苹果腐烂病如何防治？

◆ 分布与危害

苹果腐烂病俗称烂皮病、臭皮病，是我国北方苹果树的重要病害，主要为害6年生以上的结果树，造成树势衰弱、枝干枯死、死树，甚至毁园。此病害在我国华北、东北、西北地区普遍发生。

◆ 症状

苹果腐烂病有溃疡、枝枯和表面溃疡3种类型。

溃疡型 在早春树干、树枝皮上出现红褐色、水渍状、微隆起、圆至长圆形病斑。病斑质地松软，易撕裂，手压凹陷，可流出黄褐色汁液，有酒糟味。后病斑干缩，边缘有裂缝，病皮长出小黑点。潮湿时小黑点会喷出金黄色的卷须状物。

枝枯型 在春季2～5年生枝上出现病斑，边缘不清晰，不隆起，不呈水渍状，后失水干枯，密生小黑粒点。

表面溃疡型 在夏秋落皮层上出现稍带红褐色、稍湿润的小溃疡斑，边缘不整齐，一般2～3厘米深，指甲盖大小至几十厘米大小，腐烂,后干缩呈饼状。晚秋以后形成溃疡斑。

◆ **发生规律**

病菌在病树皮和木质部表层蔓延越冬。早春产生分生孢子,遇雨由分生孢子器挤出孢子角。分生孢子分散,随风飞散在果园上空,萌发后从皮孔、果柄痕、叶痕及各种伤口侵入树体,在侵染点潜伏,使树体普遍带菌。6~8月树皮形成落皮层时,孢子侵入并在坏死组织上生长,后向健康组织发展。翌春扩展迅速,形成溃疡斑。病部环缢枝干即造成枯枝死树。

◆ **防治方法**

加强栽培管理 增施有机肥料,及时灌水。薄地可围绕树盘扩坑改土,合理留果,注意排水等措施,以增强树势。

清除菌源 及时清理剪除病枝、死枝,刮除病皮,并在修剪口涂抹愈伤防腐膜保护伤口,树体涂抹石硫合剂杀菌消毒。地面铺塑料膜接剪下的残枝,然后集中在园外销毁。剪锯下的大枝不要码放在园内,不用病枝做支棍或架篱笆,以免病菌传播。

喷铲除剂 在春季发病前,用5度石硫合剂喷洒,7~10天后重喷1次。轻微发病时用30%戊唑·多菌灵600倍液或者40%氟硅唑乳油800倍稀释喷洒,10~15天用药1次,病情严重时按200倍液稀释,7~10天喷施1次。也可用刀刮除病斑后,用甲托膏剂加上愈伤涂膜剂涂抹伤口,消毒杀菌促愈合。

桥接 对范围过大、影响上下养分运输的病斑,可于春季选1年生壮枝作为接穗,在病斑上下边缘实行多枝桥接,绑紧即可。

桥接

9 果树枝干病害有哪些？如何防治？

◆ **症状**

枝干病害主要有轮纹病、腐烂病、干腐病等。

轮纹病表现为以树干上的皮孔或者小的伤口为侵染点，形成棕色或者黑褐色病斑，呈瘤状突起，边缘干裂，表皮粗糙。干腐病症状初期树干呈水渍状褐变，沿主干扩展，后期病斑连成片，上面着生黑色小粒点，边缘干裂。

枝干病害

腐烂病多发生在树势衰弱的树上，在剪锯口、伤口处开始侵染，树皮软腐，撕开有酒糟味儿。

◆ **原因分析**

枝干病害大多由真菌感染引起，管理粗放、树势衰弱、剪锯口保护不好以及极端恶劣天气的影响，均会导致病害程度加重。

◆ **防治措施**

加强果树管理，合理修剪、培肥地力、改良土壤、强壮树势是根本的防治措施，已经感染的可以在刮除病皮、粗皮后涂抹药剂防治。注意病斑要刮除干净，涂抹高浓度的杀菌剂，如腐必治5倍液、农抗120、复方多菌灵5~10倍液等，可视情况涂抹2~3次。

10 如何防治枣疯病？

◆ **分布与危害**

枣疯病又称丛枝病，是我国枣树的严重病害之一，一旦发病，翌年就很少结果，发病3～4年后即可整株死亡，对生产威胁极大，果农常将这种枣树称为"疯枣树"或"公枣树"。

◆ **症状**

枣疯病主要侵害枣树和酸枣树，地上、下部均可染病，一般于开花后出现明显症状。

枣疯病

花变成叶 花器退化，花柄延长，萼片、花瓣、雄蕊均变成小叶，雌蕊转化为小枝。

芽不正常萌发 病株上1年生发育枝的主芽和多年生发育枝上的隐芽均萌发成发育枝，其上的芽又大部分萌发成小枝，如此逐级生枝，病枝纤细，节间缩短，呈丛状，叶片小而萎黄。

叶片病变 先是叶肉变黄，叶脉仍绿，然后整个叶片黄化，叶的边缘向上反卷，暗淡无光，叶片变硬变脆，有的叶尖边缘焦枯，严重时病叶脱落。花后长出的叶片比较狭小，具明脉，翠绿色，易焦枯。有时在叶背面主脉上再长出一小的明脉叶片，呈鼠耳状。

果实病变 病花一般不能结果，病株上的健枝仍可结果，果实大小不一，果面着色不匀，凸凹不平，凸起处呈红色，凹处是绿色，果肉组织松软，不能食用。

根部病变 疯树主根由于不定芽的大量萌发，往往长出一丛丛的短疯根，同一条根上可出现多丛疯根。后期病根皮层腐烂，严重者全株死亡。

◆ 发生规律

枣疯病可通过嫁接和分根传播，金丝小枣枣树最易感病，土壤干旱瘠薄及管理粗放的枣园发病严重。

植原体存在于寄主植物韧皮部筛管内，能蔓延到全株各部位，也能在媒介昆虫（如菱纹叶蝉）体内增殖，通过各种嫁接方式进行传播。侵入后病原物潜育期为25~380天，上半年接种感染者当年就可发病，下半年接种感染者则在翌年发病。

◆ 防治方法

清除疯枝，铲除无经济价值的病株；选用抗病的酸枣品种作砧木；培育无病苗木，即在无枣疯病的枣园中采取接穗、接芽或分根进行繁殖，以培育无病苗木；加强果园管理，增施碱性肥和农家肥；在发病初期，用手摇钻在病树根茎部钻孔，于春季枣树萌芽期或10月间，每株病树滴注浓度0.1%的四环素药液500毫升，也可按每亩枣园喷施0.2%的氯化铁溶液2~3次，隔5~7天喷1次，每次用药液75~100公斤，对于预防枣疯病具有良好效果。

此外，还可注射土霉素药液。在树干基部或中下部无疤节处两侧各钻1个孔，深达髓心，两孔垂直距离为10~20厘米，用高压注射器注入含1万单位的土霉素药液。树干圆周径30厘米以上者，用土霉素药液300~400毫升，40厘米以上用500~700毫升，50厘米以上用800~1000毫升，60厘米以上用1200~1500毫升。

11 果品安全生产中常用的措施有哪些？

◆ **农业防治措施**

刮树皮（主要是刮除翘皮） 对有腐烂病斑的果树要扩大范围刮除，即刮除病斑后将挨着的树皮也刮除 1~2 厘米，然后涂抹腐必治或者石硫合剂。

清扫果园 这对降低越冬病虫基数有很好的效果，可以预防枝干腐烂病、溃疡病及清除蚧壳虫、红蜘蛛、蚜虫等越冬虫卵。对落叶、僵果、剪下的枝条及杂草清扫后要带至果园外烧毁或挖坑深埋，彻底清除越冬病虫，然后喷 5 度石硫合剂 1~2 次（整个树冠的每根枝条、芽及地面和周围植物都要喷施）。石硫合剂浓度一定要 5 度以上，最好自己熬制。

清理果园

土壤耕翻 冬春季进行土壤耕翻，利用低温把土壤中的越冬害虫翻到地表冻死。

◆ 物理防治措施

果实套袋 这是近十年来果树生产应用最广泛的一项措施，有效地预防了绝大多数病虫害的侵染，为果树丰产提供了很大保障。在管理技术不完善的年代，果实套袋技术曾经挽救了果树种植行业，同时也杜绝了喷施的农药制剂直接接触果品，很大程度上降低了农药残留量。套袋技术发展到今天，已经形成了一系列完整、可操作的体系，对果品的安全生产功不可没。

悬挂粘虫板、杀虫灯 针对蚜虫、叶蝉、夜蛾类的害虫，悬挂粘虫板或杀虫灯效果较好，尤其在大棚设施林果栽植应用方面效果更好，因为大棚空间密闭，可以阻止外来害虫进入。

药剂诱杀 使用糖醋液或者性诱剂诱杀，可以干扰雌雄成虫交配，从而减少下一代虫量。

12 幼树死亡的原因及防治措施有哪些？

2～5年树龄的幼树有时会出现大量的死树现象，很多果农林农都遇到过这种情况。通过现场查看和调查，发现有以下几个方面的原因。

◆ 轮纹病菌感染形成干腐病斑或者颈腐病斑

轮纹病菌是林果枝干上的重要病原菌，可严重削弱树势和树木抗病性。如果病斑绕树干一周或者面积较大就会导致树体死亡，是造成苹果、梨、桃、葡萄等各种果树，及杨树、柳树、槐树等绿化树木幼树死亡的主要原因。因为树体携带的轮纹病菌主要在枝条的坏死组织、溃疡斑和树皮的缝隙里，如果病菌越冬基数较大，春季温度回升过快，便会诱发2～5年生幼树形成大量干腐病斑，削弱树势甚至导致树木死亡。当苗木失水或树体衰弱时，抗病性降低或丧失，伤口或枝干表层内的轮纹病菌可迅速侵入活体皮层组织，也会形成病斑导致幼树死亡。

针对这种情况，要从以下两个方面进行防治。

防止病菌侵染苗木，减少苗木带菌量 提倡在水果产区育苗，以减少交叉感染；远离果园、林地和防风林带育苗，以减少轮纹病菌随雨水和气流传播侵染；保持苗圃卫生，及时清除苗圃内及周边的杂物，尤其是废弃的苗木、修剪下来的枝条和接穗等，应及时销毁；不用海棠、杨树、柳树作绿化苗木或防风林带，防止病菌交叉感染；苗木生长期，于雨前和雨后及时喷施杀菌剂；嫁接或剪砧后，及时用伤口愈合剂或喷施菌剂等措施保护嫁接口和剪砧口。

药剂处理，降低发病率 药剂处理既可铲除枝干表层所潜带的病菌，还可保护枝干不受病原菌的侵染。处理方法有两种：一是用药液浸苗，苗木出圃后或栽植前用甲基硫菌灵、多菌灵、吡唑醚菌酯等杀菌剂配成稍高浓度的药液（一般为厂家推荐果园内喷雾剂量的 5～10 倍），用喷雾器将药液喷淋到苗木上，直到根部流水为止，然后用塑料袋包裹或塑料膜覆盖，保持苗木上的药液在 12～48 小时内不干，使药剂能渗入到更深的表皮组织，以清除苗木表层潜带的病菌；二是用药剂涂干，秋冬季用石硫合剂和生石灰配制成涂白剂刷树干，也可以用乳胶漆和杀菌剂配制涂白剂，可以预防病菌感染。

药剂涂干

◆ **苗木失水造成死树**

新栽植幼树由于起苗时根系受到破坏，对水分的吸收能力明显降低，尤其是根系不发达的自根砧苗苗木，在贮运和栽培过程中会不可避免地失水。若苗木栽植后不能及时补水和保水，树体内含水量便会明显降低，进而诱发轮纹病菌扩散。

针对这种原因要防止苗木失水，保持树体的抗病性。加强苗期管理，既要防止苗木贪青徒长，又要防止早期落叶，保证树体内有充足的存贮营养。苗木出圃时避免伤根过重，尽量保持根系完整，贮运期间需注意保水。出圃苗木应尽快栽植或入库保存，栽植前视情况

合理栽植

用清水浸泡苗木，保证栽植苗木有充足的含水量。苗木栽植后及时浇足浇透定植水，定植行铺设地膜或定植行两侧配置滴管定期滴灌，地上部可通过涂膜、套袋、喷施保水剂等保证供水，防止苗木过量蒸发水。

◆ **防止苗木受到冻害，导致死亡**

冬季低温达到零下15℃左右时容易产生冻害，春季天气转暖后树皮会有爆裂现象，刮开表皮可看到木质部变褐色坏死。冻害苗木早期也能部分萌发，但很快就会干枯死亡。应采取苗木防冻措施。

◆ **防止肥害**

施肥后、春季萌芽期、遇较大降雨或灌水后，2～5年生幼树出现叶片枯萎、变色、枝条生长发育不正常等现象，可考虑肥害。新栽植的苗木如果受到肥害，常表现为栽植后不能正常发芽或发芽

迟缓，重者死亡，根部未发新根或新根不能正常生长。受肥害的苗木在田间分布相对均匀，且受害程度与施肥地块、浇水时间密切相关，结合栽植期的施肥情况可以作出判断。

防止肥害要选用高质量肥料，依据树体的生长发育规律合理施肥。发现肥害后，严重者可挖出肥料，再通过以水压肥的方式缓解肥害。

◆ 苗木质量问题

随着育苗技术整体水平的提高，因砧穗不亲和、早期落叶或苗木徒长所导致的新栽植苗木死亡问题虽不多见，但苗木一旦出现质量问题，后期便难以补救。此外，苗木秋季徒长、不能正常落叶可导致树体内贮存的营养不足，这种苗木在春季栽植后，常因没有足够的存贮营养导致新栽植苗木不能正常萌芽，或萌芽后停止生长。

有质量问题的苗木常成批出现，主要表现为苗木的各个部分都正常，枝干上没有坏死病斑，嫁接口完好，刮开皮层为绿色或白色，苗木能正常发根，常有大量根蘖苗，但接穗部分不发芽或发芽迟缓，多是由于砧穗不亲和所致。如果苗木发根和发芽都迟缓，不能正常发根或发芽，或发芽后很快停止生长，多是由于苗木秋季徒长或早期落叶、树体贮存营养不足所致。

针对这种情况，应该因地选用试验成熟的砧穗组合，同时防止苗木后期徒长，保证出圃苗木有充足的贮存营养，并且要及时防治病虫害，防止苗木早期落叶。

农技站长杜立芝百问百答

畜牧水产养殖

主编 杜立芝

山东科学技术出版社
·济南·

图书在版编目（CIP）数据

畜牧水产养殖 / 杜立芝主编 . -- 济南 : 山东科学技术出版社 , 2023.7
（农技站长杜立芝百问百答）
ISBN 978-7-5723-1474-2

Ⅰ.①畜… Ⅱ.①杜… Ⅲ.①畜牧学－问题解答②水产养殖－问题解答 Ⅳ.① S8-44 ② S96-44

中国版本图书馆 CIP 数据核字（2022）第 227935 号

农技站长杜立芝百问百答
畜牧水产养殖

NONGJI ZHANZHANG DU LIZHI BAIWEN BAIDA
XUMU SHUICHAN YANGZHI

责任编辑：陈　昕　张　琳

主管单位：	山东出版传媒股份有限公司
出 版 者：	山东科学技术出版社
	地址：济南市市中区舜耕路 517 号
	邮编：250003　电话：（0531）82098088
	网址：www.lkj.com.cn
	电子邮件：sdkj@sdcbcm.com
发 行 者：	山东科学技术出版社
	地址：济南市市中区舜耕路 517 号
	邮编：250003　电话：（0531）82098067
印 刷 者：	山东彩峰印刷股份有限公司
	地址：潍坊市潍城区玉清西街 7887 号
	邮编：261031　电话：（0536）8311811

规格：16 开（170 mm × 240 mm）
印张：26.5　字数：295 千
版次：2023 年 7 月第 1 版　印次：2023 年 7 月第 1 次印刷
定价：79.00 元（全 2 册）

 编委会

主　任	杨新胜	杨曙光	崔行飞	任希恒
	吕兴忠	孙其福	王洪峰	
主　编	杜立芝			
副主编	管新彬	王瑞庆	王红梅	唐在顺
	王明强	邱晓倩	杨雪青	孔庆楠
编　委	王桂宁	杨彤彤	林保芳	朱金芬
	吴秀梅	张月美	臧国莲	王顺廷
	安丽莉	王爱君	崔文秀	王　丽
	张桂军	李爱刚	张　健	王延军
	康胜波	李恩银	刘玉峰	刘见征
	李朝进	王广冰	张小鹏	李仁贵

前　言

党的二十大报告指出，加快建设农业强国，扎实推动乡村产业、人才、文化、生态、组织振兴。在此背景下，为进一步夯实乡村振兴的产业基础，加快建设农业强国的步伐，急需梳理和总结畜牧水产业生产过程中的实际问题，提高养殖技术水平，为畜牧水产业持续健康发展提供强有力的保障。

畜牧水产业的健康发展离不开科学技术的支撑，饲养管理技术水平的提高、设施设备的提升、养殖环境的改善与疾病的预防和控制，对提高养殖效益发挥着非常重要的作用。

本书是高唐县杜立芝党代表工作室经过十多年的探索积累，总结出的一套成熟的养殖管理技术和经验，分为畜牧和水产两部分：畜牧部分包括猪、牛、羊、鸡、鸭的饲养管理与疾病防治，水产部分包括淡水养殖及我县特色锦鲤养殖等内容。在编写过程中，著作团队结合养殖生产实际需要，从饲养管理、环境控制、疾病预防与粪污处理等环节，梳理了200多个日常遇到的问题，对每个问题的解答力争做到通俗易懂、有的放矢、注重实效。

本书特色之一是将绿色养殖的理念贯穿始终，从粪污治理、兽药减抗到中医治疗，努力做到以绿色理念推动畜牧水产业高质量发展；特色之二是为特色养殖经验提供借鉴。高唐县作为"中国锦鲤第一县""中国锦鲤之都",在锦鲤养殖方面积累了一定的经验。我们梳理总结了锦鲤养殖过程中的常见问题及解决方法,以便为水产从业人员提供可借鉴的经验。

本书内容全面,实用性强,适宜广大养殖场户和基层技术推广人员阅读参考。由于编者水平有限,书中难免存在疏漏和谬误之处,敬请广大农民朋友和前辈、同仁批评指正。

编委会

2023 年 1 月

目 录

第一章 畜牧养殖

第一节 肉鸡养殖知识问答 …………………………………… 2

1. 什么叫现代肉鸡品种？我国饲养的肉鸡有什么特点？……… 2
2. 我国常见的地方良种肉鸡有哪些？………………………… 3
3. 养殖现代肉鸡的基本条件都有哪些？……………………… 3
4. 肉鸡饲养阶段如何划分？…………………………………… 4
5. 不同阶段的饲料配比如何掌握？…………………………… 5
6. 不同阶段的疫病防疫重点是什么？………………………… 6
7. 肉鸡养殖如何节省饲料？…………………………………… 7
8. 为什么提倡"全进全出制"？……………………………… 8
9. 减少鸡群发病有哪些策略及措施？………………………… 9
10. 控制光照对鸡会产生哪些作用？………………………… 10
11. 弱光养殖的优势有哪些？………………………………… 11
12. 育雏期对温度的要求有哪些？…………………………… 11
13. 鸡舍的环境有哪些要求？………………………………… 12
14. 肉鸡的饲养方式有哪些？………………………………… 13
15. 肉鸡的饲养密度多少最为合适？………………………… 13
16. 如何满足肉鸡的氨基酸需求？…………………………… 14
17. 肉鸡容易缺乏的常量矿物元素有哪些？………………… 14
18. 肉鸡缺乏维生素有何影响？……………………………… 15
19. 肉鸡缺乏微量元素有什么影响？………………………… 15
20. 影响鸡肉品质的主要因素有哪些？……………………… 16
21. 为什么要公母分饲？……………………………………… 16
22. 比起公母混群饲喂，分群饲喂优点有哪些？…………… 17
23. 公母分饲后，应采取哪些技术措施？…………………… 17

第二节　蛋鸡养殖知识问答 …… 18

1. 蛋鸡养殖阶段如何划分？各阶段生产特性是什么？…… 18
2. 雏鸡的饲养注意事项有哪些？…… 21
3. 怎样给雏鸡饮水开食？…… 22
4. 为何要先饮水后开食？…… 22
5. 雏鸡的饲喂需注意什么问题？…… 23
6. 为什么要断喙？…… 23
7. 一般什么时候断喙较好？…… 23
8. 断喙时应注意什么问题？…… 24
9. 育成鸡的饲养管理技术要点有哪些？…… 24
10. 如何搭配育成鸡的饲料？…… 26
11. 限制饲喂的意义是什么？…… 26
12. 限制饲喂的注意事项有哪些？…… 27
13. 造成啄癖的主要原因有哪些？如何防治？…… 27
14. 产蛋鸡的管理技术要点有哪些？…… 28
15. 产蛋期的鸡如何提高产蛋率？…… 29
16. 如何选留高产母鸡？…… 30
17. 如何淘汰不产蛋的鸡？…… 31
18. 什么是蛋鸡换羽？…… 31
19. 什么是强制换羽？…… 32
20. 为什么要强制换羽？…… 32
21. 强制换羽的方法有哪些？…… 32
22. 强制换羽有哪些风险？…… 33
23. 强制换羽的基本过程是什么？…… 33
24. 产蛋后期如何界定？…… 33
25. 蛋鸡产蛋后期有什么特点？…… 34
26. 产蛋后期如何提高经济效益？…… 35

第三节　肉鸭养殖知识问答 …… 36

1. 鸭舍选址需要注意哪些方面？…… 36
2. 新建鸭场要怎么布局？…… 37
3. 育雏前需要做哪些准备？…… 37
4. 如何接雏？…… 38
5. 雏鸭"开水"是什么意思？…… 39
6. 雏鸭饮水需要注意哪些方面？…… 40

7. 雏鸭"开食"应该注意些什么？ … 40
8. 通风换气有什么要求？ … 41
9. 如何观察鸭群？ … 42
10. 鸭为什么会瘫痪？ … 43
11. 育肥阶段的注意事项有哪些？ … 44
12. 肉鸭出栏前需要注意什么？ … 45
13. 秋季鸭舍通风管理有哪些要点？ … 46
14. 肉鸭冬季饲养应注意什么？ … 47
15. 肉鸭饲养的常见问题有哪些？ … 49
16. 什么是应激反应？ … 50
17. 肉鸭夏季饲养管理有哪些要点？ … 50
18. 维生素 A 缺乏对肉鸭有什么影响？ … 52
19. 维生素 D 缺乏对肉鸭有什么影响？ … 52
20. 维生素 E 或硒缺乏对肉鸭有什么影响？ … 53
21. 微量元素锌缺乏对肉鸭养殖有什么影响？ … 53
22. 诱发肉鸭感冒的管理因素有哪些？ … 54
23. 改善肉鸭肠道健康的措施有哪些？ … 55

第四节　猪养殖知识问答 … 56

1. 猪的优良品种有哪些种？各品种的特点是什么？ … 56
2. 猪有哪些生活习性？ … 58
3. 猪按经济用途可分为哪几种类型？ … 59
4. 怎样挑选育肥仔猪？ … 60
5. 猪每日喂几次合适？ … 60
6. 猪的饲养密度是多少？ … 61
7. 猪需要哪些营养物质？ … 62
8. 常见的猪饲料原料有哪些？ … 62
9. 怎样合理利用饲料添加剂？ … 64
10. 用颗粒饲料喂猪的好处有哪些？ … 65
11. 怎样利用苜蓿喂猪？ … 66
12. 生饲料喂猪的好处有哪些？ … 66
13. 冬季如何给猪群防寒？ … 67
14. 夏季如何给猪群防暑？ … 67
15. 猪的正常体温是多少？怎样给猪测量体温？ … 68
16. 怎样判断猪是否发热？ … 69
17. 猪发热了该怎么办？ … 70

18. 如何加强母猪的饲养管理？ …………………………………… 70
19. 如何加强种公猪的管理？ …………………………………… 71
20. 给猪驱虫有什么意义？如何给猪驱虫？ …………………… 72
21. 不同季节应注意哪些不同问题？ …………………………… 73
22. 猪舍空栏如何清洗、消毒？ ………………………………… 74
23. 什么是现代化养猪？ ………………………………………… 75
24. 肉猪按生长发育分几个阶段？ ……………………………… 76
25. 猪的主要疾病特征及防治方法有哪些？ …………………… 76
26. 注射猪瘟疫苗的注意事项有哪些？ ………………………… 84
27. 猪场常见的消毒方法有哪些？ ……………………………… 84
28. 猪场消毒的意义？ …………………………………………… 87
29. 如何消毒猪场？ ……………………………………………… 87
30. 猪在各阶段需要打的疫苗有哪些？ ………………………… 88
31. 猪用疫苗的保存和使用注意事项有哪些？ ………………… 91

第五节　肉羊养殖知识问答 …………………………………… 92

1. 肉羊都有哪些品种？ ………………………………………… 92
2. 种公羊如何进行饲养管理？ ………………………………… 94
3. 繁殖母羊如何进行饲养管理？ ……………………………… 96
4. 母羊产羔前期准备事项有哪些？ …………………………… 100
5. 母羊分娩的注意事项有哪些？ ……………………………… 100
6. 母羊难产与助产注意事项有哪些？ ………………………… 103
7. 如何治疗胎衣不下？ ………………………………………… 104
8. 如何防治母羊妊娠毒血症？ ………………………………… 104
9. 如何治疗羊子宫炎？ ………………………………………… 105
10. 如何治疗羊乳房炎？ ………………………………………… 105
11. 新生羔羊的饲养管理要点有哪些？ ………………………… 106
12. 哺乳期羔羊的饲养管理要点有哪些？ ……………………… 108
13. 育成羊的饲养管理要点是什么？ …………………………… 109
14. 巡场技术要点有哪些？ ……………………………………… 110
15. 采购、运输肉羊有哪些需要注意的问题？ ………………… 114
16. 隔离过渡期需要注意哪些问题？ …………………………… 115
17. 如何选择优质疫苗，做好免疫注射？ ……………………… 115
18. 卫生与消毒管理需注意什么？ ……………………………… 116
19. 进栏前需准备哪些物品？ …………………………………… 117

第六节　牛养殖知识问答 ·········· 118

1. 中国现有的牛品种有哪些? ·········· 118
2. 养牛该养什么品种? ·········· 120
3. 牛有哪些常见疾病? ·········· 121
4. 牛常见疾病的防治措施有哪些? ·········· 123

第七节　家畜常见病症问答 ·········· 124

1. 如何判断家畜是否发病? ·········· 124
2. 如何保定家畜? ·········· 125
3. 如何测定家畜的体温、心率、呼吸频率? ·········· 126
4. 如何为畜舍环境消毒? ·········· 127
5. 什么是家畜传染病三要素? ·········· 127
6. 什么是家畜传染病发展四阶段? ·········· 128
7. 养殖场如何采取综合防病措施? ·········· 129
8. 人畜共患传染病有哪些? ·········· 130
9. 人畜共患病的防治原则是什么? ·········· 130
10. 猪的一二类动物疫病有哪些? ·········· 131
11. 牛的一二类动物疫病有哪些? ·········· 132
12. 羊的一二类动物疫病有哪些? ·········· 132
13. 仔猪贫血的主要症状及病理变化有哪些? ·········· 132
14. 仔猪贫血怎么治疗? ·········· 133
15. 何为仔猪低血糖? ·········· 134
16. 如何治疗仔猪低血糖? ·········· 134
17. 引起猪腹泻的细菌有哪些? ·········· 134
18. 最常见的仔猪细菌性腹泻是什么?如何防治? ·········· 135
19. 引起猪腹泻的主要病毒有哪些? ·········· 136
20. 最常见的猪病毒性腹泻有哪些? ·········· 137
21. 如何防止猪患病毒性腹泻? ·········· 138
22. 非洲猪瘟传染源传播途径是什么?易感动物有哪些? ·········· 139
23. 非洲猪瘟的潜伏期多久? ·········· 140
24. 非洲猪瘟的临床症状有哪些? ·········· 140
25. 非洲猪瘟的实验室诊断方法主要有哪些? ·········· 141
26. 如何防控非洲猪瘟? ·········· 141
27. 猪场常用的生物安全措施主要包括哪些? ·········· 142
28. 与繁殖障碍有关的疾病主要有哪些? ·········· 144
29. 如何对猪不发情、返情、屡配不孕等进行治疗? ·········· 144

30. 仔猪白肌病如何防治？ ………………………………………… 145
31. 常见的猪呼吸道疾病有哪些？ ………………………………… 145
32. 猪细菌性呼吸道疾病如何防治？ ……………………………… 145
33. 如何给家畜驱虫？ ……………………………………………… 146
34. 猪常见的寄生虫病有哪些？怎么防治？ ……………………… 146
35. 猪肠便秘发生的病因有哪些？ ………………………………… 146
36. 猪肠便秘的主要症状是什么？ ………………………………… 147
37. 如何防治猪肠便秘？ …………………………………………… 147
38. 何为猪的异食癖？ ……………………………………………… 147
39. 何为猪的胎衣不下？如何治疗？ ……………………………… 148
40. 羊病分哪几类？ ………………………………………………… 148
41. 怎样预防羊病的发生？ ………………………………………… 149
42. 如何制定科学的羊免疫计划？ ………………………………… 150
43. 如何保障圈舍环境卫生，并进行科学合理的消毒？ ………… 152
44. 如何给羊驱虫？ ………………………………………………… 153
45. 如何治疗羊感冒？ ……………………………………………… 154
46. 如何治疗羊腹泻？ ……………………………………………… 154
47. 如何防治羊胃肠炎？ …………………………………………… 156
48. 如何防治羊肺炎？ ……………………………………………… 156
49. 如何防治羊口疮？ ……………………………………………… 157
50. 如何防治羔羊痢疾？ …………………………………………… 158
51. 如何防治羊破伤风？ …………………………………………… 158
52. 如何治疗羊腐蹄？ ……………………………………………… 159

第八节　畜禽粪污知识问答 ………………………………………… 160

1. 什么是畜禽粪污？ ……………………………………………… 160
2. 畜禽粪污指的是哪些污染？ …………………………………… 160
3. 畜禽粪污带来的危害主要有哪些？ …………………………… 161
4. 养殖污水的主要来源有哪些？ ………………………………… 161
5. 什么是粪便的无害化处理？ …………………………………… 162
6. 什么是雨污分流？ ……………………………………………… 162
7. 什么是干湿分离？ ……………………………………………… 163
8. 什么是固液分离？ ……………………………………………… 163
9. 固液分离的作用是什么？ ……………………………………… 163
10. 什么是水冲粪？ ………………………………………………… 164
11. 什么是水泡粪？ ………………………………………………… 164

12. 什么是肥水利用？ …… 164
13. 什么是农家肥？ …… 164
14. 什么是商品有机肥？ …… 165
15. 什么是垫料利用？ …… 165
16. 什么是液态有机肥？ …… 165
17. 什么是达标排放？ …… 166
18. 什么是委托处理？ …… 166
19. 什么是垫料养殖？ …… 166
20. 什么是自然发酵？ …… 167
21. 清粪为什么如此重要？ …… 167
22. 怎样选择清粪方式？ …… 167
23. 什么是干清粪？ …… 168
24. 什么是人工清粪？ …… 169
25. 什么是机械清粪？ …… 169
26. 什么是好氧堆肥？ …… 170
27. 粪便好氧堆肥有什么特点？ …… 170
28. 常用的粪便堆肥窍门有哪些？ …… 171
29. 什么是厌氧堆肥？ …… 171
30. 什么是沼气工程？ …… 172
31. 什么是沼液还田？ …… 172
32. 沼液还田有哪些好处？ …… 172
33. 沼渣有哪些用途？ …… 173
34. 什么是生物滤池？ …… 174
35. 什么是氧化塘？ …… 174
36. 什么是固体粪便堆肥模式？ …… 175
37. 固体粪便堆肥模式有什么优缺点？ …… 176
38. 什么是粪污全量收集模式？ …… 176
39. 粪污全量收集利用模式有什么优缺点？ …… 177
40. 什么是粪污能源利用模式？ …… 177
41. 粪污能源利用模式有什么优缺点？ …… 177
42. 什么是粪便垫料回用模式？ …… 178
43. 粪便垫料回用模式有什么优缺点？ …… 178
44. 什么是纳米膜静态槽式发酵模式？ …… 179
45. 什么是原位发酵床养殖模式？ …… 179
46. 原位发酵床养殖模式有什么优缺点？ …… 179
47. 什么是异位发酵床模式？ …… 180
48. 异位发酵床模式有什么优缺点？ …… 180

49. 建设异位发酵床有什么要求? …… 181
50. 什么是种养结合? …… 181
51. 什么是人工湿地? …… 182
52. 粪污农田施用的最佳季节是什么时候? …… 182
53. 怎样确定合理的粪污农田施用量? …… 183
54. 垫料发酵舍内怎样除臭? …… 183
55. 散养户的粪便污水处理应该符合哪些要求? …… 184

第二章 水产养殖

第一节 淡水养殖知识问答 …… 186

1. 淡水新鲜鱼如何安全选购与食用? …… 186
2. 夏季高温季节鱼塘怎样调节水质? …… 187
3. 怎样给鱼用药? …… 189
4. 为什么说优良的水体环境是养鱼成功的先决条件? …… 190
5. 什么样的水质是理想的水质? …… 191
6. 怎样调控出理想的水质? …… 191
7. 选择养殖品种的原则是什么? …… 194
8. 池塘投放的鱼种有什么要求? …… 194
9. 鱼种放养前有什么要求? …… 194
10. 水产养殖对饵料有什么要求? …… 195
11. 投喂饵料遵循什么原则? …… 195
12. 如何确定放养密度? …… 197
13. 水产养殖为什么提倡混养? …… 199
14. 如何合理混养? …… 200
15. 为什么提倡轮捕轮放? …… 201
16. 鱼病的预防措施主要有哪些? …… 201
17. 渔业管理主要有哪些内容? …… 203

第二节 锦鲤养殖知识问答 …… 204

1. 锦鲤烂身怎么治疗? …… 204
2. 锦鲤烂身的治疗注意事项有哪些? …… 205
3. 如何保养水质? …… 205
4. 锦鲤鱼缸的水为什么发黄? …… 207
5. 锦鲤鱼缸水发黄的解决办法有哪些? …… 207

第一章
畜牧养殖

第一节 肉鸡养殖知识问答

1 什么叫现代肉鸡品种？我国饲养的肉鸡有什么特点？

现代肉鸡品种主要用于生产肉用仔鸡，具有杂种优势、早期生长快、肉嫩、饲料利用率高、发育整齐等特点，按早期生长速度和肉的品质分为快速生长型和优质型两大类。

快速生长型肉鸡具有早期生长迅速和饲料转化率高两大特点。这一类型的肉鸡早期生长速度快，体重大，一般商品肉鸡6周龄平均体重在2.5千克以上，每千克增重的饲料消耗在1.5千克左右。

优质型肉鸡以肉的品质优良而著称，生长速度远不及快速生长型肉鸡，80日龄上市，体重1.5千克，料肉比为3：1，但其肉的价格却比普通肉鸡高得多。这类肉鸡一般选用我国地方良种鸡（黄羽或麻羽）进行本品种选育或品系选育及配

套杂交，或者用我国地方良种与引进的鸡种（如红布罗、阿纳克、海佩克等）进行配套杂交。

2 我国常见的地方良种肉鸡有哪些？

我国地大物博，肉鸡品种南北差异很大，北方肉鸡比较有代表性的有北京油鸡，其获得全国农产品地理标志认证，是一个优良的肉蛋兼用型地方鸡种；南方肉鸡代表品种有河田鸡，是中国国家地理标志产品，入选全国名特优新农产品名录，完全符合优质黄羽肉鸡的特点。

其他的地方良种有仙居三黄鸡、惠阳胡须鸡、乌骨鸡等，同时我国培育的优质肉鸡品种还有石岐杂鸡、中华矮脚肉鸡、鲁禽麻鸡、海新肉鸡、"882"黄鸡等。

3 养殖现代肉鸡的基本条件都有哪些？

◆ 优良的肉用鸡种

健康而优良的肉用鸡种要具有适应性强、不携带有害微生物、抗某些疾病的特点。要注意选择生长快、发育均匀、肉质好、饲料转化率高的现代鸡种饲养，要求6周龄平均活重在2.5千克以上，料肉比为1.5～1.6∶1。

◆ 使用营养完善的配合饲料

营养完善的全价配合饲料能使现代肉鸡生长快、饲料转化率高。采用全价配合饲料也是实现养鸡机械化的前提，可在节省饲料、设备和劳力等方面发挥作用。全价配合饲料要求质量高、供应稳定，不仅要满足能量、蛋白质、维生素、矿物质等的需求,而且能量和蛋白质、蛋白质内各种氨基酸的比例也应恰当。

◆ 条件适宜的鸡舍环境

适宜的鸡舍环境是防治疾病、保证鸡群健康、方便饲养管理、提高饲料利用效率、降低饲养成本、最大限度发挥生产潜力、提高养鸡效益的有力措施。

◆ 先进的机械化设备

为了提高养鸡的经济效益,减轻在喂料、饮水和清粪等方面的劳动强度,应从饲料运输、加工、调制、喂料、饮水、清粪等方面形成一整套合理的机械化操作。

◆ 严密的卫生防疫措施

从饲料、饮水和环境等方面做好卫生保健工作,制定严格的防疫制度和操作规程,严防各种疾病的发生。

4 肉鸡饲养阶段如何划分?

肉鸡饲养可分为饲料分段与管理分段。

◆ 饲料分段

分为两段制和三段制。我国肉鸡饲养标准通常为两段,即 0~4

月龄和 5 周龄以上，根据这个标准配成前期料和后期料。国外肉仔鸡饲养标准大多为三段制，以美国国家研究委员会（NRC）饲养标准为例，三段分别为 0～3 周龄、4～6 周龄和 7～9 周龄。根据这三段，美国肉鸡饲料分为前期料、中期料和后期料。

◆ 管理分段

肉鸡饲养分为三个阶段，即育雏期、生长期和育肥期。育雏期为 0～3 周龄，此阶段温度要严控；4～6 周龄为生长期，这一阶段仔鸡生长迅速；7 周龄至出栏为育肥期，这一阶段肉鸡变得肥壮。

5 不同阶段的饲料配比如何掌握？

◆ 前期料

前期料即小鸡料，蛋白质含量在 21%～23%。

◆ 中期料

中期料即生长鸡料，增加饲料中的能量，适度降低蛋白质。

◆ 后期料

后期料即育肥料，重点增加饲料中的能量。

6 不同阶段的疫病防疫重点是什么？

◆ 饲养前期（0-21日龄）

此时期主要控制沙门氏杆菌病和大肠杆菌病。一旦感染这两种疾病，有2%～3%的死亡概率。在肉鸡整个饲喂阶段，这一阶段死去的雏鸡约占饲养全程死亡总数的30%。

防治措施 购买雏鸡时不要贪图便宜，要去正规的孵化场；育雏条件应尽可能改善，暖风取暖时注意减少粉尘；保持鸡舍内适宜的温度，不能忽高忽低。一旦出现问题，用药一定要及时，并选择优质饲料，保证雏鸡的营养。

◆ 饲养中期（22-35日龄）

要注意球虫病（地面平养）、支原体病、大肠杆菌病和传染性法氏囊病。这几种疾病的死亡率约为3%，占肉鸡饲喂全程死亡总数的35%。

防治措施 控制温度，保持干燥，通风要勤，忌寒凉；经常消毒垫料，可在夜间分群免疫，减少应激。

◆ 饲养后期（36日龄至出栏）

要注意大肠杆菌病、非典型新城疫及其混合感染。这几种疾病的死亡率为3%～4%，占肉鸡饲喂全程死亡总数的35%。

防治措施 改善环境，保持清洁，常通风，勤消毒，可以使用两三种药交替消毒，免疫消毒要合规。免疫鸡的发病率会下降，因此前、中期免疫要按程序进行。此外，预防用药不能少，可以联合使用抗菌、抗病毒药物。

7 肉鸡养殖如何节省饲料？

◆ 合理使用添加剂

在肉鸡饲喂的阶段性管理中，饲料营养成分有所不同，一定要严格按照肉鸡多元化指标配制饲料，在做到原料种类多样化的同时，选择优质的添加剂。饲料的颗粒度不要过细，过细适口性差，易飞散；过粗则鸡易择食，采食不均匀，易造成营养不良，因此成鸡的颗粒度以0.4～0.5厘米为宜。

◆ 做好饲料保管

饲料储存三要素——通风、干燥、避光。存储得当，可以防止饲料氧化、霉变，还可防止鼠类、鸟类的偷食。

◆ 定时定量饲喂

投料要定时，饲料要定量，少放勤添，一次投料量在料槽深度三分之一以下、料筒深度二分之一以下，防止浪费。

◆ 适时断喙

7～10日龄时雏鸡要及时断喙，可防止饲料被掀出槽外造成浪费。

◆ 科学使用料槽

料槽要量鸡适用，大小、深度随着肉鸡阶段性长大而变化。脱温鸡后料槽应用槽底尖、肚大口小、两边上缘加2厘米卷边的料槽，防止鸡进入槽内抓出饲料或采食时饲料外溢。料槽的槽上缘要比鸡背高2厘米，挡住被肉鸡掀起的饲料，防止掉落到外面。

◆ 及时驱虫

一般室内养殖的肉鸡很少驱虫。野外散养鸡由于有吃到寄生虫卵的可能，应在育成鸡阶段驱虫1次，防止寄生虫抢走本应摄入到肉鸡体内的营养。

◆ **注意水槽水位**

水槽水位不能太高,特别是喂干粉饲料时,鸡喙上所沾的饲料会留到水槽中,从而造成浪费,还会污染饮水。

8 为什么提倡"全进全出制"?

"全进全出制"是现代畜牧养殖管理技术的一种。指同一批、同一生产阶段的家畜或家禽,同时进入养殖场的同一生产区,在该生产区饲喂相同时间后又全部转出该生产区,进入下一生产区或出栏出售。转出后,该生产区应彻底打扫卫生和消毒,修整1~2个星期。

这种饲养制度简单易行,优点多。在饲养期内管理方便,易于控制各类疫病和圈舍温度,便于机械作业,有效提高劳动效率和养殖效益。出场以后便于彻底打扫、清洗、消毒,杜绝各种传染病的继代循环感染,并且具有增重快、耗料少、死亡率低的优点。

9 减少鸡群发病有哪些策略及措施?

◆ **全进全出**

控制疫病的基本条件。

◆ **隔离饲养**

防止传染病发生的重要措施。

◆ **注重卫生**

定期对鸡舍和场区进行清扫消毒,至少一周一次;病死鸡和粪污应进行无害化处理。

◆ **控制好鸡舍环境**

为鸡群创造良好的生存环境,保持适宜的温湿度和通风,保证鸡群的健康。鸡舍环境适宜时即便发生疫病也容易控制。

◆ **加强饲养管理**

根据不同品种、不同阶段、不同季节调配不同的饲料,提高鸡的免疫力。

◆ **及时补充维生素**

当鸡因受惊、饲养条件变化等原因导致发生应激反应时,要及时补充维生素A、维生素C和维生素K。

10 控制光照对鸡会产生哪些作用？

◆ 雏鸡

光照的作用主要是使雏鸡能够熟悉周围环境，进行正常的饮水和采食。为了增加肉仔鸡的采食时间，提高增重速度，通常采用每天23小时光照、1小时黑暗的光照制度或间歇光照制度。

◆ 育成鸡

合理的光照可控制鸡的性成熟时间。光照减少可延迟性成熟，使鸡的体重在性成熟时达标；增加光照可加快性成熟，使鸡适时性成熟。

◆ 母鸡

增加光照并维持相当长的光照时间（15小时以上）可促使母鸡排卵和产蛋，并使母鸡获得足够的采食、饮水、社交和休息时间，提高生产效率。

◆ 公鸡

通过合理光照控制公鸡的体重，使其适时性成熟。20周龄后15小时左右的光照有利于精子的产生，增加精液量。

11 弱光养殖的优势有哪些?

弱光可降低鸡的兴奋性，使鸡经常保持安静的状态，促进鸡的生产发育；可促进肉鸡分泌褪黑激素，提高鸡的免疫力，减少发病概率；可降低鸡的兴奋性，减少争抢、打斗、啄癖等现象的发生，提高肉品品质，增加养殖效益。

12 育雏期对温度的要求有哪些?

育雏温控非常重要，大致温控区间如下。

出生3～5天 32～30℃，并逐渐降低。

5周龄 25～32℃。

6周龄 18～21℃。

温控要做到早中晚至少监控一次。在育雏室内离地10厘米处悬吊温度计，不间断监控温度，防止因低温引发白痢病或高温引发脱水。

13 鸡舍的环境有哪些要求？

鸡舍环境条件包括温度、湿度、通风、光照等。

◆ 温度

1～2日龄　舍温 33～35℃。

7日龄　舍温 30～33℃，以后每周降 2℃左右。

5周龄　舍温 21℃左右。

◆ 湿度

1～7日龄　65%～70%。

14日龄以上　55%～60%。

◆ 通风

1～3周龄　适当通风。

4周龄以上　通风换气为主，保持适宜温度。

◆ 光照

1～3日龄　24小时光照。

3日龄以上　23小时光照，夜间 11~12 点关灯 1 小时。

14 肉鸡的饲养方式有哪些？

肉鸡的饲养方式通常有四种，即地面平养、网上平养、笼养、散养。

◆ **地面平养**

鸡舍内铺 5～10 厘米厚的垫料，定期打扫更换垫料。

◆ **网上平养**

铺设离地 50～60 厘米高的小孔网，网的材质可以是竹、金属或塑料。

◆ **笼养**

全程笼中饲养，适合垫料紧缺、鸡舍面积小、养鸡量多的养殖户。

◆ **散养**

选择开阔平缓的山坡或丘陵地搭建简易鸡舍，白天放鸡出舍觅食，早晚在鸡舍中补充饲料，晚上赶鸡入舍休息。

15 肉鸡的饲养密度多少最为合适？

饲养密度是指每平方米饲养鸡只的数量，合理的饲养密度可以保证鸡群健康生长发育。

1～7 日龄 每平方米 30～50 只。

8～14 日龄 每平方米约 28 只。

15～21 日龄 每平方米 18～20 只。

21 日龄以上 每平方米 8～10 只。

16 如何满足肉鸡的氨基酸需求？

蛋白质的主要成分为氨基酸，可增加饲料中的蛋白质比例来补充氨基酸。

◆ **多原料配合**

每种饲料的蛋白质可以实现互补。

◆ **动、植物性蛋白质饲料搭配使用**

动物性蛋白质饲料具备氨基酸平衡、蛋白质利用率高、价格昂贵等特点，配比占3%～7%最为合适；植物性蛋白质饲料具备氨基酸组成不平衡、价格较低等特点，配比占25%～30%最为合适。

◆ **添加合成氨基酸**

若肉鸡需求的某种氨基酸含量少且成本高，可以适当添加人工合成的氨基酸，比如蛋氨酸和赖氨酸。

17 肉鸡容易缺乏的常量矿物元素有哪些？

肉鸡容易缺乏的常量元素有钙、磷、钠、氯。

缺磷 腿软症。

缺钠和氯 食欲不振、生长停滞、啄羽、啄肛、啄趾。

缺乏的元素不宜补充过量，过量会造成肉鸡不适，比如饲料过咸会造成肉鸡食盐中毒等。

18 肉鸡缺乏维生素有何影响?

维生素是一种低分子有机化合物,对家禽维持各种生理机能必不可少,还能调节和控制禽体代谢,提高禽类的生产性能和饲料的利用率。

目前肉鸡饲料主要添加脂溶性维生素和水溶性维生素两大类,常见维生素有维生素 A、维生素 D、维生素 K、维生素 E、维生素 B_1、维生素 B_2、维生素 B_6、维生素 B_{12}、烟酸、泛酸、胆碱、叶酸、生物素、维生素 C 等。缺乏其中任何一种都会造成肉鸡代谢紊乱,引发各种病症。

19 肉鸡缺乏微量元素有什么影响?

在肉鸡饲料中需要补充的微量元素主要有锰、铁、铜、钴、碘、硒等。锰缺乏造成的滑腱症对于集约化饲养的禽类而言,甚至比维生素缺乏的影响更大。

微量元素在肉鸡体内是不能相互转化或代替的,如果不足或缺乏,会影响肉鸡的正常生长发育,并降低饲料利用率,因此要注意补充微量元素。

20 影响鸡肉品质的主要因素有哪些？

◆ **品种**

肉鸡品种不同，鸡肉的品质也不相同。

◆ **饲料结构**

饲料中的各种营养对肉鸡各部位生长起着关键作用。比如，富含胡萝卜素的黄玉米可促使肉鸡生长，还能加深蛋黄颜色，使肉质更细嫩；蛋白质饲料可影响鸡肉风味和鸡的脂肪率；矿物质与肉鸡肉质品质息息相关。

◆ **其他**

肉鸡鸡肉品质的影响因素并非单一因素，诸如放养方式、鸡舍环境等生活因素，以及屠宰厂的工艺流程、宰杀后的保存处理，都会对鸡肉品质造成影响。

21 为什么要公母分饲？

公母分饲的原因有以下几种。

生长发育速度不同　公鸡成长速度要快于母鸡，分饲可各自促进生长。

羽毛生长速度不同　母鸡羽毛生长速度快于公鸡。

沉积脂肪能力不同　母鸡更易沉积脂肪。

胸囊肿的发病概率及病症严重程度不同　公鸡胸部疾病发生率更高。

因此，将仔鸡公母分饲，根据其特点提供定制化环境和饲料，可有效提高肉鸡利用率。

22 比起公母混群饲喂，分群饲喂优点有哪些？

首先，分群饲喂提高了鸡体均匀度；其次，在屠宰阶段，便于进行机械化宰杀、分割等操作。

◆ **提高饲料利用率**

避免出现饲料浪费。

◆ **便于管理**

鸡群分群时，管理起来比混养鸡群更为容易。

◆ **生长速度加快**

分群饲养时，鸡群的生长速度比混养要快。

23 公母分饲后，应采取哪些技术措施？

◆ **分别配备饲料**

饲料可根据公母进行定制，使饲料更适合鸡群食用。

◆ **根据公母鸡生长特征，调节温度**

前期公鸡羽毛生长较慢，公鸡鸡舍温度要高于母鸡鸡舍；后期公鸡体质相对怕热，此时公鸡鸡舍温度要低于母鸡鸡舍。

◆ **合理把握出栏时间**

公鸡与母鸡生长速度不同，应实施公鸡母鸡分期出栏。

第二节 蛋鸡养殖知识问答

1 蛋鸡养殖阶段如何划分？各阶段生产特性是什么？

蛋鸡的整个养殖周期可大体划分为育雏期、育成期、产蛋高峰期和产蛋后期4个时期，并在此基础上细分为8个养殖阶段。应根据各阶段特点，精准把控饲料营养含量，以期充分发挥生产性能。

◆ 育雏期

育雏期是从雏鸡出壳到12周龄，此时生长速度快，消化能力弱，营养要求高。育雏期又细分为开食期（0～3周）、育雏前期（4～6周）和育雏后期（7～12周）3个阶段。

◆ 育成期

育成期分为2个阶段：13～15周龄末，增重减慢，蛋鸡开始发育骨骼和肌肉，同时生殖系统发育逐渐加快；16～18周龄，蛋鸡陆续进入性成熟期，开始第二个体重增长高峰期，这一时期的蛋鸡卵泡发育，骨钙沉积能力加强，初步具备产蛋能力。

◆ 产蛋高峰期

产蛋高峰期分为2个阶段：开产至35周，鸡群的体重、采食量、日产蛋重逐渐增加直至稳定；35周后，生产性能达到最佳，体重和采食量保持相对稳定。

◆ **产蛋后期**

产蛋率低于 90% 时标志着蛋鸡进入产蛋后期。这一时期,鸡群产蛋率和蛋壳质量都呈现逐步下降的趋势,料蛋比(蛋鸡所吃饲料与产蛋重量的比值)逐渐增高。

蛋鸡各阶段的营养管理要点如下。

◆ **育雏期**

饲料侧重于高营养、易消化,促进内脏和骨骼发育。雏鸡最好以膨化日粮开食,开食料应饲喂 2～3 周。2 周龄后,雏鸡料可逐渐过渡为粉料。这个时期要记得在饲料中逐步加入膳食纤维,以锻炼雏鸡的消化系统。育雏后期饲料中要进一步增加膳食纤维含量。

◆ **育成期**

育成期饲养很关键,与蛋鸡产蛋期的采食量、料蛋比和死淘率息息相关。育成期粗蛋白为 16%,代谢能为每千克 2750～2850 千卡,钙、磷与育雏期基本一致。为锻炼肠道功能,建议育成期日粮应含有不低于 4.2% 的纤维素。

预产期营养管理的重点是适时开产，日粮的维生素与微量元素水平一般和产蛋鸡料保持一致，应逐渐减少纤维素水平，增加蛋白质含量，同时增加日粮的钙含量，并开始在清晨逐渐增加光照时间。

◆ **产蛋高峰期**

35周龄前，鸡还在继续生长，这个时期营养不足可能会造成体重下降和骨骼软化，影响鸡群健康、产蛋高峰期时长和蛋壳质量。此时，要想获得最佳料蛋比，切记要补充足量维生素B族和酶制剂，让饲料更易消化。同时，还要使用功能性添加剂，如益生菌、短链脂肪酸、植物精油、有机酸等，来保护产蛋高峰期鸡只的肠道健康。

◆ **产蛋后期**

这个时期，鸡体内的性激素水平呈下降趋势，肠道吸收力、骨骼含钙量均有所下降，鸡群易出现骨折或瘫痪现象。这个时期产出的鸡蛋，蛋形增大，蛋壳质量下降、颜色变浅。饲喂时，要注重给鸡群补充钙质、氨基酸、矿物质等元素，来改善蛋壳质量。

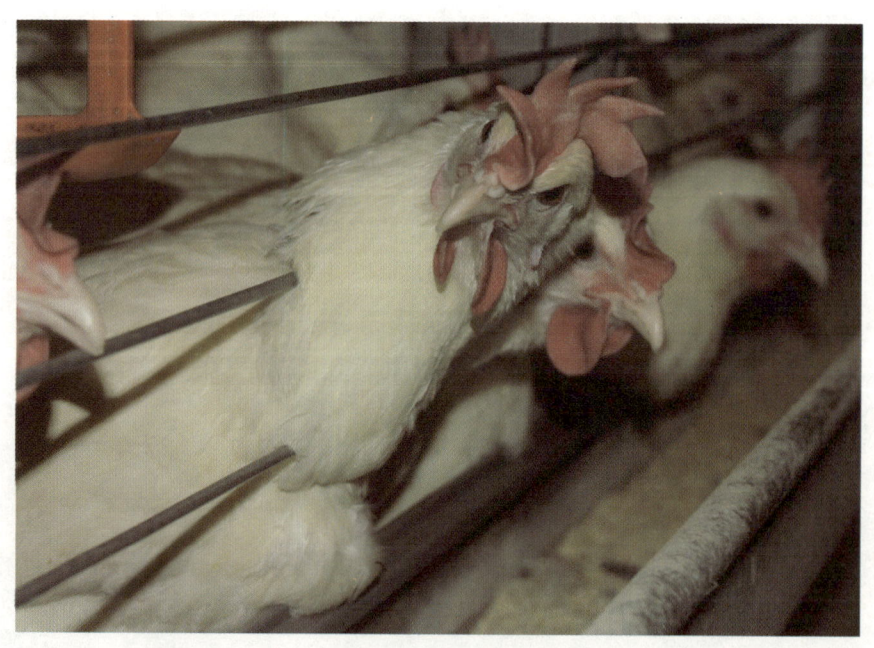

2. 雏鸡的饲养注意事项有哪些?

◆ 温度

第一周温度为 33～35℃,第二周为 31～33℃,第三周为 28～31℃,第四周为 24～28℃。第四周之后,夏天可降低到室温,冬天应逐渐降低到 20℃ 左右,不应低于 18℃。

◆ 相对湿度

1～10 日龄的相对湿度为 60%～70%,10 日龄以上为 50%～60%。10 日龄以后,通风次数应增多,并要勤换垫料,保持室内清洁干燥。

◆ 饲养密度

地面平养密度为每平方米 12～25 只,网上饲养密度为每平方米 27～60 只。随着鸡只逐渐长大,饲养密度可减到每平方米 10 只左右。

◆ 通风

注意通风换气,避免粪便分解逸出的有害气体影响鸡群健康。通风前提高舍温 2℃ 左右,通风不要对开帘,避免出现过堂风、间隙风等较大的风。

◆ 安静

雏鸡喜群居,极易出现应激反应,要确保环境安静,才能保证其生长发育良好。

3 怎样给雏鸡饮水开食？

◆ **饮水方法与饮水空间**

初生雏鸡从温度较高的孵化器中出来，进入育雏室要待很长一段时间，因此要供足饮水。

第一，育雏室内摆放充足的饮水器，并且要均匀分布。

第三，饮水器的高度正好适合雏鸡饮用。

第四，饮水器的大小根据雏鸡周龄更换。

第五，饮水器要每天清洗1～2次，并用药物进行消毒。

◆ **饮水量**

雏鸡的饮水量因具体情况而异，体重越大，生长越快，饮水量越多；环境温度越高，需要的饮水量越多。

4 为何要先饮水后开食？

雏鸡出壳后，肠胃发育不成熟，还不能消化饲料，加上此时体内的蛋黄还没有被完全吸收，短期内蛋黄完全可以满足雏鸡的营养需要。因此，雏鸡要先饮水后开食，有利于肠道蠕动，排出胎粪，增进食欲。

此外，刚出壳的雏鸡喜欢沉睡，没有求食表现，并且经过长途运输后不能急于饲喂，最好遮光，让雏鸡休息一会儿。

5 雏鸡的饲喂需注意什么问题？

◆ 雏鸡饲料

全价料，严格按饲养标准配置，新鲜且质量上佳。

◆ 雏鸡饲喂时间

初期白天喂料4～5次，夜间加喂1～2次；后期全天喂料5～6次；喂料时间固定，少喂多添。

6 为什么要断喙？

断喙的目的是有效防止鸡群啄肛、啄羽、啄趾等恶癖的发生。同时，断喙可防止浪费饲料，使鸡群的采食速度减慢、均匀，鸡群的发育整齐一致。此外，断喙能够提高产蛋期间的成活率，减少死淘率。

7 一般什么时候断喙较好？

断喙的时间一般在6～10日龄最好，此时鸡只小，便于操作，并且可以有效防止早期啄癖的发生。

8 断喙时应注意什么问题?

◆ 注意事项

断喙前,鸡群健康无疫情;断喙前2～3天,每千克饲料添加2～3毫克维生素K,以促凝血,同时加入抗应激药物,以减少应激反应;更换新刀片,通过刀片颜色判断刀片温度;断喙人员必须有足够的经验;断喙后要供给充足的饮水。

一般上切二分之一,下切三分之一,上短下长,切后用烙铁烙烫,使其结痂,防止出血过多,造成死亡。发现止血效果不理想、喙部仍在流血的雏鸡,应重新灼烧止血。

◆ 断喙步骤

左手抓鸡腿,右手拿鸡,将右手拇指放在鸡头上,食指放在咽下,稍施压力使鸡缩舌。选择合适的孔眼,通常在离鼻孔2毫米处,上喙断去二分之一,下喙断去三分之一。切刀在喙切面四周滚动烧灼2～3秒,压平切面边缘,以止血和破坏生长点,阻止喙外缘重新生长。

9 育成鸡的饲养管理技术要点有哪些?

◆ 控制光照

育成期的光照时间以每天8～9小时为最好。生长过程中可以逐渐缩短光照时间,切忌逐渐增加光照。光照强度以鸡能看见觅食为好,既省电又可防止啄癖发生,还能防止蛋鸡过早成熟。

◆ 饮水

为了保证育成鸡的健康发育，必须提供充足的清洁饮水。

◆ 喂料

喂料要均匀，每天净槽一次，时间最好在下午 4 点左右。

◆ 温度

育成鸡的最佳生长温度为 21℃ 左右，一般控制在 15～25℃。

◆ 驱虫

15～60 日龄易患绦虫病，可按每千克体重 0.15～0.2 克的标准，将灭绦灵拌入饲料中进行驱虫。

◆ 卫生防疫

平时要做好消毒工作，每周给鸡消毒 2～3 次。及时清粪，做好疫苗接种工作。

◆ 分群饲养

要随时挑出病弱伤残的鸡，进行隔离饲养。为了提高均匀度，应在 70～90 日龄对鸡群进行逐只称重修喙，按体重大小分成 3 群，分别进行管理。

◆ 观察鸡群

观察鸡的精神状况、采食状况、排粪情况、外观表现等。

10 如何搭配育成鸡的饲料？

育成期饲料粗蛋白含量应逐渐减少，从6周龄前的19%，到7～14周龄的16%，再到15～20周龄的12%。饲料中的矿物质含量要充足，钙磷比例应保持在1.2～1.5∶1，各种维生素及微量元素比例要适当。砂砾供给按照地面平养100只鸡算，每周要有0.2～0.3千克；笼养鸡的砂砾供给量，大概是饲料的0.5%。

11 限制饲喂的意义是什么？

◆ **限制饲喂的目的**

控制鸡只体重增长过快，蓄积正常脂肪；育成健康结实、发育匀称的后备鸡；防止早熟，提高生产性能；减少产蛋期死淘率。

◆ **限制饲养的意义**

少吃慢长，防止鸡只早熟；脂肪少不仅不脱肛，还能节约饲料。

◆ **限制饲养的方法**

限量、限时和限质。

限量 正常采食量的80%～90%。

限时 隔日饲喂或每周限饲，隔日限制饲喂即两天并为一天喂；每周限制饲喂即每周停喂1～2天。

限质 采用"三低"（低能量、低蛋白、低赖氨酸）限质法，对延迟鸡只性成熟很有效。

12 限制饲喂的注意事项有哪些？

限饲前挑出病鸡和弱鸡，限饲中如鸡群发病或受到应激，应立即停止限饲，改为自由采食。

第一，限饲前对鸡群进行优胜劣汰，挑出体重较轻、体质较弱的鸡只，并给鸡群断喙。

第二，要规律性称量鸡群体重，根据体重随时调整饲喂量。

第三，限饲不限槽，要准备多只食槽。

第四，限饲的同时可控光，控光时长为6～8小时。

第五，随时查看鸡群动态，需要注射应激疫苗时应停止限饲。

第六，母鸡产蛋有标准，低于5%应停止限饲。限饲并非立即停止，可在一周之内逐渐改量，日粮饲制应缓慢添加。

第七，限饲首先重效益，产蛋差、出现鸡只死亡应立即停止。

13 造成啄癖的主要原因有哪些？如何防治？

◆ 主要原因

饲料无营养，管理不精良；混群饲养不合理，有寄生虫存在；泄殖腔及输卵管脱垂，鲜红的颜色会引起鸡啄；小笼圈养时鸡只运动少，啄癖发作的概率相对高一些。

◆ 如何防治

发生啄癖不可怕，应尽快找到原因，及时用药，同时要及时移走伤鸡，并按时断喙，以防啄癖。

14 产蛋鸡的管理技术要点有哪些？

◆ 及时转群

在鸡体重达到标准的情况下，9周龄转群较好。转群不能盲目转，优胜劣汰很重要，需淘汰残鸡、弱鸡，装鸡的密度也要适宜。转群完毕应添水、添料，减少、减轻鸡群的应激反应。

转群注意事项 一是转群前应停止喂料6小时左右，让鸡将剩料吃完；二是抓鸡时最好抓鸡的双腿，不要抓头、颈、翅膀；三是为了减少应激，在转群前不要进行疫苗接种。

◆ 温度

产蛋有适宜气温，一般为13～20℃，最高不超过29℃，最低不低于5℃。夏季太热时要注意防暑降温、勤通风，冬季寒冷时要注意保温，堵住北窗，保持鸡舍内干燥。

◆ 湿度

鸡的适应湿度在40%～72%之间，最佳湿度为60%～65%。湿度过高时可放石灰吸收潮气，降低湿度；湿度过低时应尽快喷雾，细雾可增加空气的湿度。

◆ 通风

对鸡舍内通风量和气流速度的要求为：夏季不能低于0.5米/秒，冬季不能高于0.2米/秒。

◆ 光照

产蛋期内鸡舍的光照时间只延长不缩短，可逐渐增加到每天16个小时。从18周龄开始，每周增加半小时，到22周龄增加到每天16个小时。产蛋后期，每天的光照需要增加到17个小时。光照强度相对固定，不能随意减弱或增强。一般在料槽前距地面2米处、间隔 3 米设一个 25W 灯泡即可达到光照强度。

◆ 鸡舍环境

喷洒 2% 火碱，门外设置消毒池，种植低矮植物和草坪，可释放氧气、净化空气。同时要严防应激因素，远离鼠猫犬类动物，应做好防疫工作。

15 产蛋期的鸡如何提高产蛋率？

◆ 及时调整饲料

产蛋初期营养要充足，饲料中要多添加维生素。取消限饲，让鸡群自由进食，开灯期间要保证槽里有饲料。

◆ 提高蛋白质水平

母鸡产蛋期耗能较高，要增加蛋白质饲料；鱼粉豆饼可加到日粮中，注意少添杂粮料，多添精粮。

◆ 补充维生素

维生素 D 不能缺，一旦缺乏不易吸收钙，导致蛋壳软薄、质量低；产蛋增多时耗能较大，应添加多种维生素。

◆ 提高矿物质含量

饲料中应适当添加钙、磷等矿物质，否则会引起鸡蛋破壳、软壳甚至无壳以及异食癖等病症。

16 如何选留高产母鸡？

可通过"四看一摸"的方法选留高产母鸡。

◆ 四看

一看 冠和肉髯具鲜红，厚厚实实产蛋多。

二看 高产母鸡食量大，早出晚归觅食忙。

三看 外观清秀羽毛暗，几乎每天都产蛋。

四看 高产母鸡不抱窝。

◆ 一摸

高产母鸡肛门、腹部柔软，耻骨之间可容纳三指；低产母鸡肛门小，狭窄紧缩。

17 如何淘汰不产蛋的鸡？

从以下几个方面可挑出低产鸡和停产鸡。

看羽毛 产蛋鸡羽毛看上去较陈旧，低产鸡和停产鸡羽毛出现脱落、正在换羽或已提前换完羽。

看冠、肉垂 鸡冠、肉垂苍白,萎缩,又薄又窄,无精神。

看耻骨 耻骨间距在三指内。

看腹部 病鸡的腹腔不健康，腹部膨大且坚硬；停产低产的鸡肚腩小、腹部狭窄、收缩。

看肛门 肛门小，皱缩干燥，呈圆形。

18 什么是蛋鸡换羽？

蛋鸡换羽好比人类在不同季节需要增减衣服一样，夏天的鸡，羽毛到了冬天已经不能起到很好的御寒作用，所以在冬天来临之前要换羽一次。换羽的时间一般在秋季，这是常规意义上的换羽。事实上，鸡从育雏期到育成期、从育成期到产蛋期都有换羽的过程，不过这些换羽过程养鸡户一般不用管。

19 什么是强制换羽？

鸡换羽有一定的身体机能特点和规律，但不同的鸡个体之间又有差异。所谓人工强制换羽，就是由养鸡户改变鸡现有的规律和个体差异，使用外在因素让鸡群按照养鸡户的意识更快更整齐地完成换羽。

20 为什么要强制换羽？

人工强制换羽是提高蛋鸡生产效率、蛋鸡养殖经济效益的必经之路。首先，蛋鸡个体换羽速度不一，高产鸡快，低产鸡慢，这种参差不齐会严重影响养鸡户的饲养管理计划，比如光照、饲喂等，所以要进行强制统一换羽。其次，如果让鸡自然换羽，时间太长，消耗太大，成本太高，所以要强制加快换羽进程。

21 强制换羽的方法有哪些？

目前在实际养鸡过程中，比较常用的人工强制换羽方法有两种：一种是在饲料中添加氧化锌或硫酸锌，锌含量占到饲料的2%左右，一般饲喂一周。从第8天起正常喂料，然后10天左右即可停产，21天左右重新产蛋。另一种是比较传统的强制换羽方法，也就是使用停料的"饥饿疗法"。

22 强制换羽有哪些风险？

鸡是一种很容易应激的禽类，强制换羽可能会造成鸡群应激严重，或者降低鸡群的免疫力，从而提高鸡群的死亡率和患病概率。尤其是一些比较弱的鸡，或者已经感染了鸡病还没有明显症状的鸡，这个时候可能会无法适应而出现重病甚至死亡。

23 强制换羽的基本过程是什么？

◆ 准备期

做好换羽准备工作，通常在第一产蛋期末、强制换羽一周前。

◆ 实施期

执行强制换羽第一天到鸡群体重下降至25%～30%，或死亡率达3%时止。

◆ 恢复期

实施期后恢复喂料，等到鸡群脱旧羽换新羽，产蛋率到5%为止。

◆ 第二产蛋期

鸡群恢复产蛋，产蛋率从5%逐渐升高，直至鸡群淘汰。

24 产蛋后期如何界定？

蛋鸡从产蛋45周龄开始到72周龄为产蛋后期。产蛋高峰期过后，每周产蛋率下降0.5%～1%，至72周龄时产蛋率下降至65%～70%。

25 蛋鸡产蛋后期有什么特点？

◆ 产蛋率逐渐下降

产蛋后期，蛋鸡生理机能逐渐衰退，产蛋变少但进食量增加，蛋鸡体内囤积脂肪，体形逐渐肥硕。

◆ 蛋壳质量变差

蛋鸡变成老蛋鸡，消化吸收能力变弱，蛋壳变薄，易破损，这种情况经过调整饲料便能缓解。

◆ 蛋重变大

蛋鸡变老后蛋重逐渐增大，产蛋有困难，如不调整，易引起蛋鸡脱肛或啄肛。

◆ 疾病抵抗力下降

产蛋后期免疫力下降，抗体水平日益变低，疾病抵抗力下降。

◆ 癞鸡增多

产蛋后期癞鸡增多，体重减轻、体质变差，产蛋机能难以恢复，至此结束产蛋期。

26 产蛋后期如何提高经济效益？

◆ 控制给料量

产蛋高峰过后2周开始控制饲喂量。以天为单位，100只鸡减少给料量200克，连续如此三四天。若饲料减少但产蛋量不变，就坚持料量14天后再减量；若产蛋量下降，则恢复减料前的水平。

◆ 增加饲料中钙的含量

40周龄以上的鸡，钙含量增至4%。

◆ 控制蛋重增加

控制给料，降低蛋白质供应，降幅1%。同时减少蛋氨酸的添加，百分比控制在0.05%。

◆ 免疫问题

无特殊情况不免疫，保证正常产蛋率，遇到新城疫和禽流感，要加强免疫。超过40周龄后，切记要常监测抗体，随机应变，加强鸡群免疫。

第三节 肉鸭养殖知识问答

1 鸭舍选址需要注意哪些方面？

第一，远离主干道、村庄、污水沟、污染性企业、屠宰厂及养殖区，远离噪声、灯光等应激刺激。

第二，交通方便，从场区到公路要修建专用、平坦的道路，有利于降低运输费用，减少运输过程中的损耗。

第三，照明、通风、饮水、加料及饲养管理人员办公都需要用电，必须保证稳定的电力供应，自备发电应急设备。

第四，地势要高、地形开阔，最好有一定的缓坡，便于排放污水、雨水等。

第五，鸭场土质最好是砂质土壤，地面干燥，透气性好，雨后易干。

第六，鸭场应设置围栏及消毒池，有利于卫生防疫和环境控制。

2　新建鸭场要怎么布局？

鸭场建筑应按照生活管理区、养殖区与污染处理区布局，各个区域既要严格分开又要方便使用。鸭场布局中，人、鸭、屋三者以人为先，以物为后，生活和办公区应处于养殖区的上风向，从而减少饲料粉尘、粪便及其他污染物的不良影响。

在地势和风向排列方面，鸭舍风向是优先考虑的因素。鸭场道路布局应分净道和污道，二者不能交叉混用。净道为人员行走和饲料的运输通道，设在鸭舍的前端。污道为肉鸭、粪污、死鸭及需要运洗设备的通道，应设在鸭舍的末端。一般净道宽为4米，污道宽为3米。

3　育雏前需要做哪些准备？

进雏前15天，清理鸭舍、冲洗过道，对养殖设备进行浸泡刷洗、消毒、清水冲洗，在阳光下暴晒备用。

进雏前10天，清扫道路、排水沟、院落，用石灰加烧碱水进行消毒。

进雏前8天，检修供水、供电、供暖设备，发酵床的垫料整理平整。

进雏前7天，关闭门窗、通风口，检查有无漏气的地方。封闭鸭舍，温度保持在25℃，湿度为75%。每立方米使用甲醛42毫升、高锰酸钾21克进行熏蒸，给鸭舍进行消毒。

进雏前5天，打开门窗、通风孔和排气扇。

进雏前3天，关闭所有门窗，准备好育雏所用的工具、器具、垫料、开口料、开口药、疫苗等，尽量避免进鸭后频繁外出。

进雏前1~2天，每扇鸭舍门前都要放置消毒盆，进出鸭舍一定要消毒。在舍内点炉试温，采暖炉要有烟囱，在雏鸭到达前，舍内温度要达到30~35℃，空气相对湿度为65%~70%。

4 如何接雏？

首先，检查供水、供电、饲料、疫苗药品等，将舍内温度调至至32~35℃，进雏前将饮水器装上凉开水，自然预热至26℃以上。

其次，选择健康、大小均匀的雏鸭。这种雏鸭腹部平坦、体形匀称，尾端不下垂，站立平稳，运动协调，羽毛洁净，有光泽，胸身背阔，脐部收缩良好，对光及声音有灵敏反应，手握有温度感，挣扎有力。

最后，根据雏鸭的体质和体重分群。弱雏要放在靠近热源的区域饲养，促使"大肚子"雏鸭完全吸收腹内卵黄，卵黄吸收良好是肉鸭抗病能力的保障。育雏的成功与否关系到整批鸭子的养殖效益。养殖过程中要经常把体质强和体质弱的雏鸭挑选出来单独饲养，以免鸭群出现两群分化的现象。

5 雏鸭"开水"是什么意思？

初生雏鸭第一次饮水称为"开水"。培养雏鸭要掌握早饮水早开食、先饮水后开食的原则。一般雏鸭出壳后24～26小时，在开食前先开水。因出壳的过程较长，雏鸭体内水分散发较多，必须及时补充水分，以免脱水。雏鸭饮不上水就吃不上料，因此所有雏鸭都要饮上水才能开食，否则36小时就会成为弱鸭而死亡。

6 雏鸭饮水需要注意哪些方面？

饮水器尽量放在石槽附近，绝不能断水。每天清洁饮水器，保证饮水卫生。雏鸭饲养至 3~5 日龄时，逐渐把真空饮水器移动到自动饮水设备附近。让雏鸭逐步习惯使用乳头饮水器，便可撤出真空饮水器。每个乳头饮水器可供给约 25 只雏鸭饮水。冬季肉鸭育雏前 5 天最好饮用温水。夏天饮用水要清凉洁净，水中添加可以增加雏鸭食欲、帮助缓解热应激的维生素 C。饮水要经过消毒或采用没有污染的深井水。在潮湿季节适当控水，有助于改善舍内环境。

7 雏鸭"开食"应该注意些什么？

在"开水"1~2 小时后，雏鸭开始觅食。每 50 只雏鸭放置一个开食盘，或将饲料撒在塑料布上，厚度不要超过 1 厘米，保证每只鸭都能吃到饲料。喂雏鸭应遵循少喂多餐、随吃随添的原则，每次少量添加，让鸭在短时间内吃完，逐步过渡到定时定量，这样既减少浪费，又能促进雏鸭发育。

第一周龄一般一天喂 6~8 次，第二周龄一天喂 4~6 次。每天为雏鸭提供足够的采食位置，两次喂料要间隔一定的时间，让雏鸭能够充分消化饲料。

在进鸭的第 2~3 天，可放置一些料槽或者料桶，培养鸭子从料槽或料桶中觅食的习惯，为逐渐撤出开食盘做准备。

8 通风换气有什么要求?

通风和换气呈现因果关系。

第一,通风可使鸭舍空气流通。用新鲜空气替换掉舍内污浊空气,保证鸭舍内氧气充足,有利于肉鸭生长发育。

第二,通风可降低鸭舍温度。尤其是在夏季,育雏的中后期,舍温达到28℃以上时,雏鸭的体感会觉得过热。这个时候,即便鸭舍内空气新鲜,也要加强通风,保证雏鸭体感凉爽。还可以为鸭舍装上简易版"水低温空调扇",即在换气扇处装配湿帘,换气扇旋转时将湿帘中的水汽吹向鸭舍,增加空气湿度,降低温度。当然,也可以安装喷雾设备,让鸭舍下"毛毛雨",进而降低温度。

第三,通风可除湿。鸭舍内潮湿时,加强通风可吹走鸭舍内的水汽,降低湿度。

通风方法:

现在养殖户采用自然通风的居多,通风时应把鸭舍吊帘的下端固定,上端可随意升降,这样可限制风量和防止贼风直接吹向鸭子。鸭舍内环境不能以数据衡量时,就以人的感觉为标准,以不闷、无氨味、较长时间的工作不感觉疲劳为宜。

9 如何观察鸭群？

通过观察鸭群，随时调整温度和通风情况，改善鸭群的饲养环境，可尽早发现疾病前兆，及时防治。

◆ 观察行为姿态

在正常情况下，鸭群反应敏感，行动自如，精神活泼，眼明有神，饮水采食后自然均匀散布。如果鸭群缩颈垂直，羽毛蓬乱，闭目无神，站立不卧，身体发抖，纷纷扎堆在热源旁，说明鸭舍温度太低。如雏鸭一直伸脖，张口喘息，呼吸急促，多次饮水，说明鸭舍温度过高。如雏鸭头尾和翅膀下垂，闭目缩颈，精神萎靡，行走困难，则为病态。

◆ 观察羽毛

正常情况下，雏鸭羽毛舒展，有光泽，贴身整齐。如果雏鸭全身羽毛有污垢或羽毛脱落明显，说明湿度过大。如果羽毛逆立，蓬乱或稀疏，多为发病现象。

◆ 观察粪便

正常粪便为青灰色，不硬不软呈堆形，细看粪便表面，会有白色颗粒，属于尿酸盐沉积。当鸭患病时，往往排出绿色、白色、黄色等的异样稀便。

◆ 观察呼吸

冬天为了保温，鸭舍一般为封闭状态，舍内氨气、二氧化碳含量增高或灰尘过大，易诱发呼吸道疾病。注意观察肉鸭呼吸频率，有无流鼻涕、咳嗽、甩鼻，有无异样的呼吸音，如有上述现象，需要立刻分析原因，改善养殖环境，减少发病诱因，必要时进行治疗。

◆ 观察鸭采食量

鸭在正常情况下，日量应当天吃完。采食量减少往往是发病的前兆，应尽快解决。

10 鸭为什么会瘫痪?

8~9月是肉鸭瘫痪的高峰期,长势良好的大个鸭经常会瘫痪。

◆ **饲养原因**

由于雏鸭生长发育快,内脏发育与骨骼发育不同步,可造成腿骨发育缓慢,而不能支撑鸭子的重量,造成瘫痪。此外,营养物质缺乏,或自配饲料中蛋白质、钙、磷比例不当等原因,导致钙、维生素D缺乏,也可导致肉鸭瘫痪。

◆ **疾病因素**

鸭子患肠炎时,拉稀可造成机体脱水。脱水往往先从腿部开始,使腿部神经受到损伤,造成瘫痪。鸭患浆膜炎、鸭流感、病毒性脑炎等,会造成鸭神经性瘫痪;患霍乱、链球菌病等疾病时,病毒侵袭关节,导致鸭只患病毒性关节炎,也会造成瘫痪。

◆ **管理不当**

高网发酵床养鸭时,雏鸭的小翅膀有时会插在网床的网眼里,造成鸭子翻个儿,如处理不及时,便会造成瘫痪。

11 育肥阶段的注意事项有哪些？

◆ 生理特点

商品肉鸭 22 日龄后进入生长育肥期。此时鸭对外界环境的适应能力比雏鸭强，死亡率低，食欲旺盛，采食量大，生长快，躯体大而强壮。

◆ 保证饮水

要保证充足的饮水，减少饮水外洒，保持地面垫料的干燥，对水源和水线的水质定期进行微生物检测。

◆ 逐渐换料

从育雏结束转入生长育肥期的前 2～3 天，逐渐过渡到肉鸭中期料，育雏料与中期料比例依次为 2∶1、1∶1、1∶2，直到全部换为中期料。3 周后，逐渐由中期料更换为后期饲料，这个时期肉鸭骨骼生长较快，应该饲喂比育雏料蛋白质低但能量高的饲料。后期饲料中不能添加抗生素和促生长剂，以免药物在肉鸭体内残留。后期饲料颗粒大，自由采食快，要经常检查辅料桶内有无饲料。每周给桶内添加一次豆粒大小的沙土，每次每只 6～10 克。

◆ 适宜的养殖密度

地面平养以 3～4 只/平方米为宜，网上饲养 4～5 只/平方米。一般可以在鸭群休息时观察密度是否合适，如果鸭群卧在地面，有三分之一左右的地面空闲便是适宜的。冬季与夏季相比，肉鸭饲养密度相对应大一些，按以上原则可适当调整。

◆ 环境管理

育肥期鸭群要保证合适的温度、湿度和良好的通风，温度以 18～20℃为宜，最低为15℃，最高为30℃，防止温度突降。湿度在 55%～60% 为宜。在冬季和早春要做好保暖工作，必要时增温。夏季要做好防暑工作，加强通风，尽可能增加空气流动速度，防止高温。

◆ 加强垫料的管理

高网发酵床和地面发酵床要进行垫料管理，在 20～30 天时，每隔 2 天翻 1 次。饮水机内的水不要洒到垫料上，以免影响发酵菌群的活性。30 天以后隔天翻垫料 1 次，使垫料与鸭粪充分混合，利于分解。

12 肉鸭出栏前需要注意什么？

一般在肉鸭上市 10 天以前，就要停用各种药物和非营养性添加剂，绝对不得使用任何抗菌药物和促生长药物。在肉鸭出栏前至少 6 小时把饲喂设备搬出鸭舍，让肉鸭停止采食，有助于排空肠道中的实物，减少抓鸭时的伤亡。停食后，饮水要照常供给，直至抓鸭完毕，防止鸭体缺水。抓鸭时动作要轻柔、迅速，尽量选择早晚光线较暗时抓鸭。夏季应在温度较低的夜晚抓鸭，抓鸭者可握住鸭的颈部，慢慢提起，轻轻放入，避免抓鸭的翅膀和提一条腿，防止肉鸭受伤。

13 秋季鸭舍通风管理有哪些要点？

秋季天气逐渐转凉，昼夜温差大，且白天湿度较低、夜间湿度高。该季节的通风原则是，做好棚舍密闭，保证白天鸭群别受凉。进苗前检查侧墙板和房檐连接处、小窗周围、水帘顶部、地沟等处是否漏风，如有要及时封闭严实。封闭棚如果出现各处漏风，对鸭群是致命的伤害，导致鸭群出现极高发病率。

◆ 及时关注天气预报

每天都要关注天气变化，防止气温骤降时风机调整不及时引发鸭群的应激反应。

◆ 封闭侧湿帘

该季节已不用湿帘，进苗前可用油布毛毡对湿帘进行封闭，湿帘下端可适当留空当作通风口。

◆ 通风原则

要保证前期别受凉、后期别闷着。20日龄前鸭子个体小，对应棚舍空间大，此时鸭群需氧量少、代谢少，应防冷应激导致鸭群受凉，但也不要忽略最小通风量。20日龄后鸭子增重速度快，采食多、代谢旺盛，棚舍内有害气体和粉尘增加，需氧量多，此时通风量应该每天逐步增加，应以通风为主，兼顾降湿、保氧、除灰。

◆ 保证采食卫生

要做到每天净槽，鸭群把料桶内饲料彻底吃干净后再加料，控料要选择在一天中的高温时间段进行。

◆ 保证饮水卫生

定期冲洗水线防止堵塞（最好每周冲洗一次）。加药前清理干净水桶，防止水桶脏影响药效。

14 肉鸭冬季饲养应注意什么？

冬季天气寒冷，冷应激后肉鸭易得病。因此，冬季饲养管理很关键。

◆ 减少鸭舍内的热量散失

维修鸭舍，保证不漏风；注意隔热层，及时加盖帘，可在鸭舍南檐及北檐各拉两根铁丝，在铁丝上边挂双层塑料布，外边的一层塑料布上面活动，下面固定，里面的一层塑料布下面活动，上面固定，这样便可根据舍内温度需求调节通风量的大小。门口要挂保温帘子，受北风袭击的鸭舍最好在北边再加一层毛毡，建立一个保温缓冲层。

◆ 保证鸭舍适宜温度

鸭舍内温度不可忽高忽低，雏鸭昼夜温差不应超过3℃。鸭子日龄增大时要逐渐降温，昼夜温差不超过5℃。防疫期或发生某种疾病时，保温工作尤其关键。

◆ 确保鸭体热量

严防贼风、穿堂风，动物与人的体感相似，寒冷吹风容易感冒。鸭羽需干燥防淋湿，水温保持在16℃。垫料厚度要适宜，5～8厘米最佳，并且垫料区域要深加工，可铺上石灰和细砂，做实防寒保温工作。

◆ 运雏

最好选中午气温最高时接运鸭苗，运雏车内温度保持在25℃为宜。

◆ 扩群

扩群日龄根据天气、气温灵活掌握。扩群之前先升温，新舍如果过冷会导致肉鸭患病。

◆ 通风换气

通风和保温在低温季节矛盾更明显，要综合考虑，分清主次，尽可能做到既无刺激气味，又有适宜温度。

◆ 注意防潮

鸭舍湿度不高于65%。湿度过高时病菌增多，肉鸭易患肠炎、大肠杆菌、腹水症、球虫病等疾病；湿度过低会影响肉鸭的生长发育，导致脚趾又干又瘪，易患大肠杆菌疾病，过于干燥的话还会影响呼吸道健康。

◆ 其他

饲养密度适宜，光照合理。冬季鸭舍火灾发生较多，要增强防火、用电安全观念，包括炉火和电火，注意人、鸭安全。

15 肉鸭饲养的常见问题有哪些?

◆ 啄羽

主羽生长或光线太强、密度过大会造成发痒,从而引发肉鸭啄羽,可通过降低饲养密度、降低光照、加强饲养管理来改善。要给鸭群提供良好的生活环境,根据生长情况可适当添加电解多维或2%的生石膏粉等。

◆ 瞎眼

氨气浓度过高、维生素A缺乏都可导致肉鸭瞎眼,解决方法为加强通风、喂适量鱼肝油。

◆ 腹水

前期通风不良、缺氧,患大肠杆菌病、浆膜炎等疾病,以及药物慢性中毒、垫料发霉等均可导致肉鸭出现腹水。

◆ 甩鼻

支原体病、浆膜炎、感冒等可导致肉鸭出现甩鼻现象,非病原性因素如污浊气体、空气干燥、粉尘可损伤气管黏膜,导致呼吸道内黏液增多,也会引起甩鼻。

◆ 猝死

霍乱、副伤寒等疾病因素以及惊吓等应激因素均可导致肉鸭猝死。

◆ 瘫痪

维生素缺乏、疾病、中毒、饲养管理不当、生理性腿病、肉鸭生长发育快等均可导致瘫痪。

◆ 雾天危害

气压低时污浊气体难以排出，病原体依附于雾气在鸭舍内传播，可引发缺氧、呼吸道疾病，继发浆膜炎。雾天疾病更易传播，故要加强舍内外消毒。

16 什么是应激反应？

应激反应就是养殖过程中鸭子受到体内外环境变化而产生的各种异常现象。这种应激可导致鸭子抵抗力、免疫力下降，易发病，以及生产性能下降、发育不良，并容易导致维生素缺乏，甚至猝死，因此鸭子发生应激反应时对维生素的需要量大幅度增加。

体内外环境变化主要有高温寒冷、阴雨天气、穿堂风、噪音、光照改变、换料、扩群、防疫、下架、缺水、断料、饲料霉变、刺激气味等。产生的异常现象有炸群、鸣叫、转圈跑动、采食饮水量减少、腹泻等。应激的累加是引发疾病的根源，减少应激便可减少发病的机会。

17 肉鸭夏季饲养管理有哪些要点？

◆ 鸭舍降温

天气炎热，育雏保温时间要变短，这样可节省燃料降低成本。鸭群需防范热应激，雏鸭遇热胃口会减小，导致增重变慢。鸭子羽毛稠密，无汗腺，夏季饲养一定要降温通风。舍前应空旷无遮挡，舍内通风要做到位，棚舍周边加绿化带，可起到降温、富氧的作用。

◆ 饲喂技巧

育肥期间温度不要过高,超过27℃肉鸭便会感到不适,采食下降,不生长,此时应采取措施:注意补充蛋白质,发霉饲料不要喂;少喂勤添别偷懒,添加多维增营养;抗激药物适当添,最热时段停止喂;饮水充足要保证,多喝水助散热;夏季蚊蝇滋生多,温度湿度不过高;食槽水槽常清洗,垫料干燥又松软;预防接种不能少,防治疾病要记牢。

高温季节的管理要点有以下几项:

育雏期训练肉鸭于早-晚-夜间采食,尽量避开高温时间段饲喂;饲料的储备最好在7~10天以内,防止因储备不当影响饲料质量;饮水应保持清洁和新鲜,最好用20米以下深水井的水;水塔和水桶内的水最好2~3小时更换一次,注意绝对不要停水;整个养殖过程中加大电解多维的使用;养殖中后期对中药、微生态制剂、大蒜素、维生素C应合理利用;酷暑时要合理使用小苏打;提前准备好降温设备,如遮阳网、风机、湿帘等;尽量避免高温、高湿。

18 维生素A缺乏对肉鸭有什么影响?

缺乏维生素A时,肉鸭易患代谢病,表现为视觉、行动有障碍。典型症状为眼睛流出乳状物,上下眼睑黏合,结膜浑浊不透明,眼内有白色干酪物,角膜软化及穿孔,严重时可导致肉鸭失明。患病鸭只生长发育缓慢,精神萎蘼、瘦弱,走路不稳,羽毛松乱,喙和小腿不发黄。此时应及时治疗,若治疗不当可导致肉鸭死亡。

人工补充外源性维生素A后,病鸭的症状会很快消失。可在每千克饲料中补充1000～1500国际单位维生素A,或在饲料中添加鱼肝油,每千克饲料中添加2～4毫升,连喂10～15日即可好转。也可采用肌肉注射鱼肝油法,体重250克以上的幼鸭每次可肌注1毫升。对于病眼可用3%的硼酸水冲洗,并涂以抗生素软膏。

19 维生素D缺乏对肉鸭有什么影响?

饲料中缺乏维生素D,或钙、磷配比不合适便会导致维生素D缺乏症,连阴雨季节缺少阳光照射,也是发生缺乏症的一个重要原因。鸭肝脏、肾脏受损也会影响维生素D的合成。钙、磷代谢和骨骼、硬喙、趾爪的发育都需要依靠维生素D,因此,对于肉鸭养殖来说,维生素D不能缺少。

维生素D缺乏症主要发生于雏鸭。患病雏鸭生长较慢或停止生长,两腿无力、走路蹒跚、无力站立;喙和趾较软,弯曲变形,采食困难;骨骼柔软,关节肿大,肋骨显著肿大成结节,形成肋骨

串珠病，别名为佝偻珠；长骨质地脆、易折，荐椎和坐骨向下弯，胸骨变形，胸部下陷，胸腔变小；下痢，体瘦。

紫外线可以促进维生素 D 合成，因此应多让雏鸭晒太阳，对预防本病有效果。阴天下雨时可用紫外线灯代替太阳光。食补可用鱼肝油，每只雏鸭喂食两三滴，每日可喂两三次，根据病情制定喂食天数。

20 维生素 E 或硒缺乏对肉鸭有什么影响？

维生素 E 或硒缺乏可导致"小鸭白肌病"，这是一种营养代谢性疾病。该病在缺硒或低硒区高发，因为这些地区的谷物没有从土地中吸取足够的硒，导致谷物本身缺硒，而缺硒的谷物被鸭只食用后，鸭只就会得病。如果从缺硒地区采购缺硒谷物，鸭只食用后也会得病。

发病初期鸭只精神差，食欲降低、食量减少，形体消瘦，羽毛逆立，腿、喙发白，流鼻液；发病中期无力，行走打晃，难以站立，头颈向左向右摇晃，身体向后翻滚、倒地侧卧，最后抽搐死亡。

食补药补都可以，可饲料补充维生素 E 和硒元素，也可皮下注射维生素 E，连用半月，可防止此病发生。

21 微量元素锌缺乏对肉鸭养殖有什么影响？

饲料中锌的含量不足或钙含量过高都可引起锌缺乏症或中毒症表现为羽毛稀疏、不整齐，有脱羽现象，鸭腿关节粗大、肿胀，不能正常站立。治疗时可在饲料中添加硫酸锌 0.1～0.2 毫克/千克，注意不可过量添加。

22 诱发肉鸭感冒的管理因素有哪些？

◆ 雏鸭运输及育雏预温

"一日受凉，后续白忙。"鸭苗自出壳开始，无论在孵化厂的出雏间还是苗车运输途中均需要足够的温度和氧气。因此，出壳后雏鸭所处环境低于24℃便很容易造成受凉，为易感冒打下基础。之后若育雏舍保温不足、没设缓冲间、供暖调试不当、没有提前进行环境预温准备等，就容易使肉鸭感冒或继发感染病情。

◆ 扩群操作不当

随着雏鸭日龄增大，需要更大的生长空间，因此自雏苗4日龄起就面临扩群或转群工作。扩群过早过晚都是导致鸭群感冒的常见人为因素。此外，在冬季扩群时，扩、转群当日的天气，选择的时间段，待扩区域或待转棚舍的预温环境、吸热时间是否充足，预温温度是否高于现存栏鸭群温度，是否空腹抓鸭，以及扩转群人员、车辆、工具等消毒是否达标，也是造成肉鸭感冒的因素。

◆ 地贼风一线吹

"贼风一线，药费无限。"每到冬季，因通风操作不当引发的鸭感冒屡见不鲜。传统棚舍的下掀式通风很容易造成贼风侵袭鸭群，加之网床下的高湿环境，鸭舍局部环境会形成高湿高冷应激，造成肉鸭腹部受凉及感冒继发混合感染，给养殖户造成巨大损失。因此，普通棚舍的上通风改造刻不容缓。此外，冬季大雪大风天气时，每日棚舍周边的巡视必不可少，发现风洞要及时补漏。

◆ 通风是个双刃剑

通风不足容易引发闷棚缺氧及继发病症，通风不当（或过量）则易造成感冒等。因此，通风时风口不能突然打开，也不能大开；风不能直吹向鸭群；闷鸭后不能突然开膜通风换气。通风是一种胆大心细的管理操作，通风是为养鸭服务的，因此通风时必须关注肉鸭生长生理特点。

◆ 保持环境卫生

饲养精细、接种禽流感疫苗、保持环境卫生、杜绝相互串棚等，都是保持鸭群正常抵抗力，使鸭群不患感冒的有效措施。

23 改善肉鸭肠道健康的措施有哪些？

◆ 减少抗生素的使用

抗生素会影响肉鸭肠道微生物区系变化，还会提高肠道细菌抗药性，降低肉鸭机体的免疫机能，因此要尽量减少抗生素的使用。

◆ 使用微生态制剂

益生素和益生元可以调整和改善肠道微生态，从而有利于提高肉鸭生产性能。

◆ 使用酶制剂

消化酶是帮助肉鸭消化饲料的主力军，在饲料中添加酶制剂，可以有效帮助肉鸭更好地消化利用饲料，发挥饲料作用。目前，饲料中应用的消化酶主要包括淀粉酶、蛋白酶、脂肪酶等。及时添加消化酶，可帮助家禽早期生长，还可帮助家禽应对应激反应时自体消化酶分泌不足的情况。

◆ 添加矿物质

给肉鸭添加矿物质如铜、锌等，可以调节胃肠道微生物群，增强肠道内的抗菌特性，提高动物机体的免疫能力。

第四节 猪养殖知识问答

1 猪的优良品种有哪些种？各品种的特点是什么？

猪的优良品种具有抗逆性强、适应性好、繁殖力较强、肉质优良等特点，现仅介绍具有代表性或具有突出特点的品种。

◆ **大约克夏猪**

该猪原产于英国，猪体大，毛色全白，少数额角皮上有小暗斑，颜微凹，耳大直立，背腰多微弓，四肢较高，头颈较长，体躯长，肌肉发达，平均乳头数7对，是我国最早从国外引进的优良猪种之一，国内许多培育改良的优良猪种都有该猪种的血缘。成年公猪体重可达400千克，母猪可达300千克。该品种的优点是瘦肉率高，肢蹄健壮，母性较好，泌乳性能好，生育能力较强，稍耐粗饲，在我国各地都能适应，所以在饲养中常利用大约克夏猪作为祖代母本。

◆ **长白猪**

长白猪原产于丹麦，是世界著名的瘦肉型猪种。该品种体躯长，被毛白，偶有少量暗黑斑；头小，颈轻，鼻嘴长，大耳前倾或下垂；背腰平直，后躯壮，腿臀结实又丰满；体躯前轻后重，四肢强壮；产仔数多，生长速度快，瘦肉率高，节省饲料。美中不足的是该品种的抗逆差，对饲料的营养要求高。

◆ **杜洛克猪**

该猪原产于美国。该品种毛色棕红，体型高大，结构匀称、紧凑；四肢粗壮、胸宽而深，背腰略呈拱形，腹线平直，全身肌肉丰满平滑，后躯肌肉特别发达；猪头不大也不小，面部略凹；嘴部短直，耳中大，耳尖稍弯向前倾；四蹄黑色。成年公猪平均体重340～450千克，母猪300～390千克。每胎约产仔10头，母性强。性情温顺，生长快，肉质好，作为杂交父本或母本能显著提高后裔的生产性能。

◆ **汉普夏猪**

该猪原产于美国肯塔基州，是美国分布最广的猪种之一。该品种面长挺直，耳直立，体侧平滑，腹部紧实，后躯丰满；被毛黑色，偶有例外，颈肩、前肢有白环。成年公猪比较沉，300～400千克；成年母猪体型小，250～350千克。产仔数约9头，仔猪硕壮，体型均匀。该猪性格活泼，较有活力，常作为父本杂交，后代优良。

◆ **皮特兰猪**

皮特兰猪产自比利时，由法国贝叶杂交猪、英国巴克夏猪先进行回交，生下的杂交猪再与英国大白猪杂交育成。该品种毛色灰白色，带斑点，偶尔出现棕色毛；面部平直，嘴大且直，耳略前倾；躯体为圆柱状，腹平背，肩部和后躯肌肉丰满，背直、宽大；体长1.5～1.6米，瘦肉率高，口感佳。

◆ **太湖猪**

太湖猪来自中国无锡太湖地区，属于江海型猪种，是世界上产仔数最多的猪种，享有"国宝"美誉。该品种体型中等，被毛疏，毛色黑或青灰色，四肢与鼻均白色；腹部紫红，头大额宽，后躯皱褶深密；耳大下垂，形状像烟叶，四肢粗壮，腹部下垂；臀部稍高。该品种类型多，因产地不同可分为梅山、枫泾、二花脸，还有嘉兴黑和横泾等类型。

2 猪有哪些生活习性?

◆ 群居

猪的合群性较强,模仿反射很优秀,比如不会吃料的仔猪可以跟随会吃料的仔猪学习吃料;群饲猪比单饲猪吃得快、吃得多,增重也较高。综上,猪宜群饲,应将大小类似、品种相同的猪编入同一猪群。

◆ 杂食性

猪胃的类型介于肉食动物简单胃和反刍动物复杂胃之间,饲料利用广泛而多样。猪胃内没有分解粗纤维的微生物,所以猪的饲料中粗纤维的含量不应太高,而且用青粗饲料喂猪时,要注意调配一定量的精料。

◆ 拱土采食

猪鼻的构造适于掘土,可用鼻尖掘土,仔猪出生7天左右就会本能地用鼻尖掘土。因此,猪舍地面的卫生很关键,要清洁干燥,防止猪只拱食不洁净的食物而引发下痢。

◆ 抢食槽

猪采食行为的突出特征是喂食时都力图占据食槽有利位置,有时会将前肢踏入食槽,因此食槽应注意加设栏挡。

◆ 喜甜食

猪爱吃甜食和颗粒状饲料,不爱吃干料与粉料。

◆ 发育快速

小猪生长快,出生后一周体重便是出生时的2倍,因此容易贫血,需提早预防。

◆ 嗅觉发达

猪对颜色的感觉比较迟钝，但嗅觉比较敏感，养殖时要做好相应的措施。

3 猪按经济用途可分为哪几种类型？

按照经济用途可分为三类：脂肪型、瘦肉型和兼肉型。

◆ 脂肪型猪

该猪脂肪多，可占体重的55%～60%，瘦肉占40%左右。猪的体躯深、宽，半圆，额宽稍短，颌部下垂多肉，胸宽、深，背宽、短，臀丰满，体长与胸围相等或超过2～5厘米，皮薄毛稀，肉质细腻，具有早期沉积脂肪的能力，第6～7肋间膘厚在6厘米以上。这种类型的猪一般性情温顺，但产仔数稍低。巴克夏猪和我国广西的陆川猪、湖南的宁乡猪等均属此类型。

◆ 瘦肉型猪

与脂肪型相反，瘦肉型猪以生产瘦肉为主，瘦肉占体重的55%～60%，最低不应低于48%，脂肪占20%左右。猪的外形呈流线型，头稍长，体窄胸浅，四肢较高，腹部平直，前躯轻、后躯重，头颈小、背腰长，胸肋丰满，背线与腹线平直，后腿丰满，大腿圆整，体长大于胸围15～20厘米，生长发育快，饲料报酬高。大约克夏猪、杜洛克猪、长白猪等均属此类型。

◆ 兼用型猪

兼用型猪主要供鲜肉用，肥瘦各占50%左右，膘厚3.5～4.5厘米。其外形特点介于脂肪型和瘦肉型之间，体型中等，背腰宽，中躯短粗，后躯圆。这种类型的猪体质结实，性情温顺，适应性强，我国改良品种大部分属此类型。

4 怎样挑选育肥仔猪？

在选择育肥仔猪时，首先应注意是否为优良品种。此外，还应注意个体的选择，因为同一品种的不同个体其生长发育速度也不一样。猪苗的大小不仅仅是幼猪阶段差几斤，而是对一生的生长发育都有很大影响。仔猪体重大，生长速度就快，体重小生长速度就慢，所以挑选猪苗时应选择群体中个体大的，并选择一窝中出生头数多、成活率高的猪群。

其次，应选择健康仔猪。健康的仔猪活泼好动，眼睛有神，叫声也清脆，皮毛光滑油润，皮肤呈粉红色。不健康猪的眼睛无神，叫声尖细嘶哑，呼吸急促喘息，皮肤无光，这种仔猪肯定影响生长。

5 猪每日喂几次合适？

测试发现，将饲粮一次饲喂和分5次饲喂，猪的日增重无明显差异，日喂3次以上和日喂2~3次日增重和饲料量也无大的区别，因此分餐喂并不能使猪长得更快。生产中有些人采取多餐饲喂甚至不限餐自由采食，这种喂法不利于猪的生长发育。分餐或不限餐饲喂常使猪没有饥饿感，长期无饥饿感猪就不会有渴求食物的欲望，时间一久就会出现消化不良、食欲不振等现象。

另外,多餐饲喂的话,猪每餐就吃得少了,此时的营养仅能供猪维持消耗,没有多少剩余用于猪增重;相反,当日喂餐次数少时,猪每餐吃得多,摄取的营养用于维持消耗以外,还有大量的营养可用于增重。再者,多次饲喂不仅增加了劳动强度,还浪费时间。

实践证明,仔猪一天喂 6~8 次最合适,如果是育肥猪、母猪、公猪,那么一天喂 3 次最合适,但在饲喂时要根据养殖需求搭配好饲料,进行科学养殖,以达到经济效益最大化。

6 猪的饲养密度是多少?

饲养密度是指每头猪在猪舍所占用的面积。饲养密度的大小直接影响猪舍温度、湿度及空气的新鲜度,也影响猪的采食、饮水、排便、活动等。夏季饲养密度过大的话,猪体散热多,不利于防暑;冬季则应适当增大饲养密度,有利于提高猪舍温度。

一般来说,哺乳母猪每头应占面积 3.3 平方米,断乳仔猪每头为 0.3 平方米,青年猪每头为 0.6 平方米,育肥猪每头为 1 平方米,种母猪每头为 1.5 平方米左右,种公猪每头为 2 平方米左右。这是不同猪每头所占猪床的面积,但不是说猪场面积大猪群体就可以大,群体的头数也要控制。一般来说,母猪和公猪要单圈饲养,育肥猪群体一般在 15 头左右,仔猪在 25 头左右。

7 猪需要哪些营养物质？

猪维持生命、生长、繁殖需要的营养物质可分为六类：蛋白质、碳水化合物、脂肪、矿物质、维生素和水。

◆ 蛋白质

猪组织器官的主要成分由蛋白质组成。猪体需源源不断摄入蛋白质，以供组织的修补、更替、生长、繁殖及乳汁的分泌。

◆ 碳水化合物

碳水化合物构成细胞和组织，调节代谢，供热能，保持体温恒定和呼吸平稳。循环、消化、繁殖与生长、热量供应均离不开碳水化合物。

◆ 脂肪

脂肪既是猪体的组成成分，又能供给热能。

◆ 矿物质

猪的生长发育离不开矿物质，比如钙、磷、钠、氯、铜、铁、钴、锌等。普通饲料中容易缺乏这些元素，应注意补充。

8 常见的猪饲料原料有哪些？

猪饲料通常由碳水化合物饲料、蛋白质饲料、维生素饲料、矿物质饲料和脂肪类饲料组成。

◆ 碳水化合物饲料

碳水化合物饲料也叫能量饲料，这类饲料是猪需要量最大的饲料，常用的有玉米、高粱、豆豉、麸皮、小麦、米糠等。玉米是能量饲料之王，是含能量最高的饲料，也是运用最广的饲料，消化率高，适口性好。高粱的营养成分与玉米差不多，喂猪效果稍次于玉米。优质的米糠一般含有12%的脂肪、11%的粗纤维，蛋白质的品质比玉米好，且富含B族维生素，含磷丰富，含钙少，是喂猪的好饲料。

◆ **蛋白质饲料**

蛋白质饲料包括各种豆子的油渣、豆饼、酵母粉、动物性蛋白等。蛋白类饲料的原料有标准，粗蛋白含量应大于30%。动物性高蛋白质饲料原料最常用的是鱼粉，鱼粉中的氨基酸平衡良好，对促进动物生长有明显的作用，乳猪料、猪饲料中都添加了鱼粉。

◆ **维生素饲料**

维生素饲料主要指脂溶性维生素A、维生素D、维生素E、维生素K以及B族维生素。维生素是某些酶类和激素的组成成分，对动物代谢营养物质起良好的催化作用。通常饲料厂家的猪预混料都会配备多种维生素。

◆ **矿物质饲料**

猪生长发育过程中需要矿物质元素达40多种，需要量最大的主要包括钙、磷、钠、氯及硒。若矿物质元素缺乏，轻则影响生产性能，重则引起缺乏症或中毒。随着畜牧业的发展，猪生产性能的提高，所需要的营养更多。但是，集约化、封闭化养猪，使猪远离自然环境，不能直接从土壤中得到矿物质，农业生产中化肥的过度使用也使土壤肥力减弱，土壤中矿物质元素不足或严重不平衡，如不另外添加矿物质，必然影响猪的生长，给生产带来严重损失。

◆ **脂肪饲料**

脂肪饲料包括动物脂肪和植物脂肪，一般不需要直接补给，但在饲料中适量添加动植物油类对改善饲料品质、提高猪的生长速度有十分重要的意义。

9 怎样合理利用饲料添加剂？

饲料添加剂是指加入饲料中的各种少量或微量物质，为弥补饲料中某些营养成分的不足，通常有微量元素添加剂、多维添加剂、氨基酸添加剂和生长促进剂等。饲料添加剂具有多方面的功能，用量很少便可有显著效果，因此正确合理使用饲料添加剂，能有效地增加产品数量，改善产品质量，提高经济效益。

添加剂在饲料中占的比例极小，若混拌不均匀，浓度小的部分发挥不了添加剂的功效，浓度大的部分则易导致猪中毒。

◆ 赖氨酸添加剂

可提高饲料的蛋白质水平。例如 10～20 千克的幼猪，饲料中需要有 18% 的蛋白质，若添加赖氨酸，只要供给 13% 的粗蛋白质就可以了。如果在仔猪日粮中添加 0.15% 的蛋氨酸，可将 8% 的粗蛋白质提升至 12%，起到同样的饲养效果。

◆ 抗生素添加剂

对猪应用效果明显，常用的有土霉素、泰乐菌素等，但在使用中应特别注意停药期，因为抗生素添加剂在一定时间内有残留，对身体有害。

◆ 微量元素添加剂

为了方便及全面，日常饲喂时常将几种或几十种矿物质微量元素配合在一起使用，按规定均匀地混于饲料中。

10 用颗粒饲料喂猪的好处有哪些？

颗粒饲料是指将加工好的粉状配合饲料经制粒机压制而成的颗粒状饲料。相比粉状饲料，颗粒饲料有诸多优点。

◆ **提高消化率**

制粒过程中，水、热和压力的综合作用，将饲料中的淀粉糊化和裂解，纤维素和脂肪的结构有所改变，有利于畜禽充分消化、吸收和利用，提高了饲料消化率。经蒸汽高温可消毒、杀菌、杀虫，减少了饲料霉变生虫的可能性，可预防猪疾病的发生。

◆ **减少营养消耗**

颗粒料体积减小，可缩短采食时间，减少畜禽由于采食活动造成的营养消耗，易于饲喂，节省劳动力。另外，颗粒料体积小，不易分散，在任意给定空间可存放更多产品，不易受潮，便于散装储存和运输。

◆ **营养全面，动物不易挑食**

减少了营养成分的分离，保证每天供给营养均衡的饲料。颗粒饲料喂猪，平均日增重可提高10%～14%，饲料消耗降低10%～15%，单位增重成本可降低10%左右。装卸搬运时，饲料中的各种成分不会分级，可保持饲料中微量元素的均匀性，以免动物挑食。

11 怎样利用苜蓿喂猪？

苜蓿干草含粗蛋白质16.5%，是玉米的两倍，超过麸皮和米糠的含量，蛋白质的品质好，氨基酸丰富，能够弥补一般饲料蛋氨酸和赖氨酸的不足，矿物质的含量也很高，所以苜蓿是良好的蛋白质、矿物质和维生素补充饲料。

刚收割的苜蓿用人工快速干燥法，在800~850℃高温烘干机中干燥2~3秒，水分可降至10%~20%，可保持新鲜苜蓿养分的90%~95%。另外，苜蓿用作青贮时效果更好，育肥前期苜蓿可按5%添加，育肥中后期可按3%添加。

12 生饲料喂猪的好处有哪些？

喂生饲料首先降低了费用，不但可以节省燃料、人工等成本，还能增加猪的采食量，促增重，有效提升饲料回报率。生饲料的原料来自农田，如玉米粒、小麦及麦麸、稻谷及稻糠等，饲料来源多，制作方便。

生料煮熟后，营养物质会有一定的损失，饲养效果不如生喂好。此外，青绿饲料加温会破坏大部分蛋白质和维生素，但黄豆、豆饼、花生麸、豆渣等因含有抗胰蛋白酶，能阻碍猪体内胰蛋白酶对豆类蛋白质的消化吸收，因此此类饲料不能生喂，须高温煮熟才能喂猪。另外，生饲料要做好清洁消毒工作，一方面防范猪瘟病毒，另一方面防止感染寄生虫病。

13 冬季如何给猪群防寒?

只有在适宜的温度条件下,才能使仔猪成活率高,育肥猪增重快,经济效益好,因此做好猪群的防寒工作,对提高养猪效益有十分重要的意义。适当增加猪只饲养密度,冬季在同一圈舍内可比平常增加 1/4 的猪只。

冬季应封闭北侧窗,可用塑料薄膜、泡沫板等,旧包装袋也可以。南侧窗户封闭时要留出通气孔,白天有太阳时可开南窗进行通风换气。敞开式猪舍也要封,可用塑料薄膜全覆盖。

条件许可的情况下,可在猪舍内安装大功率灯泡、红外线保温灯、仔猪保温板、远红外加热仔猪保温箱、浴霸等保温设施增加舍内温度。在饲养方面,冬季猪需要的能量和饲料量大幅增加,可以增加饲料投喂次数,适当增加精料和饲料搭配多样化来提高猪的抗寒能力。在管理方面,应定时哄猪,加强运动,保持猪床干燥。

14 夏季如何给猪群防暑?

◆ 做好猪舍隔热工作

外墙屋顶要用隔热材料,可在墙体外使用白色泡沫板隔热,厚度不低于 5 厘米。屋顶和阳面可涂刷成浅色,以减少吸热。猪舍外可安装遮光网、植草种藤蔓,但高大树木不要多种,以免影响猪舍通风。

◆ 加强通风

安装风机或空调,也可开窗对流。

◆ 滴水或洒水降温

栏位固定可滴水装置,水恰好滴在猪颈部,天热时快滴,天冷慢滴，每分钟 30～60 滴。猪只密集、滴水困难时，舍内可喷淋降温，天热时每天可喷淋 2～3 次。

◆ 湿帘配合风机

有条件的猪舍可安装简易版"水低温风扇"，即猪舍一端装两三台鼓风机，另一端安装水帘。使用时保持猪舍密封，打开风机，使空气经水帘冷却后再进入猪舍，水流回储水池后可再经水帘进行循环。这种风水循环可达到较为明显的降温效果。

◆ 及时调整饲料配方

高温时猪群采食量减少，应适当提高饲料营养浓度，增加油脂含量，添加抗热应激的成分，每吨饲料添加小苏打粉 3 千克、维生素 E 200 克和维生素 C 200 克。

15 猪的正常体温是多少？怎样给猪测量体温？

猪在不同年龄、不同时期的正常体温各不相同。猪的正常直肠体温为 38℃～39.5℃，仔猪正常体温高于成年猪 0.5℃，傍晚体温高于上午 0.5℃。猪吃药、打疫苗后体温会有上下 0.3℃ 的波动，应激反应、运动后体温升高，母猪产后体温升高，可达 40.3℃。

给猪测量体温时，可在体温表的末端系一条 10～15 厘米的绳子，绳子末端系一个小铁夹。用酒精棉或碘酒对体温表进行消毒，消完毒后向下甩体温表，甩到 35 度以下，然后左手拉住猪尾巴，右手拿着体温表，沿着稍微偏向背侧的方向，慢慢插入猪肛门内。体温表插入大概三分之二的长度，用小铁夹夹住猪背上方的长毛，固定后便可以放开猪。在旁边观察 3～5 分钟后拿出体温表，擦干净后记录该猪的体温数值、日期以及所在的栏舍号。若猪的体温异常，可在其背上做记号。如果需连续测其他猪的体温，使用之前要用棉球和医用酒精擦干净温度计。体温计使用完毕，在贮存前应先用酒精和棉球彻底擦干净，然后再装入保护盒里。

如果怀疑度数不准（猪在移动，或插入直肠粪便中），应再次测定温度。

16 怎样判断猪是否发热？

发热是猪发病时经常伴随的一种表现，也是我们给猪用药的重要依据，根据体温表测量得出的结果，可以确定病猪是否发热。如果没有体温表，可手摸猪耳根，若发现尾根较热，但耳尖却发凉，猪鼻镜发干，甚至皲裂，喜卧阴凉处或泥水中，喜欢喝冷水，出气粗、快，浑身发抖，大便干，小便黄，不吃食，即可怀疑有发热。

临床上常将发热分为微热、中热、高热和最高热。

◆ 微热（体温升高1℃）

常见于局部炎症或轻微的疾病及某些寄生虫病，如口炎、胃卡他性炎症、猪蛔虫等。

◆ 中热（体温升高2℃）

可见于消化道、呼吸道的一般炎症及某些亚急性、慢性传染病，如胃肠炎、支气管炎、亚急性或慢性痢疾等。

◆ 高热（体温升高3℃）

可见于急性传染病和广泛的炎症，如猪瘟、肺疫、流感、大叶性肺炎、小叶性肺炎、急性弥散性胸膜炎、腹膜炎等。

◆ 最高热（体温升高3℃以上）

见于严重的急性传染病，如丹毒、炭疽、急性败血型链球菌病等。

17 猪发热了该怎么办？

针对高温引起的发热，首先要把猪转移到阴凉的地方，然后用凉水给猪做物理降温。若猪出现中暑症状，可以用针刺破猪的耳朵进行放血治疗。

针对细菌和病毒导致的猪发热，可在饲料中添加利巴韦林或者含有黄芪多糖等成分的中药制剂，抑制病毒的繁殖，补血补气，提高机体的抵抗力，再结合磺胺六甲或磺胺嘧啶等广谱抗生素。然后在猪的饮水里添加维生素C，补充机体能量，清除猪体内的毒素。对轻微发热，严重拒食的个体可注射双氯芬酸钠、青霉素、链霉素和地塞米松，每天2次，连用3～5天，大部分猪均可恢复正常的采食活动。

18 如何加强母猪的饲养管理？

由于品种差异，空怀期母猪的生产时期不同，配种前应控制体重，达到最佳配种体况。

◆ 营养配比合理

饲料中要有充足的矿物质与维生素，要把控初配月龄，不宜过早及过晚，过早会影响猪繁育，过晚则增加养殖成本。

◆ 适时配种

母猪配种要掌握时机，发情排卵是有规律可循的。配种之后要仔细观察，一旦妊娠立即分群。

◆ 妊娠前期日粮的饲喂量要少，后期应提高喂养量

冬季应加喂，帮助猪增加能耗；夏季添加维生素C、维生素E，

保证充足的饮水，可促进猪食欲大增。母猪发生异常应及时治疗，药物要使用妊娠期母猪专用药。

◆ 分娩当天不宜喂

分娩当天要保证水分充足，但不要喂饲料。冬季要饮温水，第2天可喂1.5～2.5千克哺乳期饲料，7天后增加饲喂量，直到泌乳高峰期再停止增加，还要适当增加饲喂次数和饲料中的蛋白质含量。

◆ 加强环境管理和日常护理

保证猪舍安静、清洁、温暖舒适。做好母猪乳房的护理，一旦有炎症要及时治疗。

19 如何加强种公猪的管理？

种公猪的商业价值在于其优良的配种能力，因此种公猪的饲料要保证营养全面，含有足够的平衡氨基酸和动物性蛋白质，保证有充足的维生素和矿物质。

种公猪的生活要规律，饲喂、采精或配种、运动、刷拭等，都要在固定时间进行，且要单圈饲养，保证休息和运动，提高繁殖机能。

定期给种公猪称重，检查精液，人工授精时每次采精都要检验品质。同时要做好防暑和防寒措施，四季应保持恒定温度。

20 给猪驱虫有什么意义？如何给猪驱虫？

寄生虫是慢性消耗性疾病，可导致猪只生长发育迟缓、贫血、免疫力下降、接种疫苗后产生抗体水平低，容易引发猪肺炎、肠炎、皮炎等。

服驱虫药最好是在早晨猪空腹时服用，一方面猪饥饿容易将驱虫药吞食，另一方面驱虫药进入胃肠后和虫子直接接触，容易将虫子毒死而驱除。对排便干硬、便秘的猪，在服驱虫药前或同时应服泻下药。因为便秘的猪，当驱虫药进入胃肠道内将虫子麻醉后，较难随粪便排出体外，时间一长停留在体内的虫子就会苏醒复活，因此需要同时服泻下药，促进虫体排出。泻下药一般用硫酸钠、硫酸镁等。

猪应每隔45天左右驱一次虫，因为猪驱虫后还会再次感染，而虫卵尤其是鞭虫卵在土壤中普遍存在，过45天左右又可发育为成虫危害猪体，所以应定期给猪驱虫，尤其是上圈饲养的猪更应该多次驱虫。驱虫后看不到猪排出成虫并不是驱虫药无效，这是因为排出的是尚未发育为成虫的虫卵，用肉眼看不到。另外，许多人认为小猪体内还没有寄生虫，不需要驱虫。恰恰相反，仔猪阶段最易感染寄生虫，且这时虫子对猪体的危害最大，所以要重视给仔猪驱虫，应该在仔猪刚断奶时就驱虫一次。

驱虫药品应该选择高效、低毒、广谱的驱虫类药。目前常用的驱虫药为伊维菌素和阿维菌素。这类药驱虫谱广，不但能驱除体内寄生虫，还能驱杀体外的寄生虫，如虱子、疥癣，其毒性小、安全，没有异味，容易喂服。给猪服驱虫药后，应将服药后两天内排出的粪便及时清除，并将粪便堆积发酵，靠生物发酵将粪便中的虫卵杀死，并用消毒液彻底消毒猪舍。另外，可在接种疫苗前进行驱虫，有助于提高猪的免疫力。

21 不同季节应注意哪些不同问题？

一年四季气温相差很大，给养殖户带来了不同的要求，应根据不同季节的特点，采取相应的饲养管理措施，才能养好猪。

◆ 春季注意消毒

此时猪的体质弱，很容易感染疫病，因此要做好防病措施。

打扫猪舍 将猪舍打扫干净，角落缝隙不要漏，墙壁也要刷消毒水；及时垫草，勤出粪便，保证猪舍干燥。

及时打防疫针 春季应及时为所有猪注射猪瘟、猪丹毒、猪肺疫等疫苗。

预防感冒 春季气温多变化，应预防冷气侵入猪舍。仔猪在低温时爱扎堆，管理方面要精细。

◆ 夏季注意降温

盛夏气温高，对猪的生长有很大影响，应做好防暑降温措施。运动场应搭棚遮阳，不让太阳直射猪舍；给猪身和猪舍地面洒水降温（给猪身冲水洗澡时不要冲猪的头部）；在猪舍一角设浅水池，猪热了可以去水池泡一泡；保证猪有充足的清洁饮水，多喂青饲料，防蚊驱蝇，让猪安静睡眠。

◆ 秋季是养猪的黄金季节

秋末冬初不冷不热，正值丰收季节，饲料充足，是适合猪生长发育的季节。花生藤、甘薯藤、木薯叶、豆秸等粉碎后发酵是很好的饲料，花生饼的蛋白质含量高达40%，薯类的块根含淀粉多、热能高。因此，应充分利用秋末冬初的大好时机，做好饲料的储备和猪的育肥工作。40千克左右的中猪，此时一般催肥50～60天便可出栏。

◆ 冬季注意防寒

冬季气候寒冷，猪为维持体温恒定会消耗大量的能量。所以，要保持猪在冬季也能较快生长，必须采取防寒措施。应修整猪舍，堵漏洞，中午开南窗通风；在猪栏内勤垫干草，做到不让草垫潮湿。据测定，在猪舍卧床上加垫草，可使床位温度升高 8℃ 左右。

冬季要勤喂多喂，倾向使用热能高的饲料。冬季青饲料少，要补充多种维生素饲料，或喂胡萝卜、发芽谷物，同时补充无机盐、喂热食、饮温水，可促进长膘，节约饲料。

22 猪舍空栏如何清洗、消毒？

清洗消毒工作应在产房或保育舍猪群转出后当天进行。假如下午或晚上才转出，当天也必须做一些必要的清洗前准备工作。

◆ 冲洗前准备

清理饲槽，不要有存料，摘下母猪和仔猪槽，整齐地放在栏一侧；烤灯摘下，放于舍外，用消毒药水刷洗，确保杂物清理干净。设备要准备全面，包括消毒设备、消毒剂、高压热水清洗机、泡沫枪头、泡沫剂、冲栏雨衣和头灯等。

◆ 冲洗位置

通风小窗、料线、水管、料桶、料管、料槽、单体栏、漏粪地板、挡板、墙壁、地面、地沟及地沟侧墙。

◆ 冲洗标准

要做到挡板之上无污物，产床之上无粪料，漏粪地缝没散渣，料槽死角无残渣，粪沟之内没粪便，料管百叶无灰尘。

◆ **冲洗顺序**

使用喷淋设备对猪舍喷淋20～30分钟（或清水打湿），浸泡30分钟以上，然后使用高压(热水)清洗设备对猪舍屋顶、料筒、料管、料槽、风机百叶、门窗、通风小窗、地沟、墙壁、限位栏、漏粪地板进行冲洗，保证首次冲洗质量；拐角、缝隙等边角部分可用刷子进行刷洗，确保冲洗彻底。对冲洗后栏舍的各个部位要进行逐项检查，不符合冲洗质量标准的栏舍按要求进行返工冲洗，至验收合格后方可进行下一步工作。

◆ **栏舍消毒**

对猪舍进行两次消毒，根据泡沫清洗剂属性及当前疾病流行特点选用合适消毒液消毒整个猪舍。用干燥设备如风机、暖风炉进行干燥，但不要过干，栏舍表面无明显水滴即可。

◆ **抽样检测**

随机抽取清洗后的环境样本，进行微生物检测、病原检测。

◆ **空栏**

检查合格后空栏5天以上。如空栏干燥时间小于5天，可使用暖风炉或烘干机辅助干燥，等待上猪。

23 什么是现代化养猪？

现代化养猪即科学技术型养猪，包括先进的育种技术、饲料配制技术、猪舍环境调控技术、粪污处理技术、卫生防疫制度、饲养管理工艺以及相应的产品加工、市场预测和市场营销等。将这一系列先进科学技术有机结合起来，可创造出高水平、高效益的养猪模式。

24 肉猪按生长发育分几个阶段？

根据仔猪生理特点和营养需要，可分哺乳期、保育期、生长肥育期。

◆ 哺乳阶段

出生至断乳，通常 3～5 周。这个时期仔猪弱小易生病，饲养稍有不慎便会死亡，应加强管理。

◆ 保育阶段

断奶至保育，通常为 5 周。这个时期仔猪断奶离母，饲料环境发生较大变化，体质虚弱，加上应激反应，容易掉膘、生病，若管理不善则会产生僵猪。

◆ 生长肥育阶段

保育结束至出栏，这一阶段约 7 个星期。猪只生长发育快，应加强营养、做好猪舍卫生与防疫。

25 猪的主要疾病特征及防治方法有哪些？

按治疗方法进行分类，如以手术为主要治疗方法的外科病，以药物为主要治疗方法的内科病等，猪常见的疾病有以下几种。

◆ 猪瘟

流行特点

猪瘟是由猪瘟病毒引起的一种高传染性疾病。病猪是主要传染源，主要感染途径是消化道。该病一年四季都有发生，有高度传染性，不同年龄和品种的猪都会发生。

症状

急性型 病猪高度沉郁，减食或拒食，怕冷挤卧，体温持续升高至41℃左右。先便秘，粪干硬呈球状，带黏液或血液，随后下痢，有的发生呕吐，两眼有多量黏液或脓性分泌物，步态不稳，后期发生后肢麻痹。耳、四肢、腹下及会阴等处皮肤常先充血继而发绀，并出现许多小出血点，指按不褪色。少数猪会出现惊厥、痉挛等症状，病程10～20天死亡。

慢性型 病猪症状轻微，病情发展缓慢，轻度发热、贫血、消瘦，食欲时好时坏，便秘与腹泻交替发生。

防治

本病目前尚无有效治疗药物，可于20日龄和60日龄时各免疫一次。疫病流行时应及时封锁疫区，淘汰病猪，并对病猪舍及用具等进行彻底消毒。

◆ 猪丹毒

流行特点

由红斑猪丹毒丝菌引起的一种传染病，多发生于架子猪，主要通过消化道和皮肤伤口感染。

症状

败血症型 多见于初期，个别健康猪突然死亡。多数猪食欲减退，眼有分泌物，病初粪便干结，呈球状附着于黏膜，随后下痢，耳、胸、颈、腹部皮肤出现指压易褪色红斑，呈菱形或方形，3～4天后死亡。

疹块型 精神不振，皮肤出现方形或菱形、圆形等大小不等的紫红色疹块，俗称打火印，发病后期逐渐形成痂皮脱落。

慢性型 多由急性或亚急性转化而来。四肢关节肿胀，常呈犬坐势，行动困难。有的病猪可发生心内膜炎，表现为呼吸短促、增快，食欲不定，眼、鼻、口腔等处呈青紫色。

防治

定期进行猪丹毒疫苗免疫注射。其次，每千克体重肌肉注射 5000～10 000 单位青霉素，每天 3 次，到体温正常后再注射 2～3 次。此外还有抗血清治疗，23 千克以下的猪 5～10 毫升，45 千克以上的猪 20～40 毫升。

◆ 猪肺疫

流行特点

由多杀性巴氏杆菌引起的一种常见的猪呼吸道病，多发于春初秋末季节。

症状

最急性型 多见流行初期，俗称"锁喉风"，食欲废绝，口鼻黏膜发紫、流出带血泡沫，耳根、颈部、腹部等处常出现出血性红斑，有的初期便秘后期拉稀，往往最后窒息而死。

急性型 较常见，除了败血症还表现为呼吸困难、咳嗽、流鼻涕、皮肤出现血红紫斑。

慢性型 多表现为慢性肺炎和慢性肠炎。

防治

于 45 日龄接种一次疫苗，免疫期为半年；肌肉注射青霉素，每千克体重 5000～10 000 单位，每日 2 次；饲料中加泰乐菌素，每吨料加 125 克。

◆ 猪流行性腹泻

流行特点

本病是由病毒引起的一种高度接触性传染病，多发生在冬季。

不同年龄、品种和性别的猪都易感，哺乳猪和架子猪及肥育猪的发病率通常为100%，母猪为10%～90%，主要经消化道传播，也可呼吸道传染。一般流行过程延续4～5周，可自然平息。

症状

病猪精神沉郁，食欲减退，继而排水样便，呈黄色或灰黄色，体温基本正常，吃食或吮乳后部分仔猪发生呕吐。日龄越小症状越重，1周龄以内的仔猪常于腹泻2～4天后体温下降，约50%因脱水死亡。生长肥育猪及种猪一般持续腹泻4～8天后，逐渐恢复正常。

防治

目前尚无特效治疗方法，一般治疗方法为让猪只自由饮补液盐水。为防止继发感染，可肌肉注射环丙沙星注射液。

◆ **猪副伤寒**

流行特点

本病是由猪霍乱和沙门氏菌引起的仔猪传染性疾病，主要发生于密集饲养的2～4月龄仔猪。天气寒冷、气候多变、断乳过早及疾病等因素，可使仔猪抵抗力下降从而导致发病。

症状

急性型 病猪体温升高，食欲不振，精神沉郁，先便秘后下痢，粪便呈灰白色、淡黄色或浅绿色，有时带血，常有腹痛症状，弓背尖叫，耳、腹部及四肢呈深红色至青紫色，呼吸困难，体温下降，一般2～6天后死亡。

慢性型 病猪便秘与腹泻交替发生，粪便呈灰绿色，恶臭。病猪逐渐消瘦，最后因脱水死亡。

防治

在断奶前3天注射或口服仔猪副伤寒弱毒冻干菌苗。磺胺增效合剂疗效较好，可使用磺胺甲基异口恶唑或磺胺嘧啶，每千克体重20～45毫克，加甲氧苄啶，每千克体重6～8毫克，混合后分2次服，连用1周。也可选用土霉素口服，每天每千克体重50～100毫克；新霉素口服，每天每千克体重40～60毫克。

◆ **猪水肿病**

流行特点

本病由病原性大肠杆菌产生的毒素引起，主要发生于断奶后肥胖的体格强壮的仔猪，常突然发病，并迅速死亡，致死率高，在硒缺乏地区易发生。

症状

突然出现1～2头体壮小猪发病甚至死亡，多数猪表现为不食，眼睑、头部、颈部可出现水肿。发病前期前腿卧地，后肢站立，口吐白沫，叫声嘶哑，跳跃，步态不稳，或转圈或倒地四肢划动，呈游泳状，运动失调；后期后躯麻痹，不能站立，一般经1～2天死亡。

防治

灌服新霉素，每天每千克体重40～60毫克，口服硫酸钠25克。肌肉注射呋塞米、磺胺嘧啶以及环丙沙星。环丙沙星用量为每天每千克体重0.25毫克，分2次肌注。

◆ **猪蛔虫病**

流行特点

猪蛔虫病是造成养殖业巨大经济损失的最重要的寄生虫病，主要危害断奶后的猪，能使幼猪生长发育不良，严重者可形成僵猪，甚至死亡。

症状

当大量幼虫移行至肺脏时引起蛔虫性肺炎，表现为咳嗽、呼吸增快、体温升高、食欲减退、卧地不起等。成虫寄生小肠时，可使仔猪生长缓慢、被毛粗乱、贫血、腹泻、呕吐，常造成僵猪。

防治

定期驱虫，对50日龄仔猪驱虫，25天驱1次，共驱2~3次。可用左旋咪唑5~7毫克/千克体重肌肉注射；伊维菌素0.3毫克/千克体重皮下注射。

◆ **猪传染性胃肠炎**

流行特点

本病由冠状病毒引起，是一种急性、高度接触的传染病，10日龄以内猪的发病率和病死率均很高，5周龄以上的猪病死率很低。病猪和带毒猪是主要传染源，经消化道呼吸道感染，多发生于冬季。各种年龄的猪都以呕吐、严重腹泻、脱水、厌食为特征。

症状

哺乳仔猪于哺乳后突然发生呕吐，接着发生剧烈水样腹泻，下痢为乳白色或黄绿色。在发病末期由于脱水、机体酸中毒而死亡。肥育猪突然发生水样腹泻，粪便呈灰色或茶褐色，呕吐，食欲不振，无力，增重明显减慢。

治疗

让猪自由饮服补液盐水，为了防止继发感染，可用磺胺甲基异噁唑或磺胺嘧啶每千克体重20~45毫克，加甲氧苄啶每千克体重6~8毫克，混合后灌服。

◆ **仔猪黄痢**

流行特点

母猪携带致病性大肠杆菌是发生本病的重要因素，主要发生于7日龄以内的乳猪，1~4日龄多发。猪群一旦发病，往往一窝一窝的发生，发病率可达 50%～100%。

症状

发病的仔猪排黄色稀粪，肛门松弛，精神不振，不吃奶，很快消瘦，脱水，最后衰竭而死。

防治

氧氟沙星每天每千克体重 0.25 毫克，分 2 次肌注；灌服新霉素每天每千克体重 40～60 毫克；调痢生每千克体重 0.10～0.15 克，每日 1 次，连用 3 天。

◆ 仔猪白痢

流行特点

白痢又称迟发性大肠杆菌，主要由于饲养管理不当、环境不好及母猪的奶汁过浓或过稀引起。本病以排灰白色粥样粪便为特征，以 10～30 日龄的仔猪发病最多，一年四季均可发生。

症状

下痢，粪便呈灰白色或淡黄色绿色，常混有黏液而呈糊状，其中含有气泡，在肛门及其附近常粘有粪便。当细菌侵入血液时，病猪体温升高，食欲减退，日渐消瘦，被毛粗乱无光，怕冷恶寒战栗，经 5～6 天死亡，如及时治疗大多数能治愈。

防治

用大蒜 500 克，甘草 120 克，切碎加入 50 度的白酒 500 毫升，浸泡 3 日，混入适量的百草霜（锅底烟灰）和匀后，分成 40 剂，每猪每天灌服 1 剂，连服 2 天即可起效。

还可用二甲硝咪唑每千克体重 32 毫克，喹乙醇 50 毫克、腐殖酸钠 100 毫克内服；多黏菌素 B 硫酸盐 8～10 万单位肌肉注射。

◆ **猪卡他性胃肠炎**

病因

常称消化不良，以胃肠功能紊乱、吸收功能减退、食欲减退或废绝为主要特征。

症状

病猪精神不振，病初呈现消化不良症状，以后食欲废绝，饮欲增加，鼻盘干燥，口腔干燥，气味恶臭，舌面皱缩，体温升高，脉搏加快，眼角膜充血、黄染，有时有腹痛的症状，呼吸增快，呕吐，腹泻，粪便恶臭，混有黏液、血丝或气泡，重症时肛门失禁，最后直肠脱出。

治疗

首先，去除病因，给予易消化的饲料，病猪宜喂稀粥或米汤。其次，抑菌消炎，内服小檗碱、庆大霉素或氧氟沙星等。临床上常用5%葡萄糖生理盐水500毫升、10%维生素C注射液5毫升、40%乌洛托品液10毫升，混合后静脉注射。第三，调节胃肠功能，胃肠炎缓解后可用适当健胃剂，幼畜用多酶片、乳酶生等。

26 注射猪瘟疫苗的注意事项有哪些？

为了保证整体活猪的健康，要及时给活猪注射猪瘟疫苗。注射猪瘟疫苗应注意以下事项。

◆ **不要过早**

仔猪从母猪母体和母乳中获得抗体，过早会破坏母源抗体，降低仔猪抵抗力。

◆ **不要重复**

短期内重复注射，会使猪更易感染猪瘟。

◆ **不要给孕猪注射**

猪瘟疫苗容易导致孕猪流产、死胎等不良反应。

◆ **不要共用注射针头**

避免交叉感染。

◆ **不要注射失效或过期疫苗**

这种疫苗无法起到预防效果。

27 猪场常见的消毒方法有哪些？

消毒就是消灭或减少工具、器械、动物体表以及环境中的病原体。消毒的目的是控制、消灭由传染源传播于外界环境中的病原体，以切断传播途径，保护易感动物，控制疾病蔓延，并改善空气质量。常见的消毒方法有机械性消毒、物理消毒、化学消毒和生物消毒等。

◆ **机械性消毒**

主要包括清扫、冲洗、排风等。通过机械性消毒，清除现场大量的有机物，如排泄物、体表脱落物、饲料残渣及其他污物，有助于下一步消毒工作的开展。

◆ **物理消毒**

常用高温、干燥、紫外线消毒等，针对不同的消毒目标可选用不同的消毒方式。

◆ **高温消毒**

高温消毒对多数病原体都有很好的杀灭效果，对于耐煮物品和一般金属器械，可采取煮沸消毒；一般金属器材可以进行烘烤、灼烧；不便拆卸的器械、地面、墙壁等，可采用喷火消毒；病死畜禽的尸体以及没有价值的物品，可以进行焚烧处理。

对于猪场栏舍，可以通过蒸汽进行环境消毒，相对湿度在80%~100%的热空气可放出大量热能，从而达到消毒的目的。

◆ **紫外线消毒**

紫外线消毒常用于室内消毒，具有高效杀菌、广谱杀菌等优点，运行维护简单，成本较低。但是紫外线长期照射时对活体有害，因此猪场使用紫外线消毒时，每次以5分钟为宜，在空栏的情况下可以适当加长消毒时间。

可以安装紫外线消毒灯，但需要注意无法照射到的角落。

◆ **阳光消毒**

利用阳光照射，通过高温和天然紫外线杀灭病原体，适用于易拆卸器具，以及衣物等的消毒。

◆ **通风消毒**

猪舍通风换气是一项非常必要的工作，除了能够调控猪舍温度、湿度外，还能有效地改善空气质量，是控制猪舍环境的重要措施。

猪舍日常可产生大量有害物质，尤其是猪的排泄物中含有大量有害气体，它们长期在猪舍蓄积，会影响猪的健康。应适当通风，新鲜空气带来的气流可迅速带走废气，降低室内病原菌数量，加快舍内水分的蒸发，保持干燥。

◆ **化学消毒**

化学消毒指利用化学消毒剂通过浸泡、熏蒸等方式进行消毒。消毒剂能够有效地杀灭或抑制病原微生物的生长繁殖，选择消毒剂应遵循高效、安全、稳定、经济、方便等原则。

常用的化学消毒剂有戊二醇二醛、复合酚、氯制剂（如二氯异氰尿酸钠、次氯酸钠等）、福尔马林（40%甲醇）、氢氧化钠（火碱）、聚维酮碘、碘酊、过氧乙酸、高锰酸钾、过氧化氢（双氧水）、乙醇、苯扎溴铵（新洁尔灭）等。

生石灰是较为廉价的消毒用品，容易购买，使用方便。生石灰本身不具备消毒功能，必须与水作用，生成氢氧化钙（熟石灰）才具备消毒能力。

采用化学消毒剂杀灭病原是最常用的消毒方法之一，理想状态下的消毒剂应具有抗菌谱广、对病原体杀灭力强、性质稳定、维持消毒效果时间长、对人畜毒性小、对消毒对象损伤轻、价廉易得、运输保存和使用方便、对环境污染小等特点。

◆ **生物消毒法**

指通过堆积发酵、沉淀池发酵、沼气池发酵等产热或产酸，以杀灭粪便、污水、垃圾及垫草等内部病原体的方法。

猪场会产生大量粪污，通过发酵法杀灭病原体后，可改善粪便肥效，将其制造为有机肥料。

28 猪场消毒的意义？

消毒是猪场和动物预防疾病的关键技术，疫苗和抗生素的防治无法替代消毒作用。

第一，病原体长期存在于周围环境中，达到一定浓度或在一定条件下就可引起疾病。

第二，饲养密度过高，病原体会加速聚集，增加疾病感染概率。

第三，大多数疾病并非单一感染，而是多种病原体同时作用造成的合并感染，单一抗生素无法治疗多种疾病。

第四，很多疾病还没有良好的药物和疫苗。

第五，接种疫苗后至出现抗体的时期是发病率较高的危险期，消毒可以减少感染概率。

29 如何消毒猪场？

◆ **消毒前应彻底清除围栏内的分泌物和排泄物**

临床病猪的分泌和排泄物含有大量的病原微生物（细菌、病毒、寄生虫卵等），健康猪的分泌物和排泄物也含有大量的条件致病菌如大肠杆菌等。因此，消毒前应进行彻底清洗，使猪场环境中的病原菌数量大大减少。

◆ **选择适当的消毒剂**

在选择消毒剂时，不仅要符合广谱、效果好、稳定性好的特点，还要选择对猪刺激性小或无刺激性的药物。虽然强酸、强碱和甲醛等药物，对病原菌作用强，消毒效果好，但对猪只有害，不适合给猪场消毒。

◆ 消毒时间和频率

消毒的时间应选择中午时分，温度越高越好。冬春季节，由于温度较低，为了减少灭菌引起的冷应激，应该选择在中午前后消毒；而夏秋季节，中午的温度较高，此时消毒则具有降温除尘的作用。

一般来说，消毒频率为每周1次。疫情期间或猪场发生流行病威胁时，消毒数量应增加至每周2～3次。

◆ 雾化

喷药时必须确保液滴小至气溶胶的水平，使空气中液滴悬浮的时间更长。这样不仅节省药物，还能清洁处所的空气质量，提高杀菌效果。

30 猪在各阶段需要打的疫苗有哪些？

◆ 肥育猪的免疫程序

1日龄 猪瘟弱毒疫苗超前免疫，仔猪生后在未采食初乳前，先注射一头份猪瘟弱毒疫苗，隔1～2小时后再让仔猪吃初乳，这适用于常发猪瘟的猪场。

7～15日龄 气喘病疫苗。

10日龄 传染性萎缩性鼻炎疫苗，肌注或皮下注射。

10～15日龄 仔猪水肿疫苗。

20日龄 肌注猪瘟疫苗。

25～30日龄 肌注伪狂犬病弱毒疫苗。

30 日龄　肌注传染性萎缩性鼻炎疫苗。

35～40 日龄　仔猪副伤寒菌疫苗，口服或肌注（在疫区，首次免疫后 3～4 周进行二次免疫）。

60 日龄　猪瘟、肺疫、丹毒三联疫苗，二倍量肌注。

◆ 后备公、母猪的免疫程序

每年春天（三四月份）　肌注乙型脑炎疫苗一次。

配种前 1 个月　肌注细小病毒疫苗。

配种前 20～30 天　注射猪瘟、猪丹毒二联疫苗（或加猪肺疫三联疫苗），4 倍量肌注。

配种前 1 个月　接种一次伪狂犬病疫苗。

◆ 经产母猪免疫程序

每年春天（三四月份）　肌注一次乙脑疫苗，三年后可不注；每年肌注一次细小病毒灭活疫苗，三年后可不注。

空怀期　注射猪瘟、猪丹毒二联疫苗（或加猪肺疫三联疫苗），4 倍量肌注。

产前 2 周　肌注气喘病灭活疫苗。

产前 45 天、15 天　各肌注一次 K88-K99-987P 大肠杆菌疫苗。

产前 45 天 肌注传染性胃肠炎、流行性腹泻二联疫苗。

产前 35 天 皮下注射传染性萎缩性鼻炎灭活疫苗。

产前 30 天 肌注仔猪红痢疫苗。

产前 25 天 肌注传染性胃肠炎、流行性腹泻二联疫苗。

产前 13 天 肌注猪伪狂犬病灭活疫苗。

◆ 配种公猪免疫程序

在做好仔猪阶段的免疫后,每年春、秋季各注射一次猪瘟、猪丹毒二联疫苗(或加猪肺疫三联疫苗),4倍量肌注;每年3~4月份肌注乙脑疫苗一次,三年后可不注;每年肌注气喘病灭活疫苗2次;春、秋季各肌注一次猪伪狂犬病疫苗;每年肌注2次猪繁殖与呼吸综合征疫苗。

◆ 其他疾病的防疫

蹄疫

常发区 常规灭活疫苗,首次免疫日期为35日龄,二次免疫日期为90日龄,以后每3个月免疫一次;高效灭活疫苗,首次免疫为35日龄,二次免疫为180日龄,以后每6个月免疫一次。

非常发区 常规灭活疫苗,每年9月、12月和次年1月各免疫一次;高效灭活苗,每年9月和次年1月各免疫一次。

猪传染性胸膜肺炎

仔猪出生后1、3、5周各免疫一次。

猪链球菌病

成年母猪每年春、秋季各免疫一次;仔猪10日龄首次免疫,60日龄二次免疫,或出生后24小时首次免疫,断奶后2周二次免疫。

31 猪用疫苗的保存和使用注意事项有哪些?

◆ 妥善存放

应由专人负责,远离儿童,置于低温区,冰箱应加锁。应针对疫苗特性保存,比如个别油佐剂疫苗很黏稠,使用前应稍微回温到25℃左右,以利于通针,并且不会因过凉对仔猪造成温度刺激。

◆ 免疫前检查

检查注射器刻度是否清晰准确、是否漏液、针头是否卡紧。免疫注射器应单独存放,不要与治疗用注射器混放。疫苗特性要注意,注射油佐疫苗时应选无硅胶活塞注射器。

◆ 针头选用

针头要注意消毒,勤换针头,保持锋利。

◆ 环境卫生与猪群健康

污染区域起不到防疫效果,因此环境卫生很重要。疫苗只能给健康猪群接种,发病猪只勿接种。此外,母猪临产前一周和分娩后一周不要接种疫苗。

◆ 联合注射

联合注射时要选好部位,不同的部位选择不同苗,疫苗不要混合。

◆ 免疫剂量

严格按照说明书进行免疫接种,不可随意增加剂量,以免引发副作用。

◆ 不可反复使用

疫苗不可反复使用,开封就会受到污染,因此剩余的疫苗要尽快清理。

第五节 肉羊养殖知识问答

1 肉羊都有哪些品种？

目前，我国饲养的肉羊品种主要包括湖羊、波尔山羊、杜波绵羊、小尾寒羊、青山羊。

◆ 湖羊

湖羊的祖先源于蒙古羊系统。湖羊是一种多胎白色羔皮羊品种，主要分布于浙江、江苏，最先饲养于浙江湖州的长兴、安吉，以后扩展到江浙两省交界的太湖流域，经过长期驯化、人工选育而成为我国特有的、世界闻名适应性强的绵羊品种。湖羊头面狭长，鼻梁隆起，耳朵较大、下垂，公母羊都没有角。一般都是舍内饲养，每年春、秋季节各剪一次羊毛。该品种具有耐粗饲、行性温顺、适于圈养、性成熟早、耐湿热、产羔率高、母性好、生长速度快速、肉质鲜嫩等特点。

◆ 杜泊绵羊

杜泊绵羊是20世纪40年代南非科学家利用有角道赛特羊与南非土种羊（波斯羊）和美利奴羊杂交，经过多年选育而成的适应南非干旱少雨气候特点的优良肉用绵羊品种，包括黑头白体躯和白头白体躯两大种类。杜泊绵羊具有前期发育快、胴体瘦肉率较高、肉质鲜嫩的特点，是世界上"钻石级"肉用绵羊，特别适宜于肥羔生产。

目前，杜泊绵羊是南非地区第二大品种羊，是南非畜牧业的重要支柱产业，已被引进到美国、英国、澳大利亚、新西兰、中国等畜牧业大国，作为肉羊杂交生产体系的终端父本，用来改良地方品种或者培育新品种。

◆ **波尔山羊**

波尔山羊是当今国际上公认的最著名的大型肉用山羊品种。波尔山羊原产地为南非，现在已经广泛分布于世界各地。波尔山羊具有繁殖能力强、生长速度快、体型大、出肉率高、肉质好、遗传性基因稳定、适应性广等特点，并且杂交改良地方山羊品种效果显著，因此波尔山羊公羊通常被应用为终端杂交父系。波尔山羊正常两年产三胎，三年产五胎，一胎两到三只，一年两胎占比为10%。

◆ **小尾寒羊**

小尾寒羊是我国著名的肉用、种用兼用型的绵羊品种。小尾寒羊具有生长繁育快、繁殖能力强、遗传性基因稳定、耐粗饲、适应性强等特点，是我国的"名畜良种"。两年可以产三胎，每胎二到四只，小尾寒羊具有生长速度快、出肉率高等特点，一年产两胎的占比为20%。

◆ **山羊**

主要可分为白山羊、青山羊、黑山羊和奶山羊。

青山羊主要分布在鲁西南地区，通过基因筛选和分子遗传育种培育而成的肉用型山羊品种。青山羊全身有"四青一黑"的特征，背部、唇部、角部、蹄部为青色，两前膝为黑色，所以称为青山羊。青山羊正常两年可产三胎，三年产五胎，一胎两到四只，一年两胎的占比高达50%。

黑山羊毛色纯黑，有着体型高健、性情温顺、生长速度快、耐潮湿炎热、抗病能力强、出肉率高、肉质好等特点。黑山羊幼羊出生体重可达 5 千克，成年羊体重最高可达 100 千克左右，出肉率高达 60% 左右。黑山羊正常两年产三胎，三年产五胎，一胎一到三只，一年两胎的比例占 30%。

② 种公羊如何进行饲养管理？

俗话说"公羊好，好一坡；母羊好，好一窝"，由此可见，种公羊对后代影响较大，是搞好肉羊生产的关键因素，对提高整个羊群生产性能关系重大。因此，对于种公羊不仅要提供优质的饲料，还要让其适度运动，特别是舍饲条件下，每天必须运动不低于 3 小时，这对非配种期公羊尤为重要，可避免因过肥影响配种。

种公羊配制日粮要合理搭配，保证饲草料多样性，尽可能保证全年青饲料均衡供应，能量和蛋白质要保持在较高水平，合理补给复合添加剂、矿物质、维生素以保证其健康、精力充沛。种公羊应在中等膘情以上，不可过肥、过瘦。

◆ **配种期饲养管理**

配种期的种公羊体力消耗多，特别是人工授精时期，种公羊的利用强度很大，必须加强饲养管理。

◆ **日粮配合**

日粮由非配种期逐渐改为配种期的饲养标准，配种期的精料可达 0.8～1 千克，优质青贮饲料 2 千克，优质干草 0.5 千克，在配种开始前 15 天左右，每只每天饲喂 2 枚鸡蛋，提高蛋白质水平。

◆ **饲养管理规程**

检测精子活力 配种开始前应检测两次精子活力。根据精子活力，分析饲料、管理中的不足，制定最优方案，使所有配种公羊在配种开始时精子活力都能达到优良级别。

规范采精 严禁暴力驱赶种公羊，降低各种应激反应。采精的过程中不要围观，更不能大声喧哗。

◆ 非配种期的饲养管理

非配种期主要是恢复体力、增加膘情，日常管理以前期休息、后期调整为主，为下一阶段的配种做好准备。

◆ 日粮配合

非配种期的日粮可按配种期饲喂量的70%供应。一般每日每只种公羊饲喂精料0.5～0.6千克、优质干草0.5千克、优质青贮料1.5～2.0千克，使其到配种准备期达到中等以上膘情，腹部紧凑、有强烈的交配欲望，精子活力优良。

◆ 饲养管理规程

采精训练 每周对种公羊采精一次，镜检观察精子活力、密度、射精量并做好记录，为配种期提供准确的采精依据。

修蹄 公羊在进入配种期前进行修蹄，达到蹄部平整、无伤、无疼痛。

运动 保证种公羊有足够的活动空间。

3 繁殖母羊如何进行饲养管理？

◆ **空怀期的饲养管理**

羔羊断奶后至母羊配种前这段时间称为空怀期。这个阶段的重点是抓膘复壮，尽快恢复母羊体质，为下一配种、怀孕期做好准备。

日粮配合

空怀期的饲料以青粗饲料为主，搭配少量精料。母羊营养好，体态佳，就能很好地促进发情、排卵、受孕。加强空怀期母羊的饲养管理，特别是配种前短期内提供优质饲料有助于提高母羊的繁殖力。配种前1~1.5个月使母羊膘情达到中等以上，第一情期受胎率可接近85%，而体况差的只能达到70%左右。一般来说，此时每天每只种母羊可饲喂精料0.2~0.3千克、青干草1~1.5千克和青贮混合饲料2~2.5千克。

饲养管理注意事项

第一，按膘情好坏分群饲养，区别对待，个别体况较差的要给予短期优饲。

第二，合理防疫和驱虫。

第三，根据每只母羊的生产记录，分析总结其生产性能。

第四，根据分析结果，合理分群，制定配种计划。

◆ **妊娠期的饲养管理**

妊娠是母羊特殊的生理状态，从受精卵开始，经过150天左右的发育，到胎儿成熟产出为止，所经历的这段时间称为妊娠期。母羊妊娠期的主要任务是保胎并使胎儿良好发育。

母羊配种后20天不再有发情表现，则可判定已经怀孕。这个时期分为妊娠前期和妊娠后期。

妊娠前期

即妊娠前3个月，这个时段的重点是养母羊，不能因为仅仅是胚胎的形成阶段，胎儿的体重增加较少，发育也较缓慢，对营养的要求不高，就对母羊放松管理。一定要保证饲料质量和饲料营养平衡，提高母羊的抵抗力和免疫力，可以在饲料中添加中药四物汤。

妊娠后期

即分娩前2个月，此时胎儿生长发育迅速，80%～90%的胎儿重量在这个时间形成。这个时段主要是养胎儿，既要保证充足的营养，保证胎儿的健康，又要避免营养过剩，胎儿过大，造成分娩困难。母羊表现为采食量增加，对营养物质的需要量明显增多，日粮的搭配为精料0.6千克、优质青干草1.5千克、优质青贮饲料1.5千克。

这时候可以在饲料中添加白术散，既可以提高母羊的抵抗力，又可以强壮胎儿的骨骼。在正常饲养条件下，此阶段母羊和胎儿可增重8千克左右，怀双胎或三羔的甚至可增重15千克左右。

饲养管理注意事项

妊娠期间要做到合理饮食、适量运动、养母保胎、防止流产。

第一,禁止饲喂霜草或霉烂饲料,饲草料一定要新鲜,冬季不饮冰碴水。

第二,怀孕母羊管理突出一个"稳"字,母羊出入圈要稳,补饲、饮水、运动不要急,都要稳而慢。

第三,羊舍要做到冬暖夏凉,圈舍干燥,通风良好,舍内环境尽量保持在一个相对稳定的范围。

第四,妊娠期母羊饲养密度不能过大,圈舍一定要宽敞,避免拥挤,造成流产。

第五,适量运动,特别是妊娠后期的母羊,要有适度的运动量。天气良好的时候要多晒太阳,对胎儿的健康发育有着十分重要的作用。

第六,产前1个月给妊娠期母羊全群注射三联四防疫苗。

◆ **哺乳期的饲养管理**

哺乳期为 2.5～3 个月。一般而言，羔羊出生后 2 个月主要通过母乳获取营养。这个时间段羔羊生长速度较快，必须提供优质的饲料来保证母羊产乳。在管理上，产后 1～3 天内，不对膘情好的母羊补饲精料，以防消化不良或乳汁分泌过多造成挤乳，发生乳腺炎。

现代饲养技术往往提倡羔羊适时断奶，1 年 2 次羔的断奶可适当提早，发育较差和计划留种用的羔羊可适当延长喂奶期。羔羊断奶后留原舍饲养，可以减少羔羊断奶应激。羔羊早期断奶，利用同期发情技术，引导母羊发情排卵，及时配种受胎，提高年产胎数。

日粮配合

哺乳前期母乳是羔羊所需营养的主要来源，必须加强饲养管理和提高营养水平，提高母羊的泌乳量。建议日粮搭配为精料 0.7 千克，补充优质青干草和多汁饲料，保证清洁的饮水。哺乳后期羔羊已经开始采食饲料，此时的日粮供给应逐步降低精料量，减少多汁饲料和青贮料，逐步恢复至空怀期的水平。

饲养管理注意事项

保持圈舍清洁干燥 对胎衣、毛团、锐利物质等一定要及时打扫干净，以免羔羊舔食引起疾病。

避免发生乳房炎 要经常观察母羊乳房，若发现有乳汁过多或者乳房发胀、发红、发硬、乳房发炎、脓性反应的，要及时采取相应措施。

哺乳圈舍要经常消毒 每周消毒一次，冬季或者疾病流行时期每周消毒 2～3 次。

做好补料 在哺乳前期每天母羊和羔羊分离 4～5 次，在羔羊补饲栏里要放有羔羊专用颗粒料和优质饲草，诱使羔羊主动采食。

4 母羊产羔前期准备事项有哪些？

◆ 产羔前的准备

产房使用前一周要将地面、水槽、料槽、围栏、床板清理干净，消毒备用。冬季要检查取暖设备，修补门窗，做好防风、防寒保温工作；夏季要做好防暑，必要时安装空调。

◆ 生产物品的准备

记录准备 逐一记录每只母羊的生产情况，包括预产期、生产羔羊时间、转群时间，然后汇总每天的产羔数量。

接生准备 准备垫料和取暖设备，比如保温灯、电热板，设立羊只护理警示标志，以及称重、洗刷、记录、标记要用到的物品。

药品准备 准备医用消毒碘酒、精破抗、氯前列烯醇、缩宫素、地塞米松、青霉素、链霉素、注射器、新洁尔灭消毒液。

◆ 人员安排

24 小时内安排好值班人员，防止产羊而不知，出现难产。

5 母羊分娩的注意事项有哪些？

◆ 临产症状

临产母羊在产前 7 天左右转入产房待产。母羊临产前，乳房变得肿大，乳头直立，用手挤时会有少量黄色初乳；阴门部潮红肿胀，有时流出浓稠黏液，临产前 2～3 小时这种症状最为明显；排尿频率增加，回头望腹，时起时卧，有时哞叫，食欲有所减退。当母羊喜欢舔其他羔羊或者发生努责及羊膜外露时，要准备随时接生。

◆ 生产过程

正常生产的母羊，在羊膜破后 30 分钟以内即可产出羊羔。正常胎位出生时，羔羊一般是下颌夹在两前腿之间，头部与两前腿先出，也有少数先出后腿。如果发现倒生，要立即人工助产，防止羔羊窒息死亡。如果产双羔，先后大概间隔 30 分钟以内，也有间隔数小时的，所以当产出第一只后，母羊还有起卧不定、努责时，需要检查是否有第二只羔羊。

检查方法　以两只手掌放在母羊的腹部，稍微用力，如果触碰到一个硬而光滑的胎体，则是双羔。如果是双羔，第一只出生后，30 分钟内第二只还未产出，要立即行人工助产，将羔羊取出，以免造成羔羊死亡。当母羊站位分娩时，要用双手接住羔羊。

◆ 初生羔羊的护理

防止感染　一般情况下，羔羊出生时羊膜会自行破裂，如果不能及时破裂，应立即人工破膜，便于羔羊自行产出。羔羊出生后，一般脐带会自行断裂，产出羊羔而脐带没有自行断裂的，要从离脐孔 3 厘米左右处断开脐带，同时用 5% 的碘酊浸涂消毒，防止细菌感染。

清理呼吸道　羔羊产出后，要立即清理鼻腔、口腔里的黏液，以免影响呼吸。如果羔羊吞咽羊水会引起异物性肺炎，甚至窒息死亡。出生后，发生假死或者口腔黏液过多、已经停止呼吸或者发生呼吸困难的，要提起羔羊的两只后腿，一边清理口腔中的黏液，一边轻轻拍打胸部，刺激其呼吸。

清理黏液　要让母羊舔干净羔羊身上的黏液，有助于增进母子感情。当母羊母性差时，要把羔羊身上的黏液涂抹在母羊口鼻上，诱使母羊舔食羊羔身上的黏液，增强其母性。如果温度较低时，发现母羊不愿意舔羔羊，要立即把羔羊身体上的黏液擦干，以防感冒。

及时吃上初乳 产羔后及时将母羊乳房周围的毛剪干净，用温水擦洗乳头，挤去乳头内的几滴乳汁。羔羊出生后十多分钟就会吮吸乳头，出生半小时内必须让羔羊吃到初乳。如果羔羊出生体重过低或身体虚弱，可以人工辅助喂养，即人工保定。然后每隔 2~3 个小时让羔羊吮吸一次母乳，持续 2~3 天，等羔羊可以自行吃奶时便可停止人工辅助喂养。

新生羔羊吃过初乳之后，称重并做好编号。

喂食乳酶生 羔羊出生后可以喂食乳酶生，连喂 7 天，有助于消化吸收，预防拉稀。

促进胎衣排出 胎衣一般在产后 30 分钟到 2~3 小时排出，如果胎衣长时间没有排出，要采取相应措施，人工取胎衣。

◆ 母羊产后护理

母羊生产后身体虚弱，要精心护理。日粮要少给勤添，前 3 天要饮用温红糖水，之后要饮用干净卫生的水。管理上，一要及时洗净、消毒母羊外阴部，观察胎衣排出情况，清除恶露；二要使母羊认羔，及时哺喂初乳；三要经常擦洗乳房，保持乳房干净卫生，注意排乳情况，预防乳房发炎。

6 母羊难产与助产注意事项有哪些？

母羊难产的情况比较少，如果胎儿过大或胎位不正，容易出现难产，头胎母羊由于骨盆狭窄也容易发生难产。常见的几种胎位不正有胎头侧弯、肩关节弯曲、胎头下弯或后仰。

羔羊出生时，如果羊水破了 20～30 分钟仍然没有产出羔羊，母羊努责无力，必须助产。助产的目的是在保证母羊安全的情况下，将母羊腹中胎儿胎位摆正为顺位，把羔羊拉出。

◆ **助产准备**

助产人员要剪短修圆指甲，洗净、消毒浸泡 5 分钟以上，然后套上长臂手套，涂抹润滑剂。洗净母羊尾根、外阴部，做好消毒。

◆ **助产方案**

在母羊反复努责，胎头通过阴门仍然不能产出的情况下，即行助产。用手握住羔羊的两前腿，随着母羊的努责，轻轻向下方慢慢拉出，但要注意防止撕裂会阴。

如果胎儿过大，可以把胎儿的两前腿拉出再送回产道，反复 3～4 次，然后一手拉前肢，一手扶胎儿头，随着母羊的努责，慢慢向后下方拉出，切不可用力过大。

◆ **助产操作原则**

所有的助产都是建立在保护母羊的基础上进行的。一是首先将母羊后躯部位垫高，将露出外阴的部分送回子宫；二是把手伸入产道，认真探查胎儿的位置和状态，包括头、前、后腿与颈部；三是根据胎儿在子宫内的胎位和状态，尽量把胎儿恢复到正确的产出位置；四是利用产科器械，伴随母羊阵缩，缓慢用力，稳准地拉出胎儿。

7 如何治疗胎衣不下？

正常情况下，母羊产后3小时仍未排出胎衣，称胎衣不下。产后子宫收缩无力、迟缓，胎儿胎盘和母体粘连等可引发此病。常见症状为胎衣部分滞留在阴户外，可见到悬挂的胎衣，发出腐败恶臭的气味。部分滞留的胎衣几天即腐败，从阴户内排出灰红色恶露，侵害子宫，可引起子宫内膜炎。治疗胎衣不下可用肌注缩宫素20～40单位或子宫灌注10%的氯化钠60～500毫升。

8 如何防治母羊妊娠毒血症？

母羊怀孕期间，特别是怀孕后期营养不足，体内血糖、血钙含量急剧下降，使大脑皮层发生抑制可引发妊娠毒血症。

◆ 症状

病初期精神抑郁，黏膜苍白，食欲减退。有的母羊流产、磨牙，有的头颈高举向后弯曲，发生痉挛，卧地不起。

◆ 防治

加强饲养管理，特别是到怀孕后期，应该给母羊补喂维生素含量丰富的青绿饲料，并保持适度的运动。另外，还要补充血液中钙、磷的含量。每只羊静脉注射10%的葡萄糖酸钙80～100毫升，每日1次，连用3天。

9 如何治疗羊子宫炎？

子宫炎是由于分娩、助产、子宫脱垂、胎衣不下等导致细菌感染而引起的子宫黏膜炎症。

◆ **症状**

病羊初期食欲减退，精神不佳，体温升高。由于疼痛导致病羊磨牙、呻吟、弓背、努责，不时表现出排尿姿势，阴门流出污浊红色分泌物。

◆ **治疗**

清洗子宫，将千分之一的高锰酸钾溶液灌入子宫内，用虹吸法排出，每日清洗1次，连用3~4天。同时肌肉注射青霉素80~160万单位、链霉素100万单位，每天2次。

10 如何治疗羊乳房炎？

乳房炎是乳腺、乳池、乳头局部的炎症，多见于泌乳期母羊，常见有浆液性、卡他性、化脓性及出血性乳房炎。

◆ **病因**

因乳房不洁导致细菌从乳头管侵入乳腺组织引起，由链球菌、葡萄球菌、化脓杆菌、大肠杆菌、病毒、霉菌、支原体等微生物所致。此外，乳房外伤、羔羊吸乳不充分、乳汁积存过多时，及感冒、口蹄疫、子宫炎、体质差、抵抗力弱时也可引起乳房炎。

◆ **症状及诊断**

病初奶汁无大变化，严重时由于高度发炎及浸润，乳房发肿发热，变为红色或紫红色，用手触摸时病羊会因痛而躲避，乳汁显著减少，乳中常有脓液或血液，呈黄色或红色。患出血性乳房炎时，乳汁呈淡红色或血色，内含小片絮状物，乳房剧烈肿胀、疼痛。因行走时后肢摩擦乳房而感到疼痛，病羊表现为跛行或不能行走。患病母羊食欲不振、头部下垂、精神萎靡、体温增高。本病易使母羊乳房损坏，失去泌乳功能。

◆ 防治

患病母羊往往泌乳量较大，供羔羊哺乳有余，导致奶汁在乳房内滞留，因此可适当减少精料饲喂量，少喂青储料、青草等饲料，多喂优质干草，以降低母羊泌乳量，避免余奶存留。保持羊栏清洁及母羊卫生，防止乳房损伤，对乳头干裂的母羊可涂擦凡士林。药物治疗时可将乳房内乳汁挤净，用乳头管针头通过乳头一次性注入含青霉素40万单位的0.25%普鲁卡因20毫升，每天2次，并用10%鱼石脂软膏外敷。对乳房极度肿胀、体温升高的病羊，肌肉注射庆大霉素8万单位或青霉素40万单位，每天2次。

11 新生羔羊的饲养管理要点有哪些？

新生羔羊即出生到半个月的羔羊。新生羔羊生命力较为脆弱，科学完善的护理，是提高新生羔羊成活率的关键，饲养要点如下。

◆ 脐带消毒

新生羔羊出生后，无论是自然断开脐带，还是人工剪断脐带，都要将羔羊的断端浸入到碘酒中消毒。在脐带干化脱落之前，要时刻观察脐带的变化，如有无滴血，如果有，应及时结扎消毒。脐带在出生后7天左右可干缩脱落。

◆ 保温

冬季生产时要注意保温。分娩后要第一时间让母羊舔净羔羊身上的黏液，或者用干草、布块擦干黏液，防止羔羊感冒。体质较弱的羔羊要母子单独放在一起，条件好一些的可以安装空调。

◆ 尽早喂初乳

羔羊出生后，应尽早吃到初乳。母羊产后3～5天之内排出的乳汁称为初乳，初乳含有丰富的蛋白质和脂肪等营养物质和抗体，能有效增强羔羊的免疫力，促进胎粪排出，是其他任何物质都不可替代的。对无奶、缺奶、多羔的羔羊，要保证羔羊及时吃上羊奶，可以找"奶妈"代哺或人工哺乳。找"奶妈"应越快越好，尽快使母羊与羔羊"母子相认"。

◆ 做好日常护理

日常护理很关键，要做到"二常"和"三防"。

二常 一常针对羊羔，一常针对圈舍。前者要常观察羔羊的精神状态，包括脐带、排便、精神状态、吃奶情况；后者要常打扫圈舍，保持圈舍的干燥清洁，清除饲槽、饮水槽中的粪便、羊毛。

三防 即防寒暑、防疾病、防挨饿。冬天防寒,防止冻伤羔羊;夏季防暑,防止热应激;防止羔羊生病,包括普通病和传染病;做好免疫和补充营养物质,在羔羊出生后2小时注射精破抗,第二天注射牲血素进行补铁,第6天添加补硒补钙物质,出产房后常规免疫;防止吃不上奶而挨饿。

12 哺乳期羔羊的饲养管理要点有哪些?

◆ 饲养管理规程

出生半小时内保证羔羊吃上初乳,并吃充足。7天日龄后,保证羔羊吃好常乳。7~30日龄,圈内投放专用颗粒料和优质牧草,引诱羔羊采食,保证羔羊能吃到新鲜饲草料。30~50日龄羔羊,定量投放草料,精料喂量限制在0.35千克左右,增加优质苜蓿干草的喂量,每次饲喂结束后,如饲槽内仍保留少量草料,当天要吃净。

◆ 保健防疫规程

24小时内 注射精制破伤风抗毒素。

第2天 注射牲血素,对于拉稀的羊要注射头孢类抗生素。

第7天 补硒补钙。

第10天 接种传染性胸膜肺炎灭活疫苗。

第18天 接种羊痘疫苗。

第26天 接种三联四防疫苗。

第35天 接种口蹄疫疫苗。

第42天 接种小反刍疫苗。

13 育成羊的饲养管理要点是什么？

育成羊，指断奶后至初次参加配种的羊。这一阶段，羊的骨骼和器官得到充分发育，生长速度快，对营养需求高。

◆ 日粮配合

日粮配比从断奶前的饲喂方法和饲喂程序逐渐过渡到育成羊的营养水平，避免骤然改变，造成羊只应激。每只育成羊每天饲喂精料0.6千克左右，青干草0.5千克，青贮饲料1千克。由于公羊的增长速度比母羊快，要给公羊更多精料。

◆ 饲养管理规程

运动 由于育成羊生长发育比较快，通过运动增强体况，因此，育成羊需要较大的活动范围。

每月称重 称重是检查育成羊发育完善程度的方法，以此来判断全群的发育状况及饲草料搭配的合理程度，根据称重结果调整饲养方式和日粮配合。

选育 6月龄左右要进行选留，确定羊只的生产性能，选留合适的羊进行生产。

初配公羊的调教 公羊第一次参加配种时要提前调教，一般在配种前一个半月左右对公羊进行调教。调教的方法如下：开始时让初配公羊与发情母羊自由交配几次，如果发现公羊性欲低下，可以把发情母羊的阴道分泌物抹在公羊鼻尖上以刺激其性欲；用温水洗阴囊，早、晚两次用手由上而下轻轻按摩睾丸，或者在其他公羊采精或配种时，让初配公羊在旁边当"观众"。

育成母羊的初配时间 育成母羊的性成熟早于育成公羊，初配月龄为8～10月龄，开始配种时的体重大约为成年体重的70%，但也要结合具体生长发育而定，不做统一要求。

14 巡场技术要点有哪些？

◆ 饮水

每天查看自动饮水设备是否正常工作，及早发现异常，及时维修。每天清洗一次水槽，保持清洁卫生。夏季要保证全天24小时干净清洁的饮水，可以添加维生素C，防暑消毒。冬季每次加水前要清除水槽内的冰块，严禁饮用冰碴水，防止母羊流产。加水不要加满，加到水槽的一半即可。产后母羊和羔羊在冬天要饮温水。

◆ 饲喂制度

坚持少喂勤添的原则，每次饲喂过程约1.5小时，添2～3次草。尽量不使饲草撒落在食槽外，避免浪费，每次饲喂前要清理干净饲槽。冬天将回收的草渣晾晒干后打成草粉，夏天饲料要现混现喂，严禁提前混合，以防堆积发热。当天草料当天喂完，如果喂不完，第二天要少加，或者调整配比，杜绝浪费。饲养密度不要过大，羊只采食时不要过挤，每只羊都要有充足的采食空间。每周要用火焰喷枪消毒一次料槽，圈舍用消毒水消毒一次。

◆ 环境卫生

圈舍要每日定时清扫，保持舍内干燥清洁，特别是夏天，要随时打扫卫生，杜绝蚊蝇滋生。饲喂工具要定点存放，保证干净整洁，用于饲喂和打扫卫生的工具严禁交叉使用。保持羊舍通风，在天气好的时候，将阳面的窗户适当打开，通风换气。定期清理漏粪地板下的羊粪，喷洒除臭剂，防止舍内氨气过重。

◆ 消毒制度

定期消毒 消毒时要先打扫干净再进行消毒。配药要细心，喷洒不留死角。喷雾时要将地面、墙面打湿为宜，撒石灰时要保证均匀覆盖。

消毒剂选择要遵循安全、低毒、高效、无残留的原则，对人、羊、设备都不会造成破坏，不会在羊体内产生有害积累。

环境消毒 每周喷雾消毒2次羊舍，运动场及周边场地每月消毒1次。

人员消毒 严格控制外来人员，进入生产区时必须穿戴鞋套并彻底消毒。工作人员每天应穿工作服进入生产区，工作服不得穿出场外。

羊舍消毒 整批羊调出后，彻底清扫干净，羊舍地面用2%的火碱水消毒，干燥后撒上生石灰，饲槽清洗后灭菌消毒。

用具消毒 每周对料槽、饲料车等进行喷雾消毒，进出厂区要经过消毒池，消毒池内的水要定期更换，保证消毒效果。病死羊的圈舍、隔离舍及解剖场所要及时喷雾消毒。

产房消毒 每批产羔结束后，及时清理漏粪地板下的羊粪，并且对每个小圈各进行喷雾和撒石灰消毒2次。胎衣以及生产分泌物要专门处理以保证安全。下一批产羔开始之前，再次用高锰酸钾对产房进行消毒。

◆ **分群管理**

分群管理的原则为同期同群、公母分开、大小分开、强弱分开。

羔羊在断奶称重后，按照公母、大小、强弱分开饲养。将瘦弱羊、病羊调到隔离圈中，单独饲养，方便治疗和管理。

◆ **健康检查要点**

精神状态 身体灵活、眼睛有神、食欲旺盛，区别于精神萎靡、不愿吃草、弓腰搭背、独处一角。

反刍情况 是否正常反刍、停止反刍和反刍次数减少。

排便 查看羊圈内是否有稀粪。

`结膜` 结膜是否潮红、发绀、苍白等。

`生殖器官` 乳房是否红肿发硬、不能泌乳；公羊的睾丸是否对称，是否发炎。

`鼻镜` 是否湿润，是否流鼻涕、流泪、打喷嚏、咳嗽、喘粗气。

`被毛` 是否有脱落或疥癣，是否有脓包。

`测体温` 用手搭耳朵测是否发热或者发凉。

`行走状态` 行走时是否有异常、跛行或跳跃。

`修蹄` 定期对全群羊只进行修蹄，特别是公羊，发现蹄部异常要及时修整。

`药浴` 每年药浴2次，可在剪完羊毛1周后进行。

◆ 报告制度

`精心观察` 仔细观察羊只的采食状况，及时发现问题，及时解决。

`采食情况` 每天饲草数量要准确，不饲喂发热、发霉饲料，羊只采食结束后，根据饲槽里剩余草渣的多少及时予以调整。

`日常细心` 日常管理中发现任何问题都要及时解决，不可隐瞒。

◆ 病弱羊的护理

及时发现瘦弱羊，并将其调至隔离圈饲养，供给优质的饲草料，恢复膘情。隔离圈要保持干净卫生，及时清理羊粪，每周至少消毒2次。

瘦弱羊的饲喂原则是增加饲喂次数，延长饲喂时间，每天分4～5次饲喂，让其自由采食，保证每只羊都有充足的时间采食饲料。

瘦弱羊冬季要做好防寒保暖措施，添加垫草，饮用温水，增加运动，适量运动。

瘦弱羊组群后要第一时间再驱一次虫，并且灌服健胃散或在饲料中添加平胃散、小柴胡汤、苓桂术甘汤以提高抵抗力。

◆ **厂区安全及卫生**

提高工作责任心，工作人员要认真值班，尤其是夜间值班人员务必在岗，防止羊舍夜间发生异常。

安全用电，注意防火，坚固设施。厂区内禁止吸烟，特别是草料房更要注意。安全操作机器，定时对机器进行保养维护。厂区围墙及羊舍围栏要牢固，发现问题及时解决。

注意厂区卫生，每天检查各生产区的公共卫生及消毒通道卫生。

◆ **草料房的管理**

草料的制作严格按照配方进行，坚持质量优先的原则。草料的添加顺序为先长后短、先重后轻，严格按照添加量添加。在添加各类饲草料前，认真查看饲草料的质量，发现有发霉变质的原料要及时挑出来。当日发放的饲料，当日必须喂完，如果当日发放的饲料剩余量较多时，要调整配方。

◆ **库存管理**

原料要维持2周以上库存，少于2周库存时要及时购买。饲料入库前要检查、备样、登记生产日期和批次。按不同的批次分开堆放，先进的先用。饲料堆放要合理，避开墙面10厘米，相互叠加并留有空隙以通风。工作人员应每周检查一次饲料情况，发现问题及时汇报。

要定时对房顶、门窗进行检查，做好防雨、防潮、防鸟、防虫措施；下雨前要检查门窗是否关严，晴天后及时通风，防止饲料霉变。夏秋时节，阴雨连绵，要时常检查草料库是否漏雨，饲料是否结块、霉变。青贮料使用时要注意防止二次发酵。

15 采购、运输肉羊有哪些需要注意的问题？

运输羊只前要申请检疫，取得检疫合格证。向无疫省（区）输入需要提交口蹄疫病原学检测报告，并按照指定通道进入，在入境动物卫生监督检查站接受检查监督，符合要求方可进入。

◆ **车辆注意事项**

运输车辆应车况良好且手续齐全，车厢需装有高栏，防止羊跳车。车上必用品有毡布等，可以在雨雪天盖住车厢，避免羊着凉。

预先规划路线，启程时需要预先规划好行车路线，如无意外情况，需按计划路线行走。运输车辆应缓慢启动，运输过程中禁止突然刹车，在颠簸路面和坡路要缓慢行驶，防止羊只互相撞击，导致挤压死亡。

◆ **羊群管理事项**

羊只进入运输车前，不应喂得太饱，但要保证充足饮水。上车前和到达目的地时，分别给羊注射一针抗生素比如头孢类，可有效预防羊只因路上感冒引发肺炎。装羊密度不能过大，避免造成拥挤。尽量购买大小一致的羊。为防止流产，怀孕母羊要轻赶慢走。

同行技术人员要时刻关注羊的动态。一旦出现怪叫、倒卧现象，需让司机及时停车，将倒地羊只扶起，防止其被挤压踩踏，再将其安置到不易被挤到的角落。

中途停车或人员休息时，要做好看护，防止羊跳车、被盗或挤压。

到达目的地后，尽量将车靠近装羊台处卸羊，防止羊跳车造成流产、受伤。

16 隔离过渡期需要注意哪些问题？

◆ 按规定消毒隔离

输入到无疫省（区）的羊，要按照动物防疫法的规定进行隔离。隔离结束后，可以按照免疫程序进行免疫。

◆ 加强饲养管理，适应环境

肉羊运输到目的地后，先饮用少量温水，水内添加黄芪多糖与电解多维提高抵抗力，防止应激。饲草要慢慢添加，不能一次性添加过多，让其逐渐适应新环境。

羊只到场后，要注意观察眼睛和嘴巴，检查是否有羊鼻镜发干、角膜炎和口炎。

◆ 驱虫

驱虫和免疫不能同时进行，应与疫苗注射时间分开。可于进场后第二周、第六周各驱虫一次，配合应用体内体外驱虫药。

17 如何选择优质疫苗，做好免疫注射？

◆ 疫苗选择很关键

尽量选择在同行业中享有很好口碑的通过国家 GMP 认证的生产企业。

◆ 肉羊要健康

需要接种的肉羊要确保健康，对于生病或者体弱的羊暂不接种，待其恢复健康后再进行补免。

◆ 规范接种

使用一次性注射器，做到一羊一针，注射前要对注射部位进行消毒。

接种减毒活疫苗时，疫苗开启和稀释后尽量在2～3小时内用完，使用不完的不能存放后再使用，要放到消毒水内进行灭活处理。疫苗不能随意混合使用，接种疫苗前后的2～3天内不能使用抗病毒药和抗生素，以免疫苗失效。

18 卫生与消毒管理需注意什么？

根据舍内温度和氨气浓度控制卷帘高度，并及时通风换气。每天定时清理饲槽和饮水碗，保证饲槽干净，饮水清洁。

舍内带羊消毒每周1～2次，舍外定期消毒每月1～2次，舍内舍外消毒应结合进行，不能顾此失彼或仅留其一，特殊时期应加大消毒密度。进入生产区的任何物品均须经过严格消毒。

19 进栏前需准备哪些物品？

进栏前物品准备明细			
序号	项目	数量	用途
1	喷雾器	2台	棚舍消毒
2	羔羊料槽	5个	羔羊补饲
3	羊蹄剪刀	2把	修剪羊蹄
4	一次性医用针管	100支	羊只注射药品
5	7号、9号、12号针头	各1盒	注射药品
6	清洁刷	2把	清洗水槽
7	扫帚	2把	清扫料槽
8	塑料锹	2把	羊只喂料
9	电子秤	1台	饲料称重
10	活动围栏	1组	集中羊只
11	计算器	1台	计算料量
12	连续注射器	5支	注射疫苗
13	温度计	10支	测量棚舍温度
14	生理盐水	若干	常规清洗
15	奶瓶	10个	饲喂羊羔
16	钳子	2把	维修
17	铁丝	若干	维修
18	喷漆	1箱（3种颜色）	整理羊只
19	垃圾桶	2个	存放垃圾、胎衣
20	塑料网	若干	产房产羔使用
21	保温箱	1个	冬季护羔
22	耳标钳	5把	羊羔打耳标
23	口罩	若干	管理羊只使用
24	一次性手套	若干	管理羊只使用
25	一次性长臂手套	若干	接产羊羔
26	铁锹	2把	清理羊粪
27	笔记本	5本	羊只管理记录

第六节　牛养殖知识问答

1　中国现有的牛品种有哪些？

据动物分类学归纳，牛属反刍亚目、牛亚科的牛属和水牛属。是人类社会不可缺少的生产和生活资料，与农业生产和人类生活密切相关。《国家畜禽遗传资源品种名录（2021版）》（以下简称《名录》）包括了普通牛、瘤牛、水牛、牦牛、大额牛等132个牛品种。

◆ 普通牛

涵盖大多数黄牛品种，比如役用黄牛、奶牛、肉牛等常见牛，都属于普通牛范畴。此外，普通牛的地方品种各不相同，涵盖了秦川牛（早胜牛）、南阳牛、鲁西牛、晋南牛、渤海黑牛、文山牛、夷陵牛、郏县红牛、三江牛、关岭牛等55个品种。

普通牛培育品种有中国荷斯坦牛、中国西门塔尔牛、新疆褐牛、中国草原红牛、延黄牛、云岭牛等10个品种。

普通牛引入品种有荷斯坦牛、西门塔尔牛、夏洛来牛、利木赞牛、娟姗牛、德国黄牛、海福特牛、挪威红牛等15个品种。

◆ 瘤牛

在我国，瘤牛主要为引入品种，原产于印度，是热带地区的特有牛种。早在20世纪40年代，我国就已引入少量瘤牛品种诸如辛地红牛、婆罗门牛等。其实，很多地方的黄牛品种或多或少都含有瘤牛血统，比如婆罗门瘤牛就曾参与云岭牛等品种的培育，为改善南方普通牛的抗寄生虫病能力立下了汗马功劳。

◆ 水牛

水牛大多生活在我国南方地区，作用于南方水稻地区农业生产。主要地方品种有海子水牛、盱眙山区水牛、温州水牛、东流水牛、江淮水牛、福安水牛等27个品种。

水牛引入品种有摩拉水牛、尼里-拉菲水牛、地中海水等3个品种。

◆ 牦牛

我国土生土长的牛种，主要分布在青藏高原和部分中亚高原。据统计，我国牦牛数量占世界总量的85%以上，是西藏牧民肉、奶、皮、毛等生活必需品来源和重要的经济收入来源。

牦牛主要地方品种有九龙牦牛、麦洼牦牛、木里牦牛、西藏高山牦牛、甘南牦牛、青海高原牦牛等18个品种。

牦牛培育品种有大通牦牛、阿什旦牦等2个品种。

◆ 大额牛

大额牛分布在云南省贡山县独龙江流域一带，又称独龙牛，是一个适应性和抗逆性较强、适宜高山峡谷陡坡环境生存发展的珍稀牛种资源。

2 养牛该养什么品种？

牛并无品种好坏之分，至于适合与否，主要考量因素为养殖户所处的地理位置。

◆ 山区放牧

可选鲁西黄牛、南阳牛等，这类黄牛成年体重多在 500 千克左右。也可以选择杂交黄牛，一般 200~300 千克的黄牛和西门塔尔牛杂交的牛犊，成年后可以长到 400~600 千克。

◆ 草原放牧

可选鲁西黄牛、南阳牛、延边牛等体型较大的黄牛品种，也可选杂交肉牛。若牧草较好且有补饲条件，西门塔尔、夏洛莱、利木赞等大型肉牛品种也是非常不错的选择。

◆ 圈养牛

尽量选择西门塔尔、夏洛莱、利木赞牛等长势好的品种。2020年首届中国牛·优质牛肉品鉴大会上，曾品鉴出 8 种本土高品质牛肉生产品种，分别为渤海黑牛、郏县红牛、新疆褐牛、云岭牛、晋南牛、鲁西牛、文山牛、夷陵牛。

◆ 高产奶牛

高产奶牛是纯种荷斯坦牛与本地母牛的高代杂种，经长期选育而成，也是我国唯一的乳用牛品种。母牛性情温顺，易于管理，适应性强，耐寒不耐热。在我国，高产奶牛分北方型和南方型两种，奶牛质量都在不断提高。

高产奶牛的泌乳期大概有 305 天。第一胎产乳量为 5000 千克左右，优秀牛群泌乳量可达 7000 千克，少数优秀者泌乳量在 10000 千克以上，乳脂率 3.57%。

3 牛有哪些常见疾病？

◆ **蛔虫病**

蛔虫不仅在人体中寄生，还会寄生到牛的小肠中，随牛排泄出粪便排出体外。粪便中的虫卵会污染牛栏、水源和食槽，如果健康牛喝水或采食，就有可能接触到虫卵，进而被感染。

假如牛不思饮食、腹泻不止、日益消瘦，一定要重视，排除是否为蛔虫病，否则牛会因为消化系统被干扰而衰竭身亡。

◆ **肺疫病**

肺疫病是一种病毒性传染病，常见且波及范围广，一年四季都传播，大小牛只均可感染。

这种病源于呼吸系统感染，如果牛舍环境差，蚊蝇横生且粉尘弥漫，就会滋生病菌，病菌和粉尘随着牛的呼吸进入肺部，便会感染牛肺发展成肺疫病。

牛感染肺疫病后，症状和人感染肺炎有些类似，出现持续高烧且精神不佳，走路时平衡性变差。这时仔细观察牛只，会发现有鼻孔增大且结膜变紫的现象。该病的高发季节为冬天和春天，可分为急性和慢性。

急性型肺疫病发作时，牛只体温飙升，可达40～42℃，鼻翼开张，不受控流下浆液或脓性液体，反刍迟缓或不反刍。发病后期，会导致心脏衰竭，最后体温下降窒息而死。

慢性型肺疫病不如急性型那么凶险，有消瘦、短时咳嗽等现象，经过精心护理治疗，大多可痊愈。

◆ **流行热病**

顾名思义，流行热病多发于天气炎热的地区及炎热季节，比如我国南方湿热地带、北方的夏季等。牛患上热病时，眼部、鼻孔干燥，测量体温及心肺呼吸率，会发现体温升高、呼吸急促。热病的致死率不高，只要第一时间发现并治疗，加上精心护养，大多都可痊愈。

◆ 结核病

结核病由结核杆菌引起。结核杆菌最喜欢的环境就是阴暗潮湿的环境。如果牛栏地处阴凉处，又没有人为干预给予充足的光照，结核杆菌就会大量滋生，顺着牛的呼吸道、生殖器侵入牛只体内。结核病属于慢性传染病，牛只体质不同，症状也各不相同。但是，慢性传染病也不能忽略，如果不及时治疗，结核病就会由最初的短促干咳，加重到难以站立直至呼吸衰竭。所有的牛中，以黄牛和奶牛感染结核病的概率最高。

◆ 产后胎衣不下

产后胎衣不下，是指母牛生产后，部分或全部胎衣未能排出体外，依然滞留在子宫内。胎衣不下非小事，容易导致母牛患上子宫炎，还会出现胎衣与子宫粘连的危险情况，严重时可导致死亡。要想避免这种情况，一是预防，二是治疗。

预防 重视母牛妊娠期管理，加强饲料营养，多补充蛋白质，督促母牛多运动以便分娩时更加容易；产后及时给母牛补充糖和钙质，避免出现胎衣不下。在母牛干奶期，一定要多补充维生素 A 和维生素 E，这个时期要保证营养充足，可以促使产后胎衣顺利排出。

治疗 一旦出现产后胎衣不下，要及时咨询专业兽医，按医嘱使用药物和激素疗法，或隔天一次向子宫注入抗生素，促使胎衣自行脱落。

◆ 布氏杆菌病

布氏杆菌病的"罪魁祸首"为布氏杆菌，布氏杆菌是一类革兰氏阴性的短小杆菌，专门侵害动物的生殖系统和关节。这种病是一种慢性传染病，人和畜可共患。如妊娠期母牛感染该病，会造成生殖器炎症、胎衣不下，严重时会引发流感。因该病主要针对生殖器和关节，所以和一般病症幼年牛易感而成年牛抵抗力强的规律不同，幼年牛因为生殖器官发育不成熟，反而对该病有很强的抵抗力。

感染布氏杆菌的途径极多，公、母牛生殖器官分泌物、母牛乳汁、羊水、胎衣都是布氏杆菌寄生的温床。每年可给牛只打疫苗，但要注意，打疫苗前需先检查牛只是否已患上布病，未患病的才能进行防疫。一旦牛只患病，可在专业兽医指导下，用抗菌药物治疗。

4 牛常见疾病的防治措施有哪些？

◆ **强化环境管理**

脏乱又潮湿的牛栏容易引起病菌传播，一头牛病倒后很容易传染给其他健康牛，因此要加强牛栏清洁。应定期清扫牛栏，及时清理粪便、垃圾，保证光照和干湿度，定期消毒灭菌。晴朗的天气，要注意给牛栏勤通风，但室内温差不宜太大。要定期检测牛只体温，给牛洗澡，清除蚊蝇。

◆ **重视营养管理**

喂养不可随心所欲，要进行科学喂养。不同牛只的喂养方案要个性化，可以适当吃一些含中药材的草料，以预防病症。

◆ **加强疫情防控**

按照规定给牛只进行免疫。遇到牛只发病切莫慌乱，要及时科学治疗、精心喂养。出现病症传染时，要果断对发病牛只进行隔离治疗。一旦病症难以控制，要及时清理病牛，并按照规定对病体进行无害化处理。

第七节 家畜常见病症问答

1 如何判断家畜是否发病？

观察家畜临床症状，通过"五看二测"可有效判定家畜的健康状态。

◆ 五看

一看鼻汗。正常情况下，牛羊的鼻镜、猪的吻突摸上去有发凉的鼻汗，如果鼻镜和吻突干燥发热则考虑发病。

二看采食量。正常情况下家畜食欲旺盛且每天的采食量不会有太大的波动，如果饲料没有改变但采食量明显降低，则应考虑发病。

三看精神。正常情况下家畜精神饱满，如果家畜精神沉郁或过度兴奋，则应考虑发病。

四看二便。正常情况下，家畜粪便不会太干也不会太稀，尿液颜色应为透明或偏淡黄，如果粪便过干或过稀，小便浑浊、深黄、酱油色或者带血则应考虑发病。

五看运动。正常情况下家畜运动自如、反应灵敏，如果家畜不爱运动则应考虑发病。

◆ 二测

一测体温。作为恒温动物，家畜的体温会有一个基本的变化范围，如果偏离正常范围，过高或过低都应考虑发病。

二测脉搏。和体温一样，过快或过慢的脉搏应考虑发病。

家畜的正常生理指标			
家畜名称	体温（℃）	脉搏（次/分钟）	呼吸（次/分钟）
黄牛	37.5～39.5	40～80	10～30
水牛	36.5～39.0	30～50	10～40
羊	38.0～40.0	70～80	12～30
猪	38.0～40.0	60～80	10～30

2 如何保定家畜？

保定可以使人们在诊断治疗家畜时更加安全。常用的保定措施有以下几种。

◆ 猪

正提保定 两手抓住猪的两耳，向上提起，适用于猪的耳根或颈部的肌肉注射。

倒提保定 两手用力提起猪的后腿，使猪腹部向前，同时用腿夹住猪的背部，主要用于腹腔注射。

侧卧保定 一人抓猪后腿，一人抓猪耳朵，顺势将猪放倒然后固定头和四肢，主要用于猪的去势和注射。

仰卧保定 将猪放倒后，采取仰卧姿势，常用于前腔静脉采血。

鼻绳保定 用绳子套在猪的上犬齿后方，另一端固定在柱子上或者由助手握住，就可对猪进行诊疗了。

◆ 牛

可拉住鼻环或使用鼻钳子对牛进行保定。牛场可以安装柱栏，使用柱栏保定的安全性更高。如果手术需使用"一条绳倒牛法"保定，挤奶时则可以考虑后肢8字法保定。

◆ 羊

多采用两手握住羊角，骑在羊身上用大腿夹住羊胸壁的方法进行保定。

3 如何测定家畜的体温、心率、呼吸频率？

◆ 体温

测量时应该在家畜安静状态下进行，如果刚刚经过剧烈运动，应该休息一段时间后再测量。家畜体温测量多采用直肠内测定，测量时将体温表水银柱甩到35℃以下，涂上润滑油后缓缓插入家畜直肠内，用固定夹夹在家畜尾根部的毛上，5分钟后取出体温计，用酒精棉棉球擦净后读取数值，测温完毕，水银柱甩回原位，放到消毒液中。

◆ 心率

可采用心区听诊的办法进行，以每分钟心跳次数表示。

◆ 呼吸频率

主要通过家畜胸腹腔的起伏和鼻翼的开张来测定，也可用听诊器在胸部听诊来进行判断。

4 如何为畜舍环境消毒？

消毒是指通过物理、化学、生物的方法将病原体消灭于外环境中，从而达到消灭传染源、阻断传染病播散的目的，保护人类和动物健康。

◆ 正确的消毒方法

首先，通过清扫、洗刷、通风、过滤等手段进行机械消毒，然后采用密闭熏蒸法等对棚舍进行化学消毒，常用的消毒药品为福尔马林和高锰酸钾（用量为每立方米福尔马林14～42毫升、高锰酸钾7～21克、水7～21毫升），或3%～5%过氧乙酸。畜舍内金属栏杆和笼具可采用火焰消毒，其他容易损坏的可用清水充分洗刷后再用化学消毒剂浸泡、刷洗，污染的垫草等可以运出采用焚烧消毒，舍外可用2%的火碱水喷洒，阴湿地面、粪池周围以及污水沟附近可以撒布石灰。如果畜舍内养有畜禽，则应根据环境特点（温度、湿度）及易患疾病特点灵活选用高效低毒的消毒药品进行消毒，包括过硫酸氢钾、戊二醛癸甲溴铵、季铵盐类以及含氯或碘类的消毒剂。

消毒顺序为先顶棚后四周和地面，先舍内后舍外。

5 什么是家畜传染病三要素？

传染病三要素，即畜群感染流行性传染病的三个条件，这三个条件相互连接，缺一不可。通常说来，三要素指的是传染源、传播途径和易感动物。三要素单独存在或三中存二，都不会发生流行性传染病，只有三个条件同时存在，而且彼此间发生关联，传染病才会在畜群中蔓延。

6. 什么是家畜传染病发展四阶段？

家畜传染病的发展大致可分为四个阶段：从潜伏期到前驱期，从前驱期到明显（发病）期，再从明显（发病）期到转归（恢复）期。那么，这四个阶段的特征分别是什么呢？

◆ 潜伏期

这个阶段，家畜感染病原体，病原体在家畜体内繁殖蔓延，直至病症初露苗头。由于病原体不同，各种传染病的潜伏期也不一样。

◆ 前驱期

从开始出现症状到主要症状表现出来为前驱期，在四个阶段里属于比较短的阶段。这个阶段，家畜可出现发热、不思饮食、无精打采等症状，但该病的特征性症状仍不明显。

◆ 明显（发病）期

这个阶段，疾病的典型症状出现，可以诊断出病理特征，明确家畜所患的疾病种类。

◆ 转归期

这个时期也可称之为痊愈期，是发病到病症结束这段时期。但是，转归并一定是疾病痊愈，如果动物死亡，则被称为死亡转归；如果动物痊愈，则被称为康复转归。

7 养殖场如何采取综合防病措施？

家畜传染病的流行是由传染源、传播途径和易感动物等三个因素相互联系而造成的复杂过程。所以，养殖户主要是通过采取适当的防疫措施来消除或切断造成流行的三个因素，从而防止传染病的传播。

◆ **消灭传染源**

对患畜、可疑患畜及病原携带者采取扑杀、深埋或焚烧等手段进行无害化处理以及严格检疫隔离。

◆ **切断传播途径**

对传播途径的主要防疫措施是严格消毒，定期杀虫、灭鼠，进行粪便无害化处理，控制人员、车辆的流动。

◆ **保护易感畜群**

对易感畜群的主要防疫措施是加强饲养管理，增强易感畜群的抵抗力，及时免疫接种以激发动物机体产生特异性抵抗力，使易感动物转化为不易感动物。

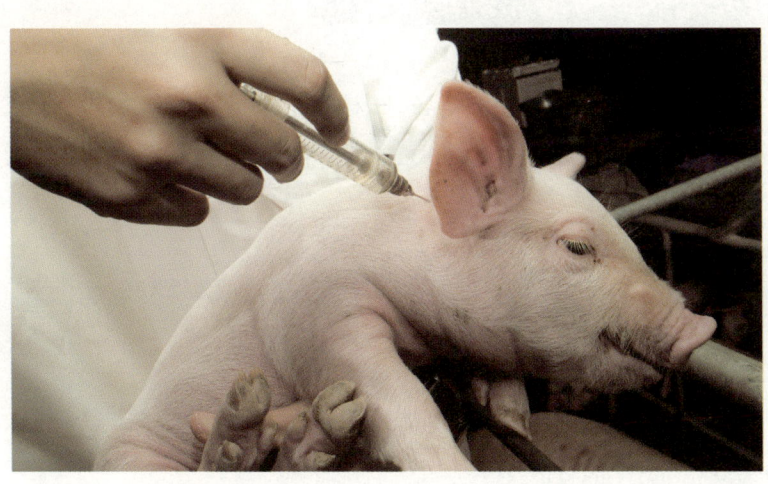

8 人畜共患传染病有哪些?

根据中华人民共和国农业农村部2022年第571号公告,人畜共患传染病主要是指以下疾病:

牛海绵状脑病、高致病性禽流感、狂犬病、炭疽、布鲁氏菌病、弓形虫病、棘球蚴病、钩端螺旋体病、沙门氏菌病、牛结核病、日本血吸虫病、日本脑炎(流行性乙型脑炎)、猪链球菌Ⅱ型感染、旋毛虫病、囊尾蚴病、马鼻疽、李氏杆菌病、类鼻疽、片形吸虫病、鹦鹉热、Q热、利什曼原虫病、尼帕病毒性脑炎、华支睾吸虫病。

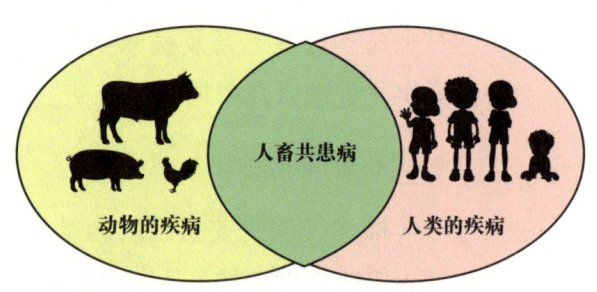

9 人畜共患病的防治原则是什么?

人畜共患传染病和其他疾病一样,有着各自发生、发展和消亡的过程,人类干预后可以加速其消亡。总的防治原则有以下5项。

◆ 早发现

对人畜共患病的易感动物进行检疫,做到尽早发现病情。

◆ 早处理

对检出的感染动物及其产品,必须按国家规定尽早处理,不能因为经济等原因而放任不管。

◆ 重点关注人畜共患病的高危人群

高危人群通常是指直接接触畜群的人群，比如饲养员、兽医、牧民、动物性食品加工人员、卫生防疫人员以及实验室人员等。另外，从事地质工作的人员和其他野外工作者也属于高危人群。

◆ 切断传播途径

要想预防人畜共患病，切断传播途径是关键，比如无害化处理患病及传染媒介畜群，加强畜禽养殖粪污管理，严格监督动物食品卫生等。

◆ 免疫很关键

高危人群和畜群要及时接种相关疫苗，提高对人畜共患病的免疫力。

10 猪的一二类动物疫病有哪些？

猪的一类传染病主要是猪水疱病和非洲猪瘟等。口蹄疫作为多种动物共患的传染病，要特别注意。此外，尼帕病毒性脑炎作为一种新型人畜共患病，亦有很重要的卫生学意义。

猪的二类动物疫病主要包括猪瘟、猪繁殖与呼吸综合征、猪流行性腹泻等对养猪业构成严重危害、可能造成较大经济损失的疾病，以及狂犬病、布鲁氏菌病、炭疽、日本脑炎等多种动物共患病。

11 牛的一二类动物疫病有哪些？

牛的一类动物疫病主要包括牛海绵状脑病、牛瘟、牛传染性胸膜肺炎等我国没有发生和已经消灭的疾病，以及多种动物共患病如口蹄疫。

牛的二类动物疫病主要包括牛传染性鼻气管炎（传染性脓疱外阴阴道炎）、牛结核病、日本脑炎以及近几年发生的牛结节性皮肤病、狂犬病、布鲁氏菌病、炭疽等多种动物共患病。

12 羊的一二类动物疫病有哪些？

羊的一类动物疫病主要包括痒病、小反刍兽疫、口蹄疫。

羊的二类动物疫病主要包括绵羊痘和山羊痘、山羊传染性胸膜肺炎以及狂犬病、布鲁氏菌病、炭疽、日本脑炎、棘球蚴病、蓝舌病等多种动物共患病。

13 仔猪贫血的主要症状及病理变化有哪些？

仔猪贫血是指仔猪出生后，生长发育迅速，造血机能旺盛，铁需要量大，但仔猪生后体内铁元素储备和从母乳中获得的铁量不能满足猪体的需要，所以就会产生贫血。

◆ **临床症状**

分两个类型，第一型一般在 5～21 日龄发病，表现为精神沉郁、离群伏卧、不思饮食、瘦弱不堪，翻看猪耳难见静脉，可视黏膜苍白、轻微发黄，会出现被毛逆立。观察体征，可测到呼吸加快、心跳加速，但不发热。这类仔猪会有规律地出现周期性下痢与便秘。

另一类型的仔猪与第一类型症状相反，但也更难判断，病猪非但不瘦，反而会长得圆滚肥胖，生长发育快于一般仔猪，但在2～4周龄时有极大概率会在运动中猝死。

◆ 病理变化

皮肤苍白，肌肉颜色浅淡，心脏扩大，肝脏肿大且有脂肪变性，血液较稀薄，胸腹腔内可能有液体，肺水肿或发生炎性病变，肾实质变性。

14 仔猪贫血怎么治疗？

治疗仔猪缺铁性贫血，通常是直接给仔猪补铁。补铁的方法有肌肉注射和内服两种。

◆ 肌肉注射

临床常用的注射类铁制剂主要包括右旋糖酐铁、右旋糖酐铁钴合剂等，有很多品牌可选用，如牲血素、血多素、富血素、补铁王、血之源、含糖氧化铁等，对3～4日龄和10～14日龄仔猪各注射一次即可。铁制剂肌注时可引起局部疼痛，因此应深部肌注。

◆ 内服补铁

对水泥地面的猪舍，可经常放入清洁的含铁量较高的红泥土，也可用铁铜合剂配成溶液，装在奶瓶中直接饲喂，或做成糊剂涂于母猪乳头供仔猪采食以补充铁。

15 何为仔猪低血糖？

仔猪低血糖是由于仔猪在出生后最初几天，本身没有糖异生的酶类，低温、高湿、饥饿加上母猪缺乳少乳，或仔猪瘦弱吃不上奶，导致体内储备的糖原耗竭而引起的。

本病的特征是常同窝仔猪一同发病，死亡率较高。由于血糖显著降低，可影响大脑皮层，仔猪会出现迟钝、虚弱、惊厥、昏迷等神经症状，最后死亡。

16 如何治疗仔猪低血糖？

加强怀孕母猪后期的饲养管理，提高分娩母猪在哺乳期的泌乳量，确保仔猪出生后能吃到充足的乳汁。

初生仔猪进行乳头的人工固定，让每个仔猪都能吃上奶。发现无乳、少乳或仔猪过多时，要进行人工哺乳或找代乳母猪。

加强环境控制，保证保温箱内的温湿度适宜，减少环境影响。

发现病猪应立即全窝补糖。一般用10%葡萄糖液20～40毫升，加温到30～40℃后腹腔注射，每隔4小时1次，连用2天。也可口服50%的葡萄糖液5～10毫升，每天3次，连服3天。

17 引起猪腹泻的细菌有哪些？

引起猪腹泻的细菌有大肠杆菌、沙门氏菌、链球菌、猪丹毒、魏氏梭菌、胞内劳森菌、单增李斯特菌、诺维梭菌、猪密螺旋体、衣原体等多种细菌。

18 最常见的仔猪细菌性腹泻是什么？如何防治？

最常见的仔猪腹泻主要是由魏氏梭菌引起的猪红痢以及由大肠杆菌引起的仔猪黄白痢，简称仔猪"三痢"。

◆ 仔猪红痢

发病情况 仔猪红痢又称仔猪梭菌性肠炎或仔猪传染性坏死性肠炎，是由C型魏氏梭菌所致的一种新生仔猪（出生后一周内）肠毒血症。主要表现为患病仔猪不吃母乳，粪便稀，呈灰黄色或灰绿色，后期又变为糊状，红色，气味恶臭，翻看粪便时会发现有坏死的组织碎片，还有大量小气泡，体温在41℃以上。这种病是仔猪夺命病，一旦发病，短期内大多数仔猪都会死亡。

防治方法 一旦猪群中发现红痢流行，应立即找出猪群中的怀孕母猪精心护养。如为初产母猪，可于产前一个月和产前半个月分别注射一次C型魏化梭菌菌苗10毫升；如为经产母猪，并且前1~2胎已照前述注射过疫苗，可于产前半个月左右注射1次即可，用量为3~5毫升，能使母猪产生强大的免疫力，仔猪可通过初乳而获得保护。

产圈卫生要注意，消毒必须严格。仔猪刚产下还未吃奶前，应及时对母猪乳头进行消毒，调配0.1%高锰酸钾溶液擦洗后再让仔猪吃奶，以降低感染率。对刚出生的仔猪应注射抗红痢血清预防，可获得充分保护，但一定要早注射，否则效果不佳。

◆ 仔猪黄痢

发病情况 仔猪黄痢又称早发性大肠杆菌病，发病后排出黄色或黄白色稀粪，腹泻，严重者可昏迷死亡。

防治方法 产圈要保持干燥向阳，清洁卫生；仔猪未吃奶前用0.1%高锰酸钾溶液擦洗母猪乳头，以减少感染，擦洗乳头后及时让仔猪吮吸初乳;加强产后仔猪温度控制,尽量保证保温箱温度在30℃以上,如果有条件,从出生到保育期尽量使保温箱温度在35～28℃之间;如果发生疫情,可采用小檗碱以及对大肠杆菌敏感的抗生素药物进行治疗,同时注意给仔猪补液,以防脱水死亡。

◆ 仔猪白痢

发病情况 仔猪白痢又称迟发性大肠杆菌病。发病初期,仔猪体温正常,精神正常,有食欲,但其粪便稀且恶臭,颜色为白色或灰白色。之后仔猪会出现腹泻,不吃奶,猪眼窝凹陷,虚脱无力,直至死亡,但本病总的来说死亡率较低。

防治方法 注意栏圈、用具、食料及母猪奶头的卫生;加强母猪营养水平,提高乳汁中铁的含量,增强仔猪的免疫力和抗病能力;对已发病的仔猪应加强饲养管理,维持保温箱温度,饲料中可添加庆大霉素、安普霉素、氟苯尼考等抗腹泻和大肠杆菌的药物;注重给腹泻严重的仔猪补液,严防仔猪脱水死亡。

19 引起猪腹泻的主要病毒有哪些?

引起猪腹泻的病毒很多,比如轮状病毒、猪传染性胃肠炎病毒、猪德尔塔冠状病毒、猪流行性腹泻病毒、猪札幌病毒、猪诺如病毒、猪细小病毒、猪伪狂犬病毒、猪博卡病毒、猪圆环病毒、猪繁殖与呼吸综合征病毒、猪嵴病毒、猪星状病毒等。

20 最常见的猪病毒性腹泻有哪些？

近年来猪的病毒性腹泻以冠状病毒和轮状病毒危害较大。

◆ 冠状病毒腹泻

冠状病毒引起的腹泻主要是猪传染性胃肠炎和猪流行性腹泻。近年来猪传染性胃肠炎发病率较低，但猪流行性腹泻除了传统的 G1 群毒株，G2a、G2b 以及 δ 毒株的发生令该病更加多发、难防。

猪传染性胃肠炎 四季均可发病，寒冷时期比如秋末冬初、冬末春初比较容易发病。这种病对猪只为无差别感染，仔猪、种猪、育肥猪、能繁母猪均有发作，出生半个月内的仔猪感染率更高一些。这种病传染性很高，潜伏期短，发病急，一猪发病则迅速蔓延全群。最先发病的是抵抗力最差的仔猪，对仔猪而言，胃肠炎为催命病，即使存活也会因为发育受到阻滞，成为很难再生长发育的僵猪。不过，这种病对于成年猪及大龄仔猪的致死率并不高，因此不用过于担心。

猪流行性腹泻 与胃肠炎类似，感染该病的猪只同样不分年龄和性别，但该病的传播速度远远低于胃肠炎，而且死亡率低。这种病主要在春季、秋季和冬季发作，发作原因多为猪只吃了被污染的饲料，喝了被污染的饮水。发病时，病猪症状与人类腹泻有些类似，会呕吐，拉水样便，粪便颜色为灰色或黑色，精神萎靡不思饮食，但只要治疗得当，约 7 天就能痊愈。可是，对刚出生不到 7 天的仔猪来说，这种病的死亡率较高，因为仔猪免疫力差，极易因呕吐、拉稀而脱水身亡。

◆ 轮状病毒性腹泻

近年来，由于猪轮状病毒性腹泻可引起猪流行性腹泻感染率的增加，从而引起了人们的重视。本病多发生于晚秋、冬季和早春，各种年龄的猪都可感染，常地方性流行。发病后猪只精神恹恹，不思饮食，长卧不起。仔猪吃奶后会呕吐、腹泻，拉水样或糊状粪便，呈黄色、灰色或黑色。轮状病毒腹泻有轻有重，一般日龄小、免疫不及时、环境卫生差的猪只发作较重，缺乏母源抗体保护的小日龄的仔猪症状最重。随着仔猪长大，症状会逐渐减轻，腹泻数日即可痊愈。

21 如何防止猪患病毒性腹泻？

病毒性腹泻必须采取综合措施才能有效控制。

◆ 疫苗的应用

首先应考虑多价疫苗，采用弱毒苗+灭活苗+灭活苗序贯接种，后海穴（即尾根与肛门中间凹陷的小窝部位）注射。进针深度按猪龄大小为0.5～4厘米，3日龄仔猪为0.5厘米，随猪龄增大则进针深度加大，成猪为4厘米，进针时保持与直肠平行或稍偏上。用量参考疫苗说明。

◆ 加强病源检测，及时发现病源、病猪

猪群中一旦发现病毒性腹泻苗头，应第一时间全面消毒并采取防疫措施。具体做法如下：针对带有病毒的呕吐物和泄泻物，应该先喷消毒剂消毒，约半小时后，病毒可被消毒剂破坏结构，不再具备传染性，此时再冲洗；被污染的用具可直接消毒。

病猪应多喝清水补充体液，并吃容易消化的饲料。对1周龄以下的仔猪，可适当用抗生素及其他抗菌药物增强其抵抗力。对病情较严重的仔猪，除肌注阿莫西林、卡那霉素、丁胺卡那和诺氟沙星之外，还应进行葡萄糖氯化钠静脉输液或腹腔注射（药液加热至30℃再注射）。如哺乳母猪感染该病，应立即进行输液。

◆ 良好的生物安全措施

环境卫生 适时清洁、保暖及通风、消毒。

饮食营养 保证饮用水、饲料清洁，调配饲料时以营养均衡为主。腹泻症状减轻后应由少到多逐渐恢复供料。平时注意饲料营养均衡，保证各个生产阶段营养需求，可有效提高母猪和仔猪的抗病菌能力，提高母乳中抗体含量，增强仔猪抗病能力，从而有效预防病毒性腹泻发生。

◆ 关于母猪的返饲

有些猪场会采用返饲的方法控制猪病毒性腹泻，一般认为如果能用疫苗等其他措施控制的尽量不用此法，且能用弱毒进行驯化的不用强毒，因为返饲容易增加猪蓝耳病、轮状病毒等疾病的感染风险。只有在发病非常严重、反复发生且疫苗效果太差的猪场才可以应用，一般在返饲两周后应注射灭活疫苗，以提高抗体水平。

22 非洲猪瘟传染源传播途径是什么？易感动物有哪些？

◆ 传染源

感染非洲猪瘟病毒的家猪、野猪和钝缘软蜱等为主要传染源。

◆ 传播途径

主要通过接触传播以及消化道和呼吸道传播，钝缘软蜱等媒介通过昆虫叮咬也可以传播。气溶胶传播非洲猪瘟的风险很低。

◆ 易感动物

各种年龄、品种的欧亚野猪和家猪都易感，非洲野猪多不表现症状，但可成为病毒的贮存宿主。

23 非洲猪瘟的潜伏期多久？

潜伏期一般为 5～19 天，最长可达 21 天。世界动物卫生组织《陆生动物卫生法典》将非洲猪瘟的潜伏期定为 15 天。

24 非洲猪瘟的临床症状有哪些？

非洲猪瘟根据其病程大致可分为最急性、急性、亚急性和慢性四型。

◆ **最急性**

常不表现临床症状就突然死亡。

◆ **急性**

病程 4～10 天，主要表现为体温升高，可达 42℃，精神沉郁，食欲降低。观察猪只的外表，会发现耳朵、四肢和腹部皮肤有出血点。观察猪只的呼吸系统，会发现眼睛、鼻子有脓性分泌物，呼吸困难。消化系统症状主要是呕吐、便秘、腹泻，粪便表面有血液和黏液覆盖；神经系统则表现为共济失调或步态不稳，出现瘫痪、抽搐症状。妊娠母猪可流产。病死率可达 100%。

◆ **亚急性**

病程 5～30 天，症状与急性型相似，但病情较轻，成年猪病死率较低。体温波动无规律，一般高于 40.5℃。

◆ **慢性**

病程长，2～15 个月，表现为波状热、湿性咳嗽、气喘。病猪发育迟缓、体弱瘦小、毛色暗淡无光、关节肿胀、皮肤溃疡。死亡率低。

25 非洲猪瘟的实验室诊断方法主要有哪些？

实验室诊断主要通过荧光聚合酶链式反应（PCR）、核酸等温扩增、双抗夹心酶联免疫吸附试验（ELISA）、试纸条等方法检测病原，或通过阻断 ELISA、间接 ELISA、抗原夹心 ELISA、间接免疫荧光等方法检测抗体。

26 如何防控非洲猪瘟？

◆ **做好技术培训**

提高饲养人员的识别能力，一旦发现可疑症状和体温变化的猪只，立即采样并用相关设备检测。有红外线热成像仪的养殖场，立即用成像仪对猪群进行体温筛查，筛出体温异常的猪只。

◆ **加强环境检测**

实验表明，猪只生活环境中的病毒往往可以先行检测出来，早于猪群发病时间。猪群虽无症状，但也要及时对料槽、风机等进行采样并筛查，以期早日检出病毒，早做预防。

◆ **科学采样检测**

猪只的采样部位很关键，可以口鼻拭子和尾根血混样，也可以口鼻拭子加腹股沟淋巴结穿刺混样，这两种方法都很容易检出病原体。

27 猪场常用的生物安全措施主要包括哪些？

◆ **人员管理**

猪场工作人员在进入猪场前3天，必须远离菜市场、猪场、屠宰厂（场）、无害化处理厂（场）及畜产品交易市场等场所，因为这些场所是携带动物疫病的高危场所。根据不同区域生物安全等级，人员要严格遵循单向流动原则，禁止逆向流动。

厂区、生产区门口都要设置消毒池、淋浴间，进入办公区和生产区要更换衣服及鞋靴、洗手消毒，淋浴时间最低5分钟以上，以彻底清除工作人员体表有可能携带的病毒。随身物品经物资消毒间消毒后，才能进入养殖场，尤其不能携带猪肉制品入场。进入猪舍的人员必须严格按照规定路线进入自己的工作区域，禁止互串猪舍。

每栋猪舍入口处放置能够消毒工作靴的脚踏消毒盆（桶），以及能够洗手消毒的洗手消毒盆。人员离开时，应将工作服浸泡于含有消毒剂的桶中。各区的工作服最好分成不同颜色，以便于管理。

◆ **车辆管理**

猪场车辆管理 包括内部车辆及外部车辆。

外部车辆 有场外运猪车、运料车、死猪无害化收集车、粪污收集车以及因种种原因来猪场的私家车等。

内部车辆 有场内运猪车、运料车、死猪无害化收集车、粪污收集车、工作人员场内流动的私家车等。严格说来，外部车辆不能进入场区，确需进入时要彻底清洗、消毒并烘干。

外来运猪车管理 外来运猪车是传播病毒的高危车辆，这种车辆首先应合法，即是在畜牧兽医部门登记的备案车辆；其次，运猪车应严格消毒后才能开入猪场出猪台。出猪后车辆经过的道路立即进行彻底消毒。

运料车管理 运料车应停在场区安全线以外,并对车体和车轮进行严格的消毒处理;卸料后要对饲料外包装表面严格消毒。猪场一定要设置中转料塔,将场外饲料直接输送到中转料塔,防止场外运料车进入场内,能够更好地防止疾病传播。

内部运猪车管理 内部运猪车要严格按程序规定,使用完毕后立即在指定地点消毒处理,并固定停放地点,防止交叉感染。

死猪/猪粪运输车管理 死猪/猪粪运输车不能与别的猪场混用。交接地点应在场区安全距离之外,且不能与外部车辆接触。用后车辆及车辆所经道路要严格消毒。

◆ **物资管理**

入场食物原料管理 最好使用熟食,生鲜食材特别是猪肉及其制品禁止进入,确实需要生鲜食材的要保证来源安全可靠,并应确保不进入生产区;饭菜容器也应消毒后再入场。

入场兽药、疫苗管理 牢记进场要消毒,疫苗必须拆掉包装才能进场。另外,药品若无温度限制,应拆掉外包装烘干消毒完毕再使用,不用的药品应妥善储存。医疗废弃物别乱丢,应及时无害化处理。

饲料管理 饲料原料有讲究,不能购买疫区饲料,避免饲料污染。看清全价饲料,并注意动物源性饲料添加剂。所有的饲料包装袋均需经过充分消毒(臭氧或熏蒸)才能进场。饲料应经充分干燥或加热熟化后再使用,禁止饲喂餐厨剩余物。

◆ **猪群管理**

引进猪只管理 最好坚持自繁自养，从外面引种的一定要到非疫区、有良好声誉和信用的正规养猪场引种，并且不能"唯名牌是从"，要严格按照程序检测，严守隔离措施。安全标准有两点，一是像非洲猪瘟这类重大动物疫病抗原、抗体要检测合格；二是隔离检疫时间要足长合规，这两条符合要求后才能引种。引种后可与自家猪群混群。

售猪管理 禁止外来人员以及外来拉猪车辆进入养殖场，避免场内外人员交叉接触。猪场赶猪人员只能在出猪台靠近场内一侧，外来人员只能在出猪台靠近场外一侧，禁止交叉接触。售猪前、后要全面清洗消毒，包括出猪台、停车处、赶猪通道和装猪区域等。尤其要注意的是，出猪台及附近区域、赶猪通道都要采取硬化措施，还要采取防雨、防鼠措施。

28 与繁殖障碍有关的疾病主要有哪些？

影响猪繁殖的疾病主要有非洲猪瘟、猪瘟、蓝耳病、细小病毒、流行性乙型脑炎、伪狂犬病、猪圆环病毒病、布氏杆菌病、钩端螺旋体、附红细胞体、李氏杆菌病、猪弓形体病等。

29 如何对猪不发情、返情、屡配不孕等进行治疗？

首先应治疗原发病，对不发情、返情、屡配不孕等子宫内膜炎发病母猪，可采用0.1%高锰酸钾溶液彻底清洗子宫至清亮后再用青霉素和链霉素灌注，同时口服益母生化散3～5天，消除子宫炎症之后再用催情散拌料，促进母猪发情。

30 仔猪白肌病如何防治？

白肌病是由于维生素 E 缺乏或者微量元素硒缺乏引起的，以 20 日龄左右的仔猪死亡后骨骼肌色淡变白为主要特点的营养代谢病，治疗主要通过注射亚硒酸钠维生素 E 注射液来补充硒和维生素 E。

31 常见的猪呼吸道疾病有哪些？

猪常见的呼吸道疾病包括细菌性疾病和病毒性疾病。

◆ **细菌性疾病**

主要包括支原体性肺炎、猪传染性胸膜肺炎、猪副嗜血杆菌病、链球菌病、多杀性巴氏杆菌病、支气管败血波氏杆菌性肺炎等。

◆ **病毒性疾病**

主要包括猪繁殖与呼吸综合征、猪圆环病毒、伪狂犬病及猪瘟、非洲猪瘟等，这些疾病常常混合发病，增加防控难度。

32 猪细菌性呼吸道疾病如何防治？

猪细菌性呼吸道病主要使用抗菌药物进行治疗，常用的抗菌药有阿莫西林、恩诺沙星、头孢喹肟、头孢噻呋、替米考星、加米霉素及氟苯尼考、多西环素，临床上多采用氟苯尼考和多西环素 1：2 比例联合应用，以扩大抗菌谱，增强治疗效果。近年来由于抗菌药物的应用，耐药菌株越来越多，建议根据疾病的表里寒热、虚实适当增加中药治疗，以降低耐药性。

33 如何给家畜驱虫？

家畜的驱虫根据目的不同可分为预防性驱虫和治疗性驱虫，预防性驱虫是为了防止发生寄生虫病，而治疗性驱虫则是对已确诊患有寄生虫病的家畜进行的驱虫。首先确定寄生虫种类，然后根据寄生部位、季节选取高效、低毒、广谱、价廉的药品，并根据家畜的体重、数量等估算驱虫药的用量、给药方法。大群驱虫应进行安全试验，以免家畜中毒。驱虫后排出的粪便应集中进行无害化处理。

34 猪常见的寄生虫病有哪些？怎么防治？

猪常见的寄生虫病主要有猪疥螨、弓形体和猪蛔虫。猪疥螨属于皮肤寄生虫，可用药物外洗，如1%的敌百虫，也可采用伊维菌素、阿维菌素皮下注射，为防止复发，应5～7天后再注射一次。

猪弓形体属于原虫类，可用磺胺类药物进行治疗，需注意的是磺胺类药物首次用量应加倍。

蛔虫属于肠道内寄生虫，治疗可用左旋咪唑、阿苯达唑，也可用伊维菌素、阿维菌素。目前已有阿维菌素和阿苯达唑的复方制剂可同时防治疥螨和蛔虫病。

35 猪肠便秘发生的病因有哪些？

猪肠便秘是由于肠内容物停滞、变干、变硬，致使肠腔阻塞引起的，常见原因有：饲料含粗纤维、泥沙过多，不易消化；青饲料和饮水严重不足，缺乏运动；猪瘟、猪丹毒及其他热性病继发。

36 猪肠便秘的主要症状是什么？

猪肠便秘的主要症状为精神沉郁、结膜潮红、呼吸加快、食欲减退或废绝、口渴贪饮、起卧不安、急剧奔跑等；频做排粪动作，两后肢开张，排干硬粪球；腹围多膨大，腹部听诊显示肠音减弱。

37 如何防治猪肠便秘？

预防方法主要是加强饲养管理，应饲喂青绿饲料和优质全价饲料，同时适当运动。治疗可采取如下措施。

◆ 口服泻药

可用硫酸钠、硫酸镁等盐类泻药或液状石蜡、植物油等肠道润滑类泻药，怀孕母猪一般用油性泻药，以防流产。

◆ 深部灌肠

可用肥皂水或1%食盐水灌肠，以促进粪便排出。

◆ 治疗原发病

治疗原发病并根据病情采取止疼、补液等对症疗法。

38 何为猪的异食癖？

异食癖是指由于营养、环境和疾病等多种因素引起的，以舔食、啃咬无营养价值且不应该采食的异物为特征的一种复杂的多种疾病综合征，比如舔食墙壁、食槽，吃泥土、瓦块、煤渣以及母猪吃胎衣、仔猪咬耳朵和尾巴等。

39 何为猪的胎衣不下？如何治疗？

猪生产完后1小时如果不能正常排出胎衣，便称为猪胎衣不下。治疗方法为注射抗生素以消除子宫炎症，同时注射子宫收缩药物促进胎衣排出。发现胎衣不下应尽早进行治疗，以免胎衣腐败。

40 羊病分哪几类？

肉羊养殖过程中常见的三大疾病有传染性疾病、寄生虫疾病和普通疾病。

◆ 传染性疾病

罪魁祸首是不同种类的致病性病原微生物，它们侵入羊体后，在羊体内生长、繁殖，直至达到一定数量和毒力，继而引发感染。感染后的羊会把病原体排到外界环境中，从而造成整个羊群感染及发病。

◆ 寄生虫病

罪魁祸首是各种寄生虫。虫体进入羊体后，会对羊的器官、组织造成损害，不仅夺取羊体营养，还会产生有害毒素，使羊体发病。

◆ 普通疾病

普通疾病有三类，分别是内科疾病、外科疾病和产科疾病。诱发普通疾病的原因有很多，比如饲养管理不到位、营养代谢失调、羊只误食毒物、遭遇机械性损伤、遭遇异物刺激、外界环境突然变化等。

41 怎样预防羊病的发生？

坚持贯彻"预防为主，防治结合，防重于治"的原则，采取积极的综合防治措施，从根本上减少疾病的发生。

◆ **加强饲养管理**

科学合理的饲养管理可以促进羊群健康生长，保证良好体质，有效提高羊群的抗病能力。因此应保证全面的营养供给、清洁的饮水、适宜的棚舍温度等，以提高羊群的健康水平，降低疾病的发生频率和严重程度。

◆ **重视环境卫生**

肉羊饲养要重视环境卫生，应经常清扫地面、更换垫料，保持圈舍清洁干燥；严格落实消毒制度，饲养区地面、墙壁、围栏、食槽、水槽等设施、设备要经常清理消毒。

◆ **制定免疫计划**

口蹄疫、小反刍兽疫、羊痘、布鲁氏菌病、炭疽病、羊肠毒血症、羊快疫、羊传染性胸膜肺炎、羊溶血性链球菌病、传染性脓包病等都是常发的羊传染性疾病，发病快、危害严重、死亡率高，常给养殖户带来重大经济损失。应制定科学合理的免疫接种计划，并按程序定期进行免疫接种，有效阻断传染源，避免大规模严重传染病的发生。

◆ **定期驱虫**

羊寄生虫病分体内和体外两种。体内寄生虫可内服药物驱杀，体外寄生虫可以通过药浴驱杀，一般每半年进行1次，或每年春秋两季各进行1次。排出虫体和存有虫卵的粪便也是散播病原体的关键，因此要对排出的虫体和粪便及时进行无害化处理。

42 如何制定科学的羊免疫计划？

一般小羊群可以在当地政府部门组织的春秋集中免疫时接种口蹄疫疫苗和小反刍疫苗，再根据养殖情况注射其他疫苗，养殖规模较大的场户可以自行制定免疫计划。可以参考以下免疫程序。

◆ 羔羊

1日龄 肌肉注射破伤风类毒素，预防破伤风，免疫期1年。

10～15日龄 羊传染性胸膜肺炎疫苗，预防羔羊肺炎，皮下注射，免疫期6～12个月。

30日龄 羊三联四防疫苗（或五联苗），预防羊快疫、羊肠毒血症、羊猝狙、羊黑疫（或羔羊痢疾），颈部肌肉或皮内注射，免疫期6个月。

2月龄 山羊痘灭活疫苗或山羊痘-小反刍冻干疫苗，预防羊痘和小反刍兽疫，尾根内侧皮内注射，免疫期1年。

2.5月龄 口蹄疫疫苗，预防口蹄疫，肌肉注射，免疫期6个月。

4月龄 羊链球菌灭活疫苗,预防半链球菌病,皮下注射,免疫期6个月。

◆ 妊娠/产后母羊

产前1个月 破伤风类毒素,预防破伤风,肌肉注射,免疫期1年。

产前2～4周 羊三联四防疫苗(或五联苗),预防羊快疫、羊肠毒血症、羊猝狙、羊黑疫(或羔羊痢疾),颈部肌肉或皮内注射,免疫期6个月。

产后1个月 口蹄疫疫苗,预防口蹄疫,肌肉注射,免疫期6个月。

产后6周 羊链球菌灭活疫苗,预防羊链球菌病,皮下注射,免疫期6个月。

接种疫苗的注意事项

• 疫苗来源要可靠,选用GMP认证厂家生产的产品。

• 预防接种前排除患病羊只,只接种健康羊只。

• 注射器和针头要严格进行消毒,做到一羊一针。

• 接种活菌疫苗时,疫苗不能抛洒,疫苗盛装物应严格销毁,器具经高压消毒后再使用。接种疫苗前后3～5天内不能使用抗生素,以防免疫失败。

• 疫苗开启和稀释后一次用完,不能存放后使用,不同的疫苗不能混合使用。

43 如何保障圈舍环境卫生，并进行科学合理的消毒？

在羊群饲养管理中，保持圈舍环境卫生并定期科学合理地对圈舍进行消毒是一项重要工作，有利于改善养殖环境，减少疾病的发生。

◆ 保持圈舍内空气质量

可根据圈舍内的温度和氨气浓度控制卷帘高度，及时通风换气。

◆ 要对圈舍内外进行机械性清扫

及时清除粪便、剩料、垃圾、墙上污渍等污物。对清除的粪便、垃圾污物等按要求进行无害化处理。

◆ 要对圈舍进行冲洗

使用高压水枪或将皮管接于自来水龙头上，从上而下冲洗顶棚、墙壁、地面和辅助设备等。

◆ 对圈舍进行定期消毒

建议带羊圈舍每周消毒1～2次，舍外每月消毒1～2次，可以利用喷洒消毒和熏蒸消毒的方式。喷洒消毒的消毒剂可选用粗烧碱、漂白粉、84消毒剂或聚维酮碘、戊二醛等养殖专用消毒剂。

消毒剂用量为每平方米800～1000毫升，

具体用量根据气温高低和舍内面积而定。喷洒顺序一般从门一侧墙壁开始，从上而下，包括窗户和门，然后喷天花板，最后喷洒地面。

针对空舍可在喷洒消毒的基础上加熏蒸消毒，也可在清扫后直接进行熏蒸消毒。熏蒸消毒所用的消毒剂有甲醛溶液、苍艾中药制剂、三氯异氰脲酸粉等。最常使用的是38%～40%的甲醛溶液（福尔马林）。每立方米空间的用量为福尔马林24～30毫升、高锰酸钾12～15克、水12～15毫升。

44 如何给羊驱虫？

羊的寄生虫种类非常多，有节肢动物、绦虫、线虫、吸虫等，按照寄生部位划分的话，又可以分为体外寄生虫、体内寄生虫。羊群驱虫是长期的工作，可在每年春秋两季各进行1次。

羊常见的体外寄生虫有跳蚤、虱子、蜱虫及疥螨等，均属于节肢动物，用伊维菌素便可驱杀。一般情况下可选择伊维菌素皮下注射或内服，皮下注射吸收更为稳定，但操作较复杂，内服方便，但吸收不稳定，因此建议进行皮下注射。如果羊体外寄生虫较多，可在皮下注射伊维菌素的同时，采用伊维菌素、双甲脒或敌百虫等药物对羊群进行药浴或喷体驱虫，外部用药对体外寄生虫的驱杀效果更为直接。

羊体内寄生虫种类比较多，有寄生在肝胆部位的肝片吸虫，有寄生在肺部的肺丝虫，还有寄生在胃肠道的前后盘吸虫、绦虫、消化道线虫等。常见的驱虫药物有硫酸铜、左旋咪唑、阿苯达唑、阿维菌素、伊维菌素等。根据药性不同，购买时要仔细阅读说明，并按建议剂量使用。

45 如何治疗羊感冒？

感冒是因风寒、风热而引起的上呼吸道发炎的一种急性全身性疾病，在天气变化、管理不善时易发，春秋季节较为多见。

◆ **症状**

精神不振、耳鼻发凉、体温稍高、呼吸加快、结膜潮红、流鼻涕等。

◆ **预防**

加强管理和舍内卫生，防寒保暖。

◆ **治疗**

以解热镇痛、祛风散寒为主。加强护理，给易消化的饲料和清洁饮水，防止重感。肌肉注射复方氨基比林或安痛定 5～10 毫升，也可使用复方奎宁、百尔定、穿心莲、柴胡、鱼腥草等注射液。为防止继发感染，可使用青霉素 160～320 万单位，每日 2 次。

46 如何治疗羊腹泻？

腹泻是羊常发的消化道疾病，在羔羊群体中比较常见，分为物理性腹泻、消化性腹泻、寄生虫性腹泻、中毒性腹泻、病毒性腹泻。

◆ **物理性腹泻**

物理性腹泻时一般体温不升高，粪便无恶臭，无或仅有轻微症状，无特异性病菌或虫卵，多因温度不适宜或饮用水过凉、不够清洁引起。发病羊只大多是羔羊，因此保持羔羊居住环境的温度很关键。这类腹泻可自愈，如不出现脱水和转化，一般不须用药治疗。

◆ **消化性腹泻**

消化性腹泻是一种"病从口入"的腹泻，发作时大多羊只体温不升高。观察它们的粪便，可以在粪便中找到完整的谷粒、粗纤维、奶块等，无或轻微症状，无特异性病菌或虫卵。这种腹泻发作后，要让羊只少吃饲料，精料、豆科牧草要少喂，等羊只症状好转，再逐渐添加饲料。

人工哺乳的羔羊极易发生消化性腹泻，需要特别注意。羔羊用奶粉需恒温、恒量，在固定时间饲喂。对腹泻较重的羊只，应口服药物或静脉注射药物。口服药物大多为多酶片、乳酸菌片、益生菌或整肠生等，静脉注射大多为5%的葡萄糖溶液或0.9%的生理盐水及碳酸氢钠。

◆ **寄生虫性腹泻**

寄生虫性腹泻发作时，羊只一般有如下症状：体温升高、粪便较臭；久未驱虫的羊只比较消瘦，仔细检查粪便，会发现成虫虫卵或节片。应按说明服用驱虫药物，间隔数天再注射其他药物。

◆ **中毒性腹泻**

中毒性腹泻发作时，羊只体温升高，发病慢，呕吐症状比较常见，粪便内有肠黏膜碎片，也会含部分有毒植物碎屑。腹泻可以排出毒物，因此症状较轻时先观察等待，但要勤观察，严防脱水；症状较重时要立即用药，口服或注射解毒药品。

◆ **传染性腹泻**

传染性腹泻一般由病原微生物如大肠杆菌、产气荚膜梭菌、沙门氏杆菌、轮状病毒、牛腹泻病毒等引起，是羊发生比例较高、危害性较大的腹泻类型。传染性腹泻一般发病急、症状较重，水样呈喷射状腹泻，体温升高明显，食欲差，精神不振，死亡率高，并且肠黏膜脱落，粪便中有肠黏膜上皮，气味恶臭，排泄物呈胨状，有的含有血液（黑褐色为胃及小肠出血，红褐色为中部肠道出血，鲜红色为下部肠道出血），具有传染性。

47 如何防治羊胃肠炎？

胃肠炎是指发生于胃肠黏膜和胃壁的炎症，病情较重，以持续性拉稀为主要特征。常因饲养管理不当，误吃霉变饲料，饮水不洁净或由某些传染病和中毒性疾病继发引起。一般会出现精神萎靡、腹痛、食欲不佳、体温升高、饮水增多等症状。由于久泻，肛门周围污浊、全身疲惫、迅速消瘦，最后可能会因脱水而衰竭死亡。

治疗羊肠胃炎，轻者可口服磺胺脒、肌肉注射庆大霉素，腹痛者可肌肉注射阿托品。

48 如何防治羊肺炎？

根据发病部位可分为支气管肺炎和大叶性肺炎，一般是由肺炎球菌或支原体引起的，具有传染性。病羊黏膜潮红，食欲、反刍减退，呼吸困难，气喘、咳嗽、流鼻涕，体温一般在40℃以上，听诊可听到湿啰音或干性啰音。

预防羊肺炎病的发生要保持羊舍干燥、温暖，空气清新，加强饲养管理、营养和运动，可用青霉素160～320万单位＋安痛定5～10毫升混合注射，也可肌肉注射磺胺嘧啶钠或长效土霉素10～20毫克／千克。

49 如何防治羊口疮？

羊口疮大多在绵羊和山羊的幼羊（3～6月龄）中传播，又叫"羊传染性脓疱"，为病毒性传染病。

◆ 症状

口唇感染，起红斑，渐变为丘疹与结节，然后形成小脓包，可分布于颜面、眼睑、耳郭。嘴唇肿大、外翻，口腔黏膜有烂斑。坏死杆菌侵袭伤口可导致患处恶化溃疡，口腔恶臭，羊只逐渐消瘦，不愿采食，被毛乱。如果羊羔咬伤母羊乳房，母羊乳部也会感染。

◆ 预防

保护皮肤和黏膜，挑出饲料中的硬草，防止刺伤口唇。加喂适量食盐，避免羊去啃土墙。引进羊只时不要着急混群，先观察半个月，保证健康再混群。可接种弱毒疫苗预防此类疾病。

◆ 治疗

隔离 病羊要隔离治疗，用具要消毒。

饲喂 病羊要用软饲料，饮水要清洁、足够。

清洗创面 剥除口唇部痂垢，配置淡盐水与0.1%高锰酸钾水，清洗创面要充分。清洗后抹紫药水与碘甘油（将碘酊和甘油按1∶1的比例充分混合即成），每日涂抹1～2次，直至创面愈合。

药物治疗 病毒灵0.1克／千克、青霉素钾或钠盐4～5毫克／千克，每日1次，连用3日为1个疗程，间隔2～3日进行第2个疗程，一般2～3个疗程；维生素C 0.5毫升、维生素B_{12} 0.02毫升，混合后肌肉注射，每日2次，3～4天为1个疗程，连用2个疗程。

50 如何防治羔羊痢疾？

痢疾为新生羔羊的常见病，表现为精神萎靡、频繁腹泻，治疗不及时可导致羔羊死亡，病毒会蔓延至羊群。因此，养殖户必须非常重视羔羊痢疾病。

未感染时应预防治疗，感染之后尽快隔离。母羊产前接种疫苗的话，可降低发病概率。羔羊患病后应及时隔离治疗，防止病菌传染至羊群。治疗主要用抗生素，辅助搭配其他药物。

51 如何防治羊破伤风？

破伤风由破伤风杆菌引发，从伤口侵入，造成感染者骨骼肌或部分肌群持续性痉挛，严重者可导致死亡。

◆ 病症特征

一年四季均可发病，伤口易感染。公羊的阉割、角斗伤，母羊的生产撕裂伤，以及断尾、断脐等皮肤伤和蹄部、头部的硬刺伤，都可感染破伤风。

◆ 临床症状

潜伏期4～6天，发病羊只变"木羊"，表现为掉群，肌肉变僵直，吞咽困难，行动缓慢，目光呆滞，体温升高，牙关紧闭，声、光、震、鸣均可刺激痉挛加重，口流涎。羊只发病后不能饮水，反刍停止，瘤胃臌气，易死亡。

◆ 病理变化

尸体僵硬，心肌病变，肺脏瘀血、有水肿，脊髓与黏膜均充血，器官和肠黏膜有出血点。

◆ 诊断

此病临床症状很特殊,如果有病症表现,并曾有创伤,即可确诊。

◆ 防治

羊只外科手术前,要注射破伤风抗毒素,并严格消毒;羔羊刚出母腹时,要迅速给脐部消毒;日常要定期消毒,做好饲养管理。病羊应置于安静处,避免声、光等强刺激,并及时清理伤口,去除脓汁,遵医嘱按时注射药物。

52 如何治疗羊腐蹄?

发病原因有外伤、厩舍不洁净等。秋季易发,表现为蹄间腐烂,有恶臭,精神、食量均减弱,走路时跛脚,喜卧地。此病严重时可导致败血症,因此一旦发现症状,要尽快治疗。

◆ 治疗

发现病羊要及时整修和治疗,用清水洗蹄部,去除污物和坏死角质;蹄叉腐烂要尽快消毒,用纱布包扎,促进愈合;蹄底腐烂有渗液时,尽快清理创口、去除脓液,消毒擦干后用药物填充,防止感染。

◆ 预防

饲料中添加矿物质;及时清理羊舍,同时在舍内挖小池,池中放入消毒液,加强消毒;发病羊只要隔离饲养,防止感染。

第八节 畜禽粪污知识问答

1 什么是畜禽粪污？

畜禽粪污指的是饲养畜禽产生的废弃物，包括畜禽粪便、尿液以及冲洗粪尿产生的污水等。这个概念可以从广义和狭义两部分解读，前者范围较广，包括粪、尿、饲料残渣、冲洗水、动物尸体等，以及产生的臭气、异味也包括在内；后者范围较窄，主要指粪便、尿液等排泄物，加上用水冲洗后形成的水、粪、尿混合物。

总固体物含量小于10%的称为液体粪污，10%及以上的称为固体粪污。

2 畜禽粪污指的是哪些污染？

主要是在无处理直接暴露的情况下，即粪污直接暴露在大自然中带来的污染。畜禽粪污有四类：气味及发酵产生的气体造成的大气污染；污水渗入地下或排入河沟造成的水体污染；污水、污物渗入土地造成有机物超标、土壤板结等土壤污染；产生的微生物、有害细菌造成的生物污染。

3 畜禽粪污带来的危害主要有哪些？

◆ **产生有害气体**

畜禽粪污发酵时，其中蕴含的腐熟生物降解，会产生诸如氨气、硫化氢等有害气体，这类气体味道刺鼻难闻，对人类、畜禽的呼吸道健康极为不利。

◆ **污染水源**

畜禽粪污进入水体，往往造成水色浑浊，气味臭不可闻，使水体失去饮用价值，也不再适合灌溉农田。

◆ **降低土壤耕种能力**

畜禽粪污进入土壤，丰富的有机物会造成土壤富营养化、板结，甚至引起农作物死亡，导致土地丧失耕种能力。

◆ **传播疫病**

畜禽粪污含有多种致病微生物和有害细菌，处理不彻底可能会成为向健康畜禽和人类传播疫病的传染源。

4 养殖污水的主要来源有哪些？

养殖场污水主要来源于养殖过程中的生活用水，包括冲洗用水、饮用水、降温用水、消毒用水等。冲洗用水量可多可少，具体用量要看养殖场采取何种清粪方式，不同的清粪方式所产生的冲洗用水量不同，因而产生的污水量也不同。

以养殖种鸭为例，如果采用垫料发酵床养殖，生产过程中冲刷用水量很少，所产生的粪便污水也都被垫料发酵床降解，因此养殖污水几乎没有。但是如果采用水冲式的清粪方式，冲刷用水量很大，同时产生的粪污也被成倍放大，后续的粪污处理设施配建、处理压力便也随之增加。因此，根据养殖实际科学选择合理的清粪方式极其重要。

生产过程中，畜禽在饮水时滴漏、溅洒的水以及由于饮水设备自身密合不严、损坏、松动等其他原因造成的滴漏水，也会混入污水产生粪污。

5 什么是粪便的无害化处理？

无害化处理是指畜禽粪便通过高温、好氧、厌氧发酵或消毒等技术处理后，使其达到卫生学要求的过程。

6 什么是雨污分流？

雨污分流是指雨水和养殖所产生的污水分别进行收集。养殖所产生的污水采用暗沟布设的管道（排污沟）进行收集，避免雨水进入暗沟与养殖污水混合，从而增加污水处理的工作量和难度。

7 什么是干湿分离？

干湿分离是指采用干清粪方式或粪污干湿分离机分离后，实现畜禽粪便和养殖污水分别收集和储存的方式。

干湿分离机、固肥储存车间。

8 什么是固液分离？

固液分离是一种粪污预处理工艺，顾名思义就是将粪污中的固形物质与液体分离。这个过程可以用物理方法，可以用化学方法，也可以用机械设备。通俗地讲，也就是将不溶于液体的固体从液体中分离出来，分离方式各有不同，如留固体去液体、留液体去固体。通过这种方法，粪污中的杂质如悬浮固体、长纤维、杂草等都能很快被分离出来。

9 固液分离的作用是什么？

粪污经过固液分离后，能够更加方便地进行运输、储存，还能进行有效处理。比如固体部分，可以制作为有机肥，也可以用作牛床垫料；液体部分可降低有机物含量，为发酵腐熟提供便利。

10 什么是水冲粪?

水冲粪是指在畜禽舍内使用大量的水或回用水,对舍内畜禽产生的粪尿借助水流的冲力冲至沉淀池、沼气池或储存池中。

11 什么是水泡粪?

水泡粪就是将畜禽产生的粪便简单地集中到漏缝地板下的贮粪坑中,贮存3~8个月,等贮粪池中的粪污发酵腐熟后,再将粪污排出的清理方式。

12 什么是肥水利用?

肥水利用是指畜禽养殖粪污中的液体粪污通过贮存池、密闭贮存罐、沼气囊、黑膜囊、氧化塘、厌氧塘等方式发酵腐熟,达到无害化要求后,作为优质有机肥就地、就近还田的利用方式。

13 什么是农家肥?

农家肥是指将畜禽养殖固体粪污包含沼渣,通过堆肥、沤肥等方式简单处理后生成的肥料,可作为农用有机肥就地、就近施用于农田。

14 什么是商品有机肥？

商品有机肥是指畜禽养殖固体粪污包括沼渣，通过处理后生成的固体有机肥料，其达到有机肥料相关要求的标准后，可进行商品化销售。

15 什么是垫料利用？

垫料利用特指养牛场固体粪污或沼渣通过处理后，作为养殖圈舍垫料的利用方式。

16 什么是液态有机肥？

液态有机肥是指畜禽养殖粪污通过处理后生产液体的有机肥料，其达到液态有机肥料相关要求的标准后，可进行商品化销售。

17 什么是达标排放？

达标排放是指畜禽养殖液体粪污通过处理达到《畜禽养殖业污染物排放标准》(GB18596)后，排放到非敏感水体和非特殊功能水体，或通过处理达到《农田灌溉水质标准》(GB5084)后，用于农田灌溉的处理方式。

18 什么是委托处理？

委托处理是指饲养者将畜禽养殖粪污委托给商业化沼气工程、商品有机肥生产企业、第三方集中处理机构处理或利用的方式，出售、赠予或付费给粪肥经纪人、社会化服务组织、种植户代为处理利用的，不属于此方式。

19 什么是垫料养殖？

垫料养殖是将干草、稻壳、秸秆等铺放在动物生活区地面，用于吸收粪尿、漏水及饲料残渣等。原位发酵床是粪污收集和处理一体的工艺，也属于此种方式。

20 什么是自然发酵？

畜禽固体粪便在堆粪场或者储粪棚堆放，利用自然温度自行发酵腐熟，然后作为肥料施用于农田的方式叫自然发酵，该模式适用于较小规模的养殖户、养殖场，要有配套的土地。

21 清粪为什么如此重要？

目前在规模养殖场中，尤其是标准化养殖中的畜禽饲养、生产、发育、繁殖以及排泄等都在畜禽舍内完成。如果畜禽排泄物没有及时清理出舍，一方面粪尿排泄物等粪污在舍内会发出硫化氢、氨气等有害气体，严重影响畜禽舍内的空气质量，从而影响畜禽的正常呼吸，甚至会引起畜禽的发病和死亡；另一方面畜禽的排泄物中含有多种致病微生物，极易引起畜禽舍内传染病的传播和发生。

由此可见，清粪是畜禽养殖的关键环节，在养殖过程中选择合适的清粪方式，及时清理粪便污物不仅可以保持舍内的环境卫生，还可以大大降低畜禽舍传染病的发生，同时有利于后期的无害化处理利用。

22 怎样选择清粪方式？

就目前我国的畜禽养殖来说，清粪方式主要有水冲粪、水泡粪和干清粪三种。养殖企业应当根据所养殖的畜禽品种、饲养方式、类别、养殖规模大小、饲养场地、劳动成本、养殖经济现状以及后期的粪污处理方式等多方面因素综合考虑，选择科学合理的清粪方式。

清粪只是粪污资源化利用过程中的一个环节，清粪方式必须与后期的处理环节相互照应，才能实现粪污的有效资源化利用。换句话说，选定何种清粪方式，就要采用该种清粪方式对应的粪污处理技术。也可先选定经济适用的粪污处理技术，建立起相关设施，再采用相应的清粪方式。

23 什么是干清粪？

干清粪即采用物理方式，先收集固体粪便，再用少量水清除残留粪便尿液，实现固液分离。干清粪目的明确，即最大限度防止固体粪便与液体污水混合。要实现这个目的，需要在畜禽排便之初就进行固体和液体分离。固体粪便的物理处理方式由机械或人工完成，液体污水则需经另外的下水道流出，以后再行处理。

干清粪方式的优点是一方面节约用水量，减少了水资源消耗，同时减少了固体粪便营养物质的损耗，保持了粪便有机肥的效能；另一方面污水产生量减少，污水中的有机物杂质含量减少，简化了粪污处理工艺和流程，降低了粪污的处理压力。

24 什么是人工清粪？

人工清粪是干清粪方式之一，这种清粪方式通过人工将畜禽舍内的固体粪便污物清理出畜禽舍，只需要用一些简单的清扫工具如手推粪车、人工刮板等便可完成。被清理出畜禽舍的固体粪便污物通过手推车被运送到贮存设施中进行存放处理，舍内残余部分粪便污物用少量水进行冲洗，通过排污管道排入贮存池中。

这种清粪方式的优点是不用电力、机械，只用人工手动便可完成。人工清粪投资少，效率高，但由于过于依赖人工作业，会造成人员劳动强度高且工作效率低下。

25 什么是机械清粪？

机械清粪是干清粪的另一种方式，该方式以机械设备代替人工，做好干清粪步骤，再通过机械设备运送清理出来的固体粪便，将其送至粪便储存设施。至于舍内残余的粪便污物，用少量水就可冲洗干净，顺着排污管道进入贮存池中即可。

机械清粪节省了人工，快速高效，且不会造成舍内通道粪便污染，但其缺点也很明显，即投资较大。另外，国产的清粪机械设备在使用中还有许多不完善的地方，工作时经常发生故障。不过，随着科学技术的发展，清粪机械设备的性能必将逐渐完善。在新农村规模化养殖的大趋势下，机械化作业是不二选择。

26 什么是好氧堆肥？

好氧堆肥实现的条件有两个，一是在有氧条件下，二是要有好氧微生物。究其原理，即好氧细菌可以与畜禽粪便中的有机物质发生作用，实现有机物质稳定化。粪便中有一种可溶性有机物质，它在堆肥过程中会深入细胞。而好氧微生物正是这种有机物的"好朋友"，其在生物代谢活动中会同时对一部分有机物进行分解代谢，获得生物生长、活动所需要的能量，再把另一部分有机物转化，合成一种新的细胞物质，从而繁殖出更多的生物体。

27 粪便好氧堆肥有什么特点？

第一，好氧细菌代谢快，粪便可自动保温，并逐渐达到无害化。

第二，好氧细菌分解能力极强，可进一步降解纤维素等难自然降解的物质，堆肥物料由"老大难"污染源，变成矿质化、腐殖化，非常受土壤欢迎的土壤活性物质。

第三，设备简单，易操作，好管理，经济适用。

第四，产品无味无臭，质地松软，水分低，加工和运输都便利，且方便推广普及。

28 常用的粪便堆肥窍门有哪些？

粪便堆肥时有充足氧气是关键，要保证好氧细菌自由活动。

堆肥窍门如下：

条垛堆肥空隙大，定期翻堆保供氧；槽式堆肥有规律，搅拌机器沿槽推，往复运动勤搅拌，堆体供氧有保障；容器堆肥有房间，专用容器通气多；静态通气靠管道，装在底部或中间，管道之间有空隙，风机相连促供氧。

29 什么是厌氧堆肥？

厌氧堆肥别名为沼气干发酵，即在无氧的条件下，借助厌氧微生物中的厌氧细菌分解有机质，释放能量供微生物生命活动。厌氧堆肥中的固体原料含量不多，仅占总物料的20%。

按照发酵温度不同，厌氧堆肥有自然发酵、中温发酵和高温发酵三种方式。

自然发酵即在自然温度中发酵，这种发酵转化效率低，沼气产量不稳定。中温发酵和高温发酵都实现了温度恒定控制，中温在28～38℃，高温在48～60℃。自然发酵沼气产量稳定，转化效率较高，中温发酵和高温发酵则大大缩短了处理时间，分解速度快且产气量高，还能有效杀死寄生虫卵。但无论中温还是高温发酵，都需要相应的加温、保温设备，这也增加了发酵成本。

30 什么是沼气工程？

沼气工程是指开发利用畜禽养殖粪污，从中获取能源，并有效治理环境污染的一种技术，可实现农村能源工程技术和农牧生态的良性循环。

31 什么是沼液还田？

利用厌氧菌或兼性厌氧菌，在无氧状态下将粪污中的有机物质分解并产生沼气（主要为甲烷和二氧化碳）后，剩余的发酵残留物的液体部分为沼液，将发酵腐熟后的沼液就地、就近用于农田的利用方式为沼液还田。

32 沼液还田有哪些好处？

沼液是有机物经厌氧发酵后形成的褐色明亮液体，含有丰富的氮、磷、钾等营养元素，是畜禽粪尿经过厌氧发酵后产生的一种无公害、无污染的优质有机肥料。沼液有机肥营养速效，养分利用率高。沼液还田具有改良土壤、促进农作物的生长、防治病虫害等作用。

有关数据表明，常施用沼液的农作物生长健壮，叶片肥厚，果实硕大，品质也有明显提升，产量可提高15%～35%。但需要注意的是，沼液属于高浓度有机废水，因其经过厌氧发酵，残留了厌氧发酵后的有机体，因此必须处理彻底后才能排放到环境中。

33 沼渣有哪些用途？

沼气发酵后会有许多残余悬浮物，人们把这种悬浮物叫作沼渣。沼渣并非一无是处，它们含有一些没有分解的原料，还有很多新生的微生物菌体，具备丰富的无机营养元素和有机营养元素。沼渣经过处理，可以作为肥料，也可制作培养土、用作牛场垫料等。

◆ 让土壤更加肥沃

沼渣肥料对土壤的益处较大，它被作物吸收后，还有一部分剩余营养可以深入土壤，增加土壤的肥沃程度。沼渣中的大量氮、磷、钾等速效养分及中量元素和微量元素，还有有机质和腐殖质，对农作物和土壤非常友好。因沼渣不含亚硝酸盐，已成为无公害绿色农产品的优选肥料。

◆ 制作人工基质

沼渣产品酸碱适中、质地疏松的优点，使它成为栽培食用菌人工基质的优质材料。用沼渣人工基质栽培食用菌，可使食用菌增产28%～48%，并提高食用菌品质。

◆ 配制营养土

沼渣与土壤按比例混合即成优质营养土。这种营养土可防治农作物立枯病、枯萎病、地下害虫，还能强壮农作物的苗体。

◆ 牛场垫料

用沼渣为牛舍铺设卧床,既可增加牛舍卧床的舒适度,节约成本,也可为粪污的无害化处理减少压力。生产中,沼渣还较多地被用于运动场地面的铺垫。

34 什么是生物滤池?

生物滤池又称生物接触氧化法,通常用于大中型养殖场污水处理,需要反应器和长满生物膜的填料。使用时,将充氧废水灌入反应器,废水与长满生物膜的填料相接触,可被生物膜中的生物反应净化。

生物滤池的优点和缺点都很显著。优点为处理时间短,占地面积小,生物活性高,微生物浓度较高,污泥产量低,不需污泥回流,出水水质好,动力消耗低。缺点是因为生物膜一般较厚,脱落后容易堵塞填料,影响出水水质。

35 什么是氧化塘?

氧化塘是一种依靠微生物生化作用来降解水中污染物的天然池塘,或经过一定人工修整的有机废水处理池塘。在净化过程中,既有沉淀、凝

聚等物理因素,又有氧化和还原等化学因素及生物因素。氧化塘处理属于自然处理方法,可以将其比作小型污水处理厂,它处理污水时会使水体实现自净化。

氧化塘处理污水的过程如下:

污水进塘→塘水稀释污水→污水中污染物沉淀为塘泥→污水有机物质被塘内生物分解→大分子转化为小分子后被微生物吸收→合成新的有机体→污水实现净化。

36 什么是固体粪便堆肥模式?

固体粪便堆肥是指以肉牛、肉羊、蛋鸡、肉鸡和生猪等无污水或少量污水产生的固体粪便为主进行堆肥,宜采用人工或机械干清粪模式清理舍内粪污。鼓励水冲粪工艺改造为干清粪,无法改造的,应从源头减少用水量,压减污水产生量。

好氧堆肥无害化处理的固体粪便可就地还田,还可用作生产有机肥的原料。散养户的经济条件有限时,可就地取材,用干土、塑料膜、稻草、锯末等农村常见耗材覆盖粪堆,实现物理隔绝,再通过堆积进行腐熟发酵,实现无害化处理。

37 固体粪便堆肥模式有什么优缺点？

固体粪便堆肥利用模式的优点是固体粪便堆积发酵温度高，杀害病菌彻底，堆肥发酵周期短，操作简洁方便，对环境、设施要求较低，处理利用率高；不足之处是在粪便堆肥好氧发酵过程中，极易产生大量的异味，操作不当容易对环境造成不良影响。

38 什么是粪污全量收集模式？

以生猪、肉鸭等水冲粪、水泡粪为主，采用粪便、尿液和污水集中收集，全部进入沼气池、储存池、暂存池等贮存发酵。粪污通过贮存发酵，再进行无害化处理后就可被农户所用，将无害化处理后的污水、灌溉用水按照科学比例混合，实现灌溉时的水肥一体化。

39 粪污全量收集利用模式有什么优缺点？

◆ **优点**

设施简单，成本低，可以实现粪便污水全收集，养分利用效率高。

◆ **缺点**

周期最短要半年，配套土地的面积广，施肥、运输均需设施，施用范围亦有局限。

40 什么是粪污能源利用模式？

主要生产可再生能源，依靠畜禽粪污处理机构或者第三方处理机构，集中收集畜禽粪便和养殖污水，利用大型设备对所收集的粪污进行厌氧发酵无害化处理，进而生产再生能源。再生能源类型有沼气发电上网、提纯天然气、生产有机肥还田利用等。

41 粪污能源利用模式有什么优缺点？

◆ **优点**

可对畜禽粪便和养殖污水集中进行处理，处理得比较彻底，能够实现能源化再利用。

◆ **缺点**

大型设施设备资金投入高，后期设备的运行维修费用高，再生能源利用难度大，达标处理成本较高，需配套后续的处理和利用技术。

42 什么是粪便垫料回用模式？

该模式是将质地松软、粗纤维素较多的奶牛粪污进行固液分离后，将其中经过好氧发酵腐熟后的固体粪便作为牛床垫料，发酵处理后的污水作为肥水进行还田再利用。

43 粪便垫料回用模式有什么优缺点？

◆ 优点

牛粪可替代沙和土，作为垫料的话成本较低。

◆ 缺点

使用牛粪垫料要特别注意，无害处理必须彻底，这便给养殖户带来了一定的难度。

44 什么是纳米膜静态槽式发酵模式？

该模式依托该好氧发酵模块（发酵槽），利用辅料进行水分调节，并向粪污中添加微生物腐熟菌剂。

具体操作流程如下：

石墨烯光催化纳米膜完全密闭→启动自动控制系统调控温度、强制通风供氧→好氧微生物高温发酵→转化粪污中的有机固体为腐殖质状有机肥物质并去臭杀菌→逃逸臭气在光催化下，被纳米膜中的纳米纤维分解成二氧化碳和水。

45 什么是原位发酵床养殖模式？

发酵床由锯末等垫料加入益生菌制剂制作而成，由强势益生菌营造的良性环境可改善消化道菌群平衡，提高饲料转化率。垫料通过对排泄物中有机物的吸附、中和、降解和转化，减少吲哚、硫化氢、氨气等有毒臭气的产生和排放，改善环境及空气质量，减少了呼吸道、消化道疾病的发生，节约药物投入。

46 原位发酵床养殖模式有什么优缺点？

虽然发酵床初次制作投入较高，但合理管护可重复使用，这样将成本分摊到每个批次中，便可降低生产成本，同时还方便了管理维护；废弃垫料可作为肥料用来种植苗木果蔬及农作物，肥效高，不烧苗。不足之处为该模式发酵床的温度和湿度很难控制，给操作带来了一定难度。

47 什么是异位发酵床模式？

该模式是利用好氧堆肥发酵原理，由传统的养殖发酵床模式改进而来。所需垫料避免直接接触畜禽，对畜禽舍不进行冲洗，产生的粪便和尿液可通过漏缝地板或网床进入下层垫料，或者运送到铺设垫料的发酵棚（池、槽等）中，均匀地喷入好氧发酵菌种，依靠发酵床中的功能微生物菌群进行好氧发酵，分解粪便中的有机物。发酵过程中会产生大量的热量，可以让粪污中多余的水分快速蒸发。经过充分发酵腐熟无害化处理后，粪污可以作为有机肥料还田利用。

48 异位发酵床模式有什么优缺点？

◆ 优点

养殖过程不产生污水，既节约了用水，又降低了粪污处理成本，同时养殖粪污产生的异味较小，降低了对周边生活环境的影响。

◆ 缺点

所需垫料收购困难，产生的粪污含水量较高，需要分解发酵腐熟的时间较长，对温度要求也比较高，冬季使用受限，高架发酵床建设所需成本高。

49 建设异位发酵床有什么要求？

异位发酵床需建设固定防雨棚和水泥防渗硬化，以及不低于0.8米的防溢墙。每头存栏生猪粪污贮存池容积不小于0.2立方米，发酵床建设面积不小于0.2平方米，并有防渗防雨功能，配套搅拌设施，其他畜种折合猪当量计算。

50 什么是种养结合？

种养结合是生态农业新模式，它使养殖业和种植业有机结合在一起，达到资源利用率高、环境污染小的双赢目的。种养结合模式以畜禽养殖产生的粪便、有机物为基础，可为养殖业提供有机肥来源。同时，种植业生产的作物经过青贮等加工，又能给畜禽养殖提供食源饲料，实现物质和能量在动植物之间的良性循环。

推广"种养结合、农牧循环"模式，对种植业与养殖业深度融合、实现畜禽粪便"资源化、生态化"利用意义重大。具体实施中，养殖场可以根据自家粪污产量与粪污处理模式，与场址所在村落签订配套农田合同，实现畜禽养殖与农田种植直接对接。一方面将畜禽粪污收集于贮粪池中堆沤发酵，于施肥季节作为有机肥直接施于农田；另一方面可实现"畜-沼-种"种养循环。

51 什么是人工湿地？

湿地位于陆生生态系统与水生生态系统的交界地带，组成生物复杂且具备较大活性。人工湿地系统并非为了美观，而是为了生态，可处理污水。人工湿地系统一般建在低洼处，由土壤和基质填料组成填料床，污水进入填料床缝隙降解吸收，填料床上种植成活率高的水生植物帮助净化污水。

52 粪污农田施用的最佳季节是什么时候？

粪污有机肥虽好，也要"量时使用"。有机肥还田后，如果农作物吸收少或干脆不吸收，则其中的含氮营养就有可能转化为硝酸盐或脱氮挥发，造成浪费。现将四季施用有机肥的注意事项总结如下。

◆ **春季**

正值农作物种植季节，在种植之前施用，幼苗可以有效吸收。

◆ **夏季**

湿热环境会造成有机肥中的有机物快速分解产生臭气，即便农作物快速吸收，也会散发臭气，进而造成大气污染。

◆ **秋季**

农作物收获后种冬季作物，在土壤排干后施用有机肥，可提高植物吸收率。

◆ **冬季**

气温降低时土壤易冻结，有机肥中的营养会滞留在土壤表层，随着化冻流入水体，造成水体污染。

53 怎样确定合理的粪污农田施用量？

粪污农田施用量过多或不足，都会伤害到农作物。因此，要确定粪污农田施用量，一定不要想当然，也不要照本宣科，要估算作物在当地气候、土壤条件下的养分需求量，以及粪污中氮肥含量，再根据这两者，测算出适合当地种植环境的粪污施用量。

54 垫料发酵舍内怎样除臭？

圈舍内臭味起因，主要是大肠杆菌分解蛋白质形成的。这个过程会产生氨、硫化氢、吲哚、尸胺和腐胺等有害物质，对人类和畜禽产生不利影响，会引发呼吸道疾病和眼疾。因此，除臭必不可少。

通常，除臭时可以加入大肠杆菌的"宿敌"——有益菌。在粪便这个战场上，大肠杆菌和有益微生物针对争夺营养物质展开大战，有益菌夺取的养分多，就可抑制大肠杆菌与养分发生反应，从而降低有害气体排放，起到除臭的作用。

垫料中的有益菌在将垫料分解的同时自身增殖会产生热量，可以将垫料中的水分蒸发掉，从而解决养殖过程中的水污染问题。发酵完成后剩下的就是干燥无粪便的垫料。

55 散养户的粪便污水处理应该符合哪些要求?

第一,畜禽养殖应当遵守村规民约,建立专门的畜禽舍,保持畜禽舍和周边的环境卫生,及时清理粪污,避免粪便散落、污水乱流、蝇虫乱飞等脏乱现象;定期喷洒除臭剂、灭蚊蝇剂等降低异味,最大限度减少对周围村民生产生活的影响,杜绝对水源、村居环境造成污染。

第二,可以采用薄膜、麦秸、杂草、锯末等覆盖,做到粪便污物的物理隔绝,通过堆肥发酵腐熟做到无害化处理;鼓励生猪、肉牛等散养户建设相匹配的粪污暂存设施,收集养殖所产生的粪污,进行无害化处理后就近、就地还田利用。

第二章

水产养殖

第一节 淡水养殖知识问答

1. 淡水新鲜鱼如何安全选购与食用？

◆ **鱼眼**

新鲜鱼　澄透且完整，向外稍凸，不发红。

不新鲜鱼　眼睛多少有塌陷，色泽灰暗、发红。

腐败鱼　眼球破裂很明显，眼瞎、眼瘪，不能吃。

◆ **鱼鳃**

新鲜鱼　两鳃鲜红或粉红，鳃盖紧闭，黏液透明无异味。

不新鲜鱼　鳃色灰色或褐色。

腐败鱼　鳃色灰白色，有黏液状污渍。

◆ **鱼皮**

新鲜鱼　体表清洁，黏液少，鱼鳞紧密有光亮；按压鱼体，凹陷很快回弹；肛门周围为圆坑形，鱼体硬实发白，腹不胀。

不新鲜鱼　黏液增多，不透明，鱼背较软，为苍白色，用手压下无弹性。

腐败鱼　鱼鳞松弛，有脱片，鱼腹胀，隐约有臭味，不能吃。

◆ 鱼肉

新鲜鱼　鱼肉组织很紧实。

不新鲜的鱼　肉质松软，一拉便脱落。

腐败鱼　鱼肉有霉味或酸味。

> **特别提醒**
>
> 鱼儿变异有特征，气味不正眼无光，头大尾小脊柱弯，眼睛浑浊颜色异，水体污染或中毒，这类鱼儿要注意。

2 夏季高温季节鱼塘怎样调节水质？

夏季气温高，水质变化快，容易引起各种鱼病。合理使用增氧机及科学控制水质，可以有效调节水质。

◆ 科学控制水质

提高池水透明度。夏季水温高，水质变化快，加之投喂和施肥量较大，鱼类摄食旺盛，排泄强，极易污染水质。此时鱼塘氨氮含量增加，水中溶解氧减少速度加快，水的肥度也迅速增加。因此，应适当提高水的透明度（控制在30～40厘米），保证水质不过肥，防止鱼类缺氧浮头。

◆ 池塘的补水和排水

为保证一定的透明度（30～40厘米），可通过补水使鱼塘的水保持一定数量的浮游生物，以提高浮游植物的产氧值，减少"水呼吸"耗氧。补水对水体的"肥、活、嫩、爽"起着重要的作用，具体方法是每 2 天补水 1 次。补水量要视鱼塘的水质指标而定,若氨氮含量较高、水太肥(透明度低于 25 厘米)便多补。补水应在清晨三四点进行,因为此时鱼塘水中的含氧量最低,鱼塘耗氧量达到极点,补水效果最好。

排水的目的是使鱼类的排泄物或饲料残渣以及氨氮含量高的下层水排出,以减少夜间水中的耗氧量,从而防止水质的恶化,相对增加溶解氧含量。排水的最佳时间应选择在夜间至清晨之间。因为此时水中的溶氧量低,且水中分层现象明显,水底层由于有机腐殖质、排泄物、底泥的耗氧,已经处于无氧状态,这时排出底层水对养殖水体最为有利。有条件的池塘每星期可排水 3 次,每次排水量应为鱼塘总水量的 1/20,且每半个月可以大排一次(约占鱼塘总水量的 1/5),并在排水的同时对投饲场所进行冲洗。

◆ **生石灰的应用**

生石灰除了普遍应用于鱼塘清塘消毒外,在高温季节对改良和调节水质有着十分重要的作用。施用生石灰既能消毒水体,杀灭病毒、细菌等病原体,又可调节水质,提供鱼类适宜的硬度、碱度及缓冲能力,对淤泥较多的鱼塘还可促进有机质的矿化,并能置换出浮游生物繁殖所需要的营养元素。一般 10～20 ppm 浓度最好,每半个月施用一次,亩用量为 20 千克。

◆ 科学使用增氧机

增氧机使用的准则：晴天中午开机，阴天清晨开机，连绵阴雨天要半夜开机，傍晚不开机，鱼类浮头早开机。对肥水池塘，在晴天中午开机一小时，便能将上层高溶氧水体转到下层，从而促进底层水"氧债"提前偿还，这在一定程度上减轻或消除了鱼类缺氧浮头的威胁，杜绝鱼类泛塘事件的发生。

开动增氧机的时间长短也大有讲究：闷热天气开机时间要长，凉爽天气要短；半夜开机时间要长，中午要短；施肥后开机时间要长，不施肥时要短；风小时开机时间要长，风大时要短。晴天时不能在傍晚开机，因为此时浮游植物的光合作用几乎停止，水体溶氧分层明显，底层水体"氧债"负荷大，如果此时开机，则会使水体上下层对流，整个水体溶解氧迅速下降，更加容易引起池塘半夜缺氧，造成泛塘。

3 怎样给鱼用药？

◆ 撒生石灰

撒生石灰有窍门，从池塘一端开始撒，鱼群受惊会游向另一端。石灰撒至塘心便停下来，去对岸重新撒，鱼群便会游回来。而此时撒过的石灰药性已消退，鱼群便不会受伤。

◆ 内服药

可将药物拌入饲料中投喂。对于草食性鱼类，可将煮熟的面粉糊冷却，药物拌入面糊内，再将面糊涂到饲草上，晾干以后再投喂。

◆ 遍撒法

用药之时需看水位，水位较高时要降低水位再计算药量。较大水面撒药时应拉网集鱼后再用药，即可节省用药，效果也好。

◆ 挂篓法

挂药之前应停止投食，可挂篓喂食，饲料用量少一些，确保鱼群第二日再来吃。

◆ 中草药浸沤法

将草药捆扎分成堆，浸沤后放于池塘上风处，药物扩散很均匀。

4 为什么说优良的水体环境是养鱼成功的先决条件？

养好一池鱼，先养一池水。"水"不仅仅是水质、水量，还应包含池塘中所有与水相关的要件。养鱼过程中，池水要保证"肥、活、嫩、爽"。

肥 富含浮游动物和植物，天然饵料很丰富。

活 早晨、中午和晚上，池水水色会有不同变化。

嫩 藻类种群处于正增长期，细胞未老蓝藻少。

爽 水面水体无污物，不深不浅，池水清澈。

5 什么样的水质是理想的水质？

水质决定水色，好的水色有茶褐色、黄绿色和淡绿色。

◆ **茶褐色**

含单细胞硅藻和隐藻，生长旺盛、数量高，生物组成较均衡，溶氧很高，废物很少。

◆ **黄绿色**

含单细胞硅藻和绿藻，酸碱适宜，低氮低盐，仅枝角类浮游动物，没有纤毛轮虫。

◆ **淡绿色**

含单细胞绿藻和裸藻，理化指标都正常，水体透明、清亮。

6 怎样调控出理想的水质？

◆ **合理施肥**

春秋两季水温较低，记得多施有机肥；夏季水温偏高，记得多施无机肥；重施基肥，促磷促氮，换季和天气变化都要查看水质和鱼况。同时，有机肥和无机肥结合，保持水体常年拥有好状态。

第一，根据溶氧量和浮游植物量施肥，连续24小时内有16小时以上溶氧量大于5毫克每升，其余任何时候不低于3毫克每升。浮游植物量通过透明度判断，正常应在25～30厘米。

第二，施化肥时要使氮肥与磷肥质量比为7∶1。施磷肥时水体应中性偏碱，否则易造成肥效损失。施生石灰后应隔10～15天再施磷肥。水体浑浊，含悬浮物及黏土颗粒多时，不宜施磷肥，可先施用明矾或食盐使黏土颗粒凝集沉降。磷肥最好与有机肥一起沤制后施用，有利于提高肥效。有机肥必须腐熟后施用。

第三，一般在晴天上午 8～10 时施肥为宜，无风、闷热、阴雨天不施肥。

◆ 加注新水调节水位

这是调节水质最有效、最主要的措施。池塘水要求"春浅、夏满、秋勤、冬深"，春季在 0.8～1.2 米，浅水吸收太阳光增温；夏季达到 1.5～2.0 米，特别是高温季节要保持更高水位，但不宜超过 3.5 米，否则会导致深层水缺氧；冬季水深超 2 米。夏秋季要勤加注新水，6～9 月每 10 天加一次，早春晚秋每 15 天加一次，每次加 20 厘米。具体操作要灵活，看水肥度和浮头，要观察池塘是否渗漏，发生泛池、池水恶化时要尽快注水、换水。

◆ 定期搅动塘底

要牢记每半个月搅动一次塘底，降低还原物质，提高溶氧。天气晴朗有风时，可以再搅塘一次。

◆ 科学增氧

池塘水质优劣的最主要标准就是池水的溶氧水平。池水溶氧高，能使好氧细菌大量繁殖，有毒物质不断氧化分解为无毒物质，改善水质和底质。高溶氧的水质能增强鱼的食欲，提高饲料的消化吸收率，降低饵料系数，加快生长速度。

溶氧管理是养殖水质管理的中心环节，增氧的措施有以下几点。

适当扩大池塘面积 一般在 5～10 亩，增大受风面，清除池底过多底泥，保持在 15～20 厘米。

控制浮游生物过度繁殖 浮游动物可用敌百虫 200～300 克/亩、浮游植物用硫酸铜 450 克/亩杀灭，用后要大量换水或开增氧机 2 小时。

施用化学增氧剂 过氧化氢 500 毫升/亩，过氧化钙或过氧化镁 2 千克/亩。

开增氧机 科学合理使用增氧机可促进水体对流、增加溶氧、散发有毒气体，还可调节水质，增加光合作用强度并促进浮游生物快速生长，提高初级生产力，保持水色正常。

应根据天气、鱼的动态、增氧机的负荷确定何时开机及运行时间，坚持"四开三不开"的原则，即晴天中午开、阴天清晨开、连绵阴雨半夜开、高温季节即鱼的主要生长季节每天开，傍晚不开、阴雨天白天不开、低温季节不开，浮头早开，半夜开机时间长、中午开机时间短。

◆ **生物方法调节水质**

罗非鱼是清除蓝藻的小能手，可在池塘中混养。水生植物含有益藻，可适当培养，促进水质。水草的种类有很多，比如苦草、水花生、金鱼藻、水葫芦和轮叶黑藻等。高温时也适当种一些水草，既能净化水质还可遮阴。活的微生态制剂如光合细菌、硝化细菌、芽孢杆菌、双歧杆菌、酵母菌能降低水中氨氮和亚硝酸盐、降解水中有机物，对净化水质、优化水域环境有良好效果。

◆ **pH 的调控**

池塘 pH 中性偏碱较好，一旦偏酸应及时用水质净化剂、底质改良剂、益生菌、肥料调控藻相和藻量，或施用酸性、碱性物质，如生石灰或醋酸。

7 选择养殖品种的原则是什么?

充分利用自身的条件、养殖对象的生长特性和市场需求,包括养殖条件、饵料供应、管理水平、水源供应和养殖水状况、市场导向、水产品加工条件。

8 池塘投放的鱼种有什么要求?

水产养殖的苗种多,必须出自正规渔场,具有生产许可证、检疫合格证等,证件齐全,缺一不可。选苗时要选择个体大小均匀、品种齐全、品质佳、无病无伤、大规格的苗种。

在苗种的捕捞、运输过程中,应根据苗种特点配备氧气等必要的设施;运输工具应符合卫生要求,防止污染、损伤。苗种放入养殖水域前应进行筛选,建立苗种投放记录,以确保苗种的健康,必要时应进行暂养。

长途运输时有风险,易导致苗种受伤,因此,如果想养大规格鱼种,应坚持"三个就地"(就地生产、就地运输、就地养殖)原则。

9 鱼种放养前有什么要求?

一定要注意养殖池的消毒处理,并且要一并消毒养殖工具和对象。

鱼种放养前可以选用以下方法进行体表消毒:3%食盐水溶液浸浴5~8分钟或5~10毫克/升高锰酸钾浸浴5~10分钟。

10 水产养殖对饵料有什么要求？

饵料是鱼儿生长、发育、繁衍后代的物质基础和能量来源，也是鱼养殖高产稳产的物质基础。饲料占养殖成本的60%～70%，科学合理的饲养是养殖成败的关键。

饵料包括天然饵料和人工饲料，现代水产养殖大多以人工饲料为主。养殖过程中，饵料要科学使用合理投喂，其选择要求是：营养全面且平衡，饲料利用效率高，好吃营养流失少，便于运输与储藏。

使用营养平衡全面的全价饲料，养的鱼才能长得快、产量高、品质好，养殖成本才低。配合饲料的利用是科学养殖和高效养殖的重要条件和必备手段，单纯依靠天然饵料和原料饲料不能满足生产需要，也不科学。配合饲料的种类主要有硬颗粒饲料、软颗粒饲料、膨化颗粒饲料、碎粒饲料、粉状饲料、微粒饲料，应根据水产动物的摄食特点、个体大小及种类选择适合的配合饲料。

11 投喂饵料遵循什么原则？

投喂饵料要科学合理，按照"四看""四定"的投喂原则投喂。

◆ "四看"投饵法

一看季节（水温） 一般3月水温达到10℃时常规鱼开始吃食，按每亩3千克颗粒饲料投喂；4～5月水温达到15～20℃时投饵量占鱼体重的1%～2%；6～9月水温达到20～30℃时投饵量占鱼体重的3%～5%；10月水温下降，应投喂蛋白质含量高的饲料进行促肥。

二看鱼的活动情况 活动正常，投喂后迅速抢食时应多喂；发病季节或已经发病，减少投喂量；浮头停喂。

三看天气 晴朗有风，水中溶氧高，食欲旺盛，适当多喂；雾天应待雾散后投喂；无风闷热、阴雨天，食欲减退，少喂；雷雨和暴雨之前，水中溶氧低，停喂。

四看水色 水质清爽，呈黄绿、草绿、茶褐、灰白、油青色，多喂；水质浓肥，呈暗灰色、黄绿而浑浊，应少喂；水色浓黑、蓝绿、灰绿而浑浊，停喂。

◆ 四定投饵法

定时 根据季节、饲料种类、投饵次数而定，采取少量多次的方式。在较长时间内固定每天的投饵时间，使鱼按时摄食，形成条件反射。一般在水温高、溶氧丰富时投饵，即早春、晚秋每天2次（上午8~9时，下午3~4时），生长旺季每天3~4次，分别为早晨6~7时、中午12时、下午5时。混养草鱼时先投青饲料，1小时后再投喂配合饲料。

定点 在固定的位置投喂，形成鱼的抢食习惯，减少饲料浪费，便于检查鱼的摄食生长情况，有利于在食场挂药袋防鱼病。

定质 饵料要求新鲜、清洁、营养全面、适口性好、不变质，但并非一成不变，应根据养殖品种、规格、季节而定。

定量 即如何确定全年、每月、每天的投饵量。首先根据鱼种放养量、规格、出塘规格、成活率、预计净产量，并结合饵料系数，确定全年饲料量；其次根据各月份的水温、鱼的生长规律，确定每月饲料量，3月占全年的2%、4月为4%、5月为8%、6月为14%、7月为24%、8月为24%、9月为15%、10月为7%、11月为2%；最后按吃食鱼的存养量，根据天气、水温、水质、鱼的规格、摄食情况确定每天的投饵率，范围为1%~6%。

为提高劳动生产率和饲料消化吸收利用率，降低饲料损失率，使鱼类平衡生长、规格一致、集中出塘，增加经济效益，应使用投饵机。

12 如何确定放养密度？

合理密养能提高鱼的产量，获得最佳经济效益。合理的放养密度是在保证达到养殖水产品规格的情况下，能获得最高产量的放养密度。在合理密度范围内，放养密度越大，产量越高。

放养密度受鱼种规格、池塘养殖环境、水质、饲料的质量和数量、混养搭配的合理性、机械化程度和饲养管理水平等多种因素制约。

◆ 放养量估算

在生产中应根据池塘的生产力、鱼种的成活率、要求达到商品鱼的规格进行计算，可以根据上一年度鱼池所养该种鱼的成活率与实际养成的规格和今年养殖条件的变化来确定放养量。假如上年度的养成规格小，今年又没有新的养殖技术和有效措施，则放养量应减少；上年度的成活率正常而养成规格偏大，则放养量应适当调高；如鱼种质量好、规格大，或增加了一些新的养殖技术和管理措施，而产量要求相同，则放养量应减少；如要求更高产量并增加了增氧设备或提供了其他有利条件，则放养量可增加。

亩放养量 = 预估亩毛产量 /（计划成鱼规格 × 估计成活率）。

养殖鱼类放养密度参考

养殖鱼类	放养规格	放养鱼种的年龄（龄）	放养密度（尾/亩）
青鱼	0.5～1千克/尾	2	80～60
草鱼	0.3～0.8千克/尾	2	100～60
鲢鱼	13.2～19.8（厘米）	1	400～300
鳙鱼	13.2～19.8（厘米）	1	200～100
鲤鱼	9.9～13.2（厘米）	1	600～400
鲫鱼	6.6～9.9（厘米）	1	600～400
鳊鱼	9.9～13.2（厘米）	1	600～400
鲂鱼	6.6～9.9（厘米）	1	600～400

◆ **取决于饲料的数量和质量**

对主养的摄食投喂饲料的鱼类，在一定范围内鱼类的放养密度越大，投喂饲料应越多。同时，饲料的质量越好则产量越高。所以，提高放养量的同时，必须增加投饲量。主要滤食池塘中天然饵料的鲢鱼、鳙鱼，则在一定密度范围内，密度越大，产量越高，但要考虑浮游生物的质量和补充速度能否跟得上。

◆ **取决于水质控制水平**

如果放养密度超出一定范围，尽管饲料充足，但由于水质问题所以较难增产，甚至还会产生不良后果。鱼类生长要求水中有一定的溶氧量，主要养殖鱼类的适宜溶氧量为每升4～6毫克，如溶氧过低，则鱼类呼吸频率加快，能量消耗加大，生长速度变慢，饵料系数增加。如果放养过密，池鱼将长期处于低氧情况下，不利于生长，黎明甚至半夜溶解氧即处于每升1毫克左右的危机状态，池鱼经常浮头，甚至发生泛池事故，造成池鱼死亡。

溶解氧是水质限制放养密度的一个重要因素，第二个因素是鱼池有机物质（包括生物的尸体和残饵）分解的中间产物和水生生物的排泄物，它们以氨、亚硝酸盐和多种形式的有机氮状态存在，对鱼类有较大的毒害作用。可通过加、换水和微孔增氧、爆气等方法进行水质调节,并采用水质监测在线系统实时对池塘水质进行监测,溶解氧、水温、pH 值、氨氮、亚硝酸氮出现异常情况时及时处理。生长季节每 7 ~ 10 天加注新水一次,每次不超总水体的 10%;每月全池撒生石灰 1 次,每亩每次撒 15 ~ 20 千克;水车式、叶轮式、微孔增氧、涌浪机等宜配合使用,尤其夏秋高温时节保持每天后半夜至天亮开机,晴天中午开机 1 ~ 2 小时;天气闷热或雷雨天,及时开机或加水增氧;设置鱼菜共生生态浮床,浮床面积占水面面积的 5% ~ 8%;生产期间或越冬前排出池塘底层老水。

13 水产养殖为什么提倡混养?

多种鱼类混养是我国池塘养鱼的特色,也是提高池塘鱼产量和效益的重要措施。

混养的优点 合理利用饲料和水体,发挥养殖鱼类之间的互利作用,获取食用鱼和鱼种的双丰收,能基本解决下一年度的规格鱼种需求。

14 如何合理混养？

混养包括三方面：各种饲养鱼类的混养，即在同一鱼池内混养数种鱼；同种不同龄的混养，一般为1龄和2龄混养；异种异龄鱼的混养，即在同一鱼池内混养多种鱼类，而每种鱼又有不同年龄和规格。

◆ 混养鱼类要和谐

混养鱼类要满足以下特点：不是天敌不好斗，能和平共处，水质和水温都适宜，栖息水层能互利，食性各异无竞争。

我国的养殖鱼类如草鱼、青鱼、鲢鱼、鳙鱼、鲮鱼、鲂鱼、鳊鱼、鲤鱼、鲫鱼基本都符合上述要求，是较理想的混养鱼类。可选择上层、中上层、中下层和底层鱼搭配养殖。

◆ 确定1～2种主养鱼类

主养鱼类也是投饲饲养管理的主要对象，主养鱼在放养量上占较大比例，再合理搭配放养其他鱼类，可以充分利用养殖鱼类的残饲以及水中的天然饵料。同时，要正确处理好吃食性鱼和滤食性鱼的关系。

鱼类混养原则

混养不可太随意，鱼类食性要考虑；

各类条件综合起，定好主养配养鱼；

凶猛鱼类是大忌，不与其他鱼混养；

除非池塘野鱼多，混养凶鱼去清理。

15 为什么提倡轮捕轮放？

轮捕轮放是在池塘混养的基础上发展起来的，轮捕轮放包括捕大补小，或一次放足鱼种，捕大留小。应分期捕鱼和适当补放鱼种，根据鱼类生长情况，到一定时间捕出一部分达到商品规格的食用鱼，再适当补放一些鱼种。

轮养是在混养密放的基础上，延长和扩大池塘养鱼的时间和空间，不仅使混养品种、规格进一步增加，而且使池塘在整个养殖过程中保持合理的密度，缓和鱼类之间在食性、生活习性和生存空间上的矛盾，最大限度地发挥水体的生产潜力，提高饲料利用率。轮捕轮放不但符合鱼类的生长规律，又可减少浮头，提高成活率，节约饲料，降低成本，有利于市场的均衡供应，加速资金周转，同时有利于培育量多质优的大规格鱼种，为稳产高产打好基础。

轮捕的主要对象是放养密度大的鲢鱼、鳙鱼和养殖后期不耐肥水的草鱼及达到商品规格的其他鱼类。轮捕"热水鱼"宜在清晨温度较低、水质良好时进行，浮头和闷热天气禁捕。轮捕时宜用稀网或抬网，操作应细致、熟练、轻快，减少其他鱼的损失。

捕捞后，鱼体受应激反应会分泌大量黏液，导致水体浑浊、耗氧增加。这时必须加注新水或开动增氧机，使鱼有一段顶水时间，以冲洗鱼体过多的黏液，增加溶解氧，防止浮头。

16 鱼病的预防措施主要有哪些？

鱼病的预防工作是提高养殖产量及经济效益的重要措施。鱼类生活在水中，不易及时发现疾病，所以正确诊断和治疗很困难，基本上是群体治疗。内服药饵一般只能由鱼主动吃入才能起到治疗作用，但发病以后鱼的食欲减退或没有食欲，药饵很难被病鱼摄食，这时只能投药挽救尚未发病或发病较轻的鱼。体外用药一般采用全池撒药或药物浸浴的方法，这仅适用于池塘或工厂化车间养殖。

◆ 预防为主，防重于治

鱼病的预防与治疗应贯彻"预防为主，防重于治"的方针，采取"无病先防，有病早治"的方法，避免或减少鱼因病死亡造成损失。预防时必须注意一切能引起鱼病发生和传播的因素，才能有的放矢。

◆ 改善水质环境

建造养殖场要在各方面都要符合养殖要求，首先要水源充足，清洁无污染，不带病原及有毒物质，水的理化特性符合养殖鱼类要求；其次设计进、排水系统时应严格分开，防止疾病蔓延。

可采取理化生物方法改善水质环境，池塘要进行彻底的清塘消毒，消除过多淤泥，改善环境条件，调整水体至弱碱性，定期加注清水及换水，保持水质肥、活、嫩、爽。在主要生产季节，适时开动增氧机，改善池水溶氧状况；定期使用水质改良剂和底质改良剂，改善水质和底质；采用生物方法、使用微生态制剂改善水质环境。

◆ 增强鱼体抵抗力

加强饲养管理，根据池塘条件进行合理的混养和密养。做好定质、定量、定位、定时的"四定投饲"，细心操作，防止鱼受伤。选择抗病力强的鱼类品种进行养殖。

◆ 控制和消灭病原体

彻底清塘，同时做好鱼体消毒、饲料消毒、食场消毒、工具消毒，特别是鱼种消毒。一般采取浸泡法，选择硫酸铜 8 ppm、漂白粉

10 ppm、食盐 3% ~ 4%、高锰酸钾 20 ppm、聚维酮碘 30 ppm 中的一种，在水温 10 ~ 20℃时浸洗 10 ~ 20 分钟。

◆ **定期药物预防**

鱼病具有季节性，一般在 3 ~ 10 月最为流行，应掌握本地鱼病的发病规律，在发病高峰尽早预防。做到定期杀菌、杀虫，定期投喂药物和饲料，用药种类应个性化，尽量采用中草药，切忌使用违禁药。

17 渔业管理主要有哪些内容？

第一，建立池塘档案和养殖日志，以便随时查阅。

第二，坚持早、中、晚巡塘，观察鱼的吃食情况、活动情况、有无发病和泛池征兆，以便及时发现问题，及时处置。

第三，除渣去污，保持池塘卫生，提高鱼的品质，减少鱼病的发生，确保水产品质量安全。

第四，强化水质管理，做好水质调控，防止缺氧浮头、泛池，按时开动增氧机。

第五，检查拦鱼设施，做好池埂维护，确保安全度汛。

第六，检查水电设施，做好安全生产，杜绝事故发生。

第二节 锦鲤养殖知识问答

1 锦鲤烂身怎么治疗？

锦鲤烂身是由细菌或者虫引起的，表现为鳞片稍微有点翘起。一般1个月内新加鱼或者秋季入新鱼时会出现，如果在春天出现，则都是由虫引起的，并且会导致细菌感染。由虫引起的可先杀虫再杀菌，过7～10天再杀菌一次。

杀菌应根据病情选择不同方法处理。如果症状比较轻微，可以用二氧化氯杀菌，持续3～4天。如果已经发炎，但是鱼还有食欲，可以用抗生素拌饲料连续投喂。

如果比较严重，而且水质较差，可以用千分之五盐加10ppm黄粉浸泡，在此期间不要喂食。

如果已经穿孔的话，先清洗过滤材之后，用高浓度高锰酸钾、二氧化氯彻底对滤材进行消毒。然后用千分之五盐加10ppm黄粉浸泡处理，在此期间不要投喂。

2 锦鲤烂身的治疗注意事项有哪些？

第一，治疗水温尽可能保持在23℃以上，水温低的话锦鲤几个月都不会康复。

第二，拌食抗生素应7天换一种，长期使用一种会有耐药性。

3 如何保养水质？

锦鲤不吃食了、水变浑浊了、突然躺了一两天都不怎么游动了，等等，这些问题大多是水质下降或疏于管理水质而造成的。

◆ **水的色度**

主要是看水的颜色和浑浊度，养锦鲤的水最好是透明的，水中也没有任何漂浮的浊物如食物残渣等。

◆ **水的温度**

锦鲤对于水温的变化十分敏感，养锦鲤的水温范围较大，2~38℃之间都可以，但最适合的水温为23~28℃，所以在养殖过程中，应尽量避免温度突变。如果温差超过4℃，锦鲤会因不适而得病甚至死亡。

◆ **溶氧量**

溶氧量在4.5毫克/升时，锦鲤食欲会有明显的增强，5毫克/升时食欲最佳，但为了锦鲤的生长，溶解量应在5~7毫克/升。水中溶解氧过低，将影响锦鲤的正常新陈代谢。如果锦鲤出现浮头现象，就要检查溶氧量是否过低。溶解氧过高则容易使锦鲤患气泡病，患此病的锦鲤一般会在水面游动。

◆ **水的硬度**

适合养殖锦鲤的水的软硬度是 7.2～7.5，稍偏碱性。生活中用的自来水是软水，而井水是硬水。虽然软水、硬水都可以养殖锦鲤，但为了锦鲤的安全，在换水时软硬差距不要过大，否则易造成锦鲤的不适。

◆ **水的酸碱度**

pH 在 6～8.5 的水都可以养锦鲤，但在弱碱性水中锦鲤的生长会较好。如果锦鲤长期生活在弱酸性水中，则会食欲不振、体力减弱、体色变差（如白地变黄、绯质难以浮现等），严重时会发生烂鳃现象。如果养鱼的水是弱酸性的，可以在水中放一些含碱的物品，如珊瑚砂、牡蛎壳等。

◆ **水中含氨氮、亚硝酸盐、硝酸盐的量**

这三种物质都对锦鲤有害。氨氮是锦鲤的排泄物，锦鲤鱼含蛋白质食物的残渣分解会产生氨氮，而亚硝酸盐是氨氮氧化的初级产物，硝酸盐则是氨氮氧化的终极产物。水中氨氮、亚硝酸盐的含量都应控制在每升 0.1 毫克以下，氨氮过高会导致鱼死亡。硝酸盐虽然对锦鲤没有直接的害处，但日积月累会使水质老化，造成细菌、藻类滋生，失去生态平衡，进而伤害锦鲤，因此硝酸盐一般应控制在每升 30 毫克以下。

4 锦鲤鱼缸的水为什么发黄？

锦鲤鱼缸的水发黄，可能是因为残余在水中的饵料导致的，也可能是因为鱼缸中粪便过多造成的。饲养者需要及时换水，保证水质良好。若是因为沉木导致水发黄，饲养者需要将沉木蒸煮才能解决水发黄的问题。

5 锦鲤鱼缸水发黄的解决办法有哪些？

原因：水中有饵料残余。

解决方法 饲养者需要控制喂食量，以锦鲤10分钟之内吃完为最佳，保证锦鲤营养的同时，还能避免食物残渣污染水质。

原因：鱼缸中粪便过多。

解决方法 饲养者需要及时清理鱼缸底部的粪便，避免水发黄的同时，也可以避免粪便滋生细菌，对锦鲤的健康造成影响。

原因：水中的景观物有沉木。

解决方法 沉木会导致水发黄，无论怎么处理都无法改善，此时只能将沉木拿出鱼缸，用水多次蒸煮后再放回鱼缸。